计算机基础与实训教材系列

U0133868

中文版 3ds Max 2012
三维动画创作实用教程

张瑞兰　姚鹏　姜贵平　编著

清华大学出版社

北　京

内 容 简 介

本书由浅入深、循序渐进地介绍了制作 3ds Max 2012 三维动画的相关知识与技巧。全书共 14 章，分别介绍了 3ds Max 2012 快速入门、对象的选择与基本操作、三维模型的创建与编辑、二维图形的创建与编辑、对象的修改与复制操作、复合建模、高级建模技法、应用材质与贴图、设置灯光与摄影机、应用效果与环境特效、制作基础动画效果、粒子系统与空间扭曲、制作简单角色动画以及渲染输出图形与动画等内容。

本书内容丰富，结构清晰，语言简练，图文并茂，具有很强的实用性和可操作性，是一本适合于大中专院校、职业学校及各类社会培训学校的优秀教材，也是广大初、中级电脑用户的自学参考书。

本书对应的电子教案、实例源文件和习题答案可以到 http://www.tupwk.com.cn/edu 网站下载。

本书封面贴有清华大学出版社防伪标签，无标签者不得销售。
版权所有，侵权必究。侵权举报电话：010-62782989　13701121933

图书在版编目(CIP)数据

中文版 3ds Max 2012 三维动画创作实用教程/张瑞兰等 编著. —北京：清华大学出版社，2012.6
(计算机基础与实训教材系列)

ISBN 978-7-302-28698-1

Ⅰ. ①中… Ⅱ. ①张… Ⅲ. ①三维动画软件—教材 Ⅳ. ①TP391.41

中国版本图书馆 CIP 数据核字(2012)第 084642 号

责任编辑：胡辰浩　易银荣
装帧设计：牛艳敏
责任校对：邱晓玉
责任印制：杨 艳

出版发行：清华大学出版社
　　　　网　　　址：http://www.tup.com.cn，http://www.wqbook.com
　　　　地　　　址：北京清华大学学研大厦 A 座　　　邮　　编：100084
　　　　社 总 机：010-62770175　　　邮　　购：010-62786544
　　　　投稿与读者服务：010-62776969，c-service@tup.tsinghua.edu.cn
　　　　质 量 反 馈：010-62772015，zhiliang@tup.tsinghua.edu.cn
　　　　课 件 下 载：http://www.tup.com.cn，010-62794504
印 装 者：北京密云胶印厂
经　　销：全国新华书店
开　　本：190mm×260mm　　　印　张：19.5　　　字　数：524 千字
版　　次：2012 年 6 月第 1 版　　　印　次：2012 年 6 月第 1 次印刷
印　　数：1～5000
定　　价：32.00 元

产品编号：043184-01

丛书序

计算机基础与实训教材系列

　　计算机已经广泛应用于现代社会的各个领域，熟练使用计算机已经成为人们必备的技能之一。因此，如何快速地掌握计算机知识和使用技术，并应用于现实生活和实际工作中，已成为新世纪人才迫切需要解决的问题。

　　为适应这种需求，各类高等院校、高职高专、中职中专、培训学校都开设了计算机专业的课程，同时也将非计算机专业学生的计算机知识和技能教育纳入教学计划，并陆续出台了相应的教学大纲。基于以上因素，清华大学出版社组织一线教学精英编写了这套"计算机基础与实训教材系列"丛书，以满足大中专院校、职业院校及各类社会培训学校的教学需要。

一、丛书书目

　　本套教材涵盖了计算机各个应用领域，包括计算机硬件知识、操作系统、数据库、编程语言、文字录入和排版、办公软件、计算机网络、图形图像、三维动画、网页制作以及多媒体制作等。众多的图书品种可以满足各类院校相关课程设置的需要。

　　⊙　　已出版的图书书目

《计算机基础实用教程》	《中文版 Excel 2003 电子表格实用教程》
《计算机组装与维护实用教程》	《中文版 Access 2003 数据库应用实用教程》
《五笔打字与文档处理实用教程》	《中文版 Project 2003 实用教程》
《电脑办公自动化实用教程》	《中文版 Office 2003 实用教程》
《中文版 Photoshop CS3 图像处理实用教程》	《JSP 动态网站开发实用教程》
《Authorware 7 多媒体制作实用教程》	《Mastercam X3 实用教程》
《中文版 AutoCAD 2009 实用教程》	《Director 11 多媒体开发实用教程》
《AutoCAD 机械制图实用教程(2009 版)》	《中文版 Indesign CS3 实用教程》
《中文版 Flash CS3 动画制作实用教程》	《中文版 CorelDRAW X3 平面设计实用教程》
《中文版 Dreamweaver CS3 网页制作实用教程》	《中文版 Windows Vista 实用教程》
《中文版 3ds Max 9 三维动画创作实用教程》	《电脑入门实用教程》
《中文版 SQL Server 2005 数据库应用实用教程》	《中文版 3ds Max 2009 三维动画创作实用教程》
《中文版 Word 2003 文档处理实用教程》	《Excel 财务会计实战应用》
《中文版 PowerPoint 2003 幻灯片制作实用教程》	《中文版 AutoCAD 2010 实用教程》
《中文版 Premiere Pro CS3 多媒体制作实用教程》	《AutoCAD 机械制图实用教程(2010 版)》
《Visual C#程序设计实用教程》	《Java 程序设计实用教程》

《Mastercam X4 实用教程》	《SQL Server 2008 数据库应用实用教程》
《网络组建与管理实用教程》	《中文版 3ds Max 2010 三维动画创作实用教程》
《中文版 Flash CS3 动画制作实训教程》	《Mastercam X5 实用教程》
《ASP.NET 3.5 动态网站开发实用教程》	《中文版 Office 2007 实用教程》
《AutoCAD 建筑制图实用教程（2009 版）》	《中文版 Word 2007 文档处理实用教程》
《中文版 Photoshop CS4 图像处理实用教程》	《中文版 Excel 2007 电子表格实用教程》
《中文版 Illustrator CS4 平面设计实用教程》	《中文版 PowerPoint 2007 幻灯片制作实用教程》
《中文版 Flash CS4 动画制作实用教程》	《中文版 Access 2007 数据库应用实用教程》
《中文版 Dreamweaver CS4 网页制作实用教程》	《中文版 Project 2007 实用教程》
《中文版 InDesign CS4 实用教程》	《中文版 CorelDRAW X4 平面设计实用教程》
《中文版 Premiere Pro CS4 多媒体制作实用教程》	《中文版 After Effects CS4 视频特效实用教程》
《电脑办公自动化实用教程（第二版）》	《ASP.NET 4.0 动态网站开发实用教程》
《计算机网络技术实用教程》	《局域网组建与管理实训教程》
《多媒体技术及应用》	《Excel 财务会计实战应用(第二版)》
《中文版 3ds Max 2012 三维动画创作实用教程》	《Visual C# 2010 程序设计实用教程》

二、丛书特色

1、选题新颖，策划周全——为计算机教学量身打造

本套丛书注重理论知识与实践操作的紧密结合，同时突出上机操作环节。丛书作者均为各大院校的教学专家和业界精英，他们熟悉教学内容的编排，深谙学生的需求和接受能力，并将这种教学理念充分融入本套教材的编写中。

本套丛书全面贯彻"理论→实例→上机→习题"4 阶段教学模式，在内容选择、结构安排上更加符合读者的认知习惯，从而达到老师易教、学生易学的目的。

2、教学结构科学合理，循序渐进——完全掌握"教学"与"自学"两种模式

本套丛书完全以大中专院校、职业院校及各类社会培训学校的教学需要为出发点，紧密结合学科的教学特点，由浅入深地安排章节内容，循序渐进地完成各种复杂知识的讲解，使学生能够一学就会、即学即用。

对教师而言，本套丛书根据实际教学情况安排好课时，提前组织好课前备课内容，使课堂教学过程更加条理化，同时方便学生学习，让学生在学习完后有例可学、有题可练；对自学者

而言，可以按照本书的章节安排逐步学习。

3、内容丰富、学习目标明确——全面提升"知识"与"能力"

本套丛书内容丰富，信息量大，章节结构完全按照教学大纲的要求来安排，并细化了每一章内容，符合教学需要和计算机用户的学习习惯。在每章的开始，列出了学习目标和本章重点，便于教师和学生提纲挈领地掌握本章知识点，每章的最后还附带有上机练习和习题两部分内容，教师可以参照上机练习，实时指导学生进行上机操作，使学生及时巩固所学的知识。自学者也可以按照上机练习内容进行自我训练，快速掌握相关知识。

4、实例精彩实用，讲解细致透彻——全方位解决实际遇到的问题

本套丛书精心安排了大量实例讲解，每个实例解决一个问题或是介绍一项技巧，以便读者在最短的时间内掌握计算机应用的操作方法，从而能够顺利解决实践工作中的问题。

范例讲解语言通俗易懂，通过添加大量的"提示"和"知识点"的方式突出重要知识点，以便加深读者对关键技术和理论知识的印象，使读者轻松领悟每一个范例的精髓所在，提高读者的思考能力和分析能力，同时也加强了读者的综合应用能力。

5、版式简洁大方，排版紧凑，标注清晰明确——打造一个轻松阅读的环境

本套丛书的版式简洁、大方，合理安排图与文字的占用空间，对于标题、正文、提示和知识点等都设计了醒目的字体符号，读者阅读起来会感到轻松愉快。

三、读者定位

本丛书为所有从事计算机教学的老师和自学人员而编写，是一套适合于大中专院校、职业院校及各类社会培训学校的优秀教材，也可作为计算机初、中级用户和计算机爱好者学习计算机知识的自学参考书。

四、周到体贴的售后服务

为了方便教学，本套丛书提供精心制作的 PowerPoint 教学课件(即电子教案)、素材、源文件、习题答案等相关内容，可在网站上免费下载，也可发送电子邮件至 wkservice@vip.163.com 索取。

此外，如果读者在使用本系列图书的过程中遇到疑惑或困难，可以在丛书支持网站(http://www.tupwk.com.cn/edu)的互动论坛上留言，本丛书的作者或技术编辑会及时提供相应的技术支持。咨询电话：010-62796045。

随着计算机技术的快速发展，3D 动画制作技术已经被广泛应用于人们日常的生活中，3ds Max 集众软件之长，提供了非常丰富的造型建模方法以及更好的材质渲染功能，是目前 Windows 平台上最为流行的三维动画设计软件之一。

本书从教学实际需求出发，合理安排知识结构，由浅入深、循序渐进地讲解了 3ds Max 2012 三维动画设计的基础知识和操作方法。全书共 14 章，主要内容如下所示。

第 1 章介绍了 3ds Max 的基础知识，包括软件的界面、自定义视口和命令工具等。

第 2 章介绍了 3ds Max 中对象的选择与基本操作方法，包括捕捉、链接和组合等。

第 3 章介绍了创建与编辑三维模型对象的相关知识与技巧。

第 4 章介绍了创建与编辑二维图像对象的相关知识与技巧。

第 5 章介绍了 3ds Max 中修改与复制模型对象的操作方法。

第 6 章介绍了 3ds Max 复合建模的相关知识。

第 7 章介绍了可编辑网格建模、编辑面片建模以及 NURBS 建模等高级建模的方法。

第 8 章介绍了材质与贴图的使用方法。

第 9 章介绍了灯光与摄影机的添加和编辑。

第 10 章介绍了在场景中应用效果与环境特效的方法与技巧。

第 11 章介绍了制作 3ds Max 基础动画的方法。

第 12 章介绍了在三维动画中应用粒子系统与空间扭曲的方法。

第 13 章介绍了人物角色动画的制作方法。

第 14 章介绍了渲染与输出三维动画效果的方法。

本书图文并茂，条理清晰，通俗易懂，内容丰富，在讲解每个知识点时都配有相应的实例，方便读者上机实践。同时，在难以理解和掌握的部分内容上给出了相关提示，让读者能够快速地提高操作技能。此外，本书配有大量综合实例和练习，让读者在实际操作中更加牢固地掌握书中讲解的内容。

翟志强编写了第 1 章～第 5 章，姚鹏编写了第 6 章～第 10 章，姜贵平编写了第 11 章～第 14 章，张瑞兰负责本书的统稿。此外，参加本书编辑和制作的人员还有洪妍、方峻、何亚军、王通、高娟妮、杜思明、张立浩、孔祥亮、陈笑、陈晓霞、王维、牛静敏、牛艳敏、何俊杰和葛剑雄等人。由于作者水平所限，本书难免有不足之处，欢迎广大读者批评指正。我们的邮箱是 huchenhao@263.net，电话是 010-62796045。

作　者

2012 年 4 月

章　名	重点掌握的内容	教学课时
第 1 章　3ds Max 2012 快速入门	1. 3ds Max 2012 的工作界面 2. 启动与退出 3ds Max 2012 3. 3ds Max 2012 的基础操作	2 学时
第 2 章　对象的选择与基本操作	1. 选择对象 2. 变换对象 3. 对齐对象 4. 组合对象	2 学时
第 3 章　三维模型的创建与编辑	1. 3ds Max 三维建模的基础知识 2. 创建标准基本体 3. 创建扩展基本体 4. 创建特殊扩展基本体	4 学时
第 4 章　二维图形的创建与编辑	1. 创建线与文本 2. 创建圆、椭圆和圆环 3. 创建扩展样条线图形 4. 编辑顶点与分段	3 学时
第 5 章　对象的修改与复制操作	1. 编辑变形修改器 2. 认识特殊效果修改器 3. 常用二维造型修改器 4. 常用三维造型修改器	4 学时
第 6 章　复合建模	1. 初步了解复合建模 2. 变形建模 3. 散布建模	2 学时
第 7 章　高级建模技法	1. 编辑网格建模 2. 编辑面片建模 3. 编辑多边形建模 4. NURBS 建模	2 学时
第 8 章　应用材质与贴图	1. 材质的概念及功能 2. 设定材质的参数选项 3. 贴图的概念及作用 4. 使用 3D 贴图	4 学时

(续表)

章　名	重点掌握的内容	教 学 课 时
第 9 章　设置灯光与摄影机	1. 灯光的功能 2. 使用标准灯光 3. 使用光度学灯光 4. 设置摄影机拍摄范围	2 学时
第 10 章　应用效果与环境特效	1. 设置场景渲染环境 2. 应用模拟大气效果 3. 添加场景渲染效果	2 学时
第 11 章　制作基础动画效果	1. 3ds Max 动画的基础知识 2. 设置与控制动画 3. 调节动画的关键帧与动作 4. 利用动画控制器制作动画	2 学时
第 12 章　粒子系统与空间扭曲	1. 认识粒子系统 2. 创建粒子系统 3. 创建空间扭曲 4. 导向器空间扭曲	2 学时
第 13 章　制作简单角色动画	1. 使用【层次】命令面板 2. 创建骨骼系统 3. 使用 Biped 工具	2 学时
第 14 章　渲染输出图形与动画	1. 渲染的类型与方式 2. 渲染参数的设置 3. 设置渲染输出	2 学时

注：1. 教学课时安排仅供参考，授课教师可根据情况进行调整。

2. 建议每章安排与教学课时相同时间的上机练习。

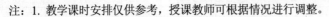

CONTENTS

计算机基础与实训教材系列

中文版 3ds Max 2012 三维动画创作实用教程

计算机 基础与实训教材系列

计算机 基础与实训教材系列

计算机基础与实训教材系列

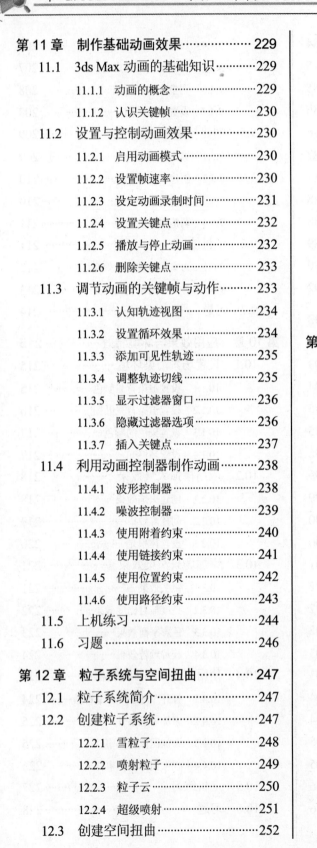

计算机 基础与实训教材系列

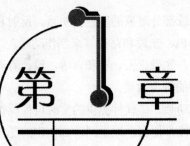

3ds Max 2012 快速入门

学习目标

3ds Max 2012 提供了采用最新硬件技术的各种先进工具，该软件能够帮助用户利用计算机图形学的最新技术，充分发挥创造力，突破创意的禁锢，扩大创意的应用范围，并显著提高了整体的工作效率。本章作为全书的开端，将首先介绍 3ds Max 2012 的基础知识，使用户对该软件能够有一个初步的认识，为下面进一步的学习打下基础。

本章重点

- 3ds Max 2012 的工作界面
- 启动与退出 3ds Max 2012
- 3ds Max 2012 的基础操作

1.1 3ds Max 简介

3ds Max 是目前最流行的三维动画制作软件之一，该软件在多个领域被广泛应用。本节将简单介绍 3ds Max 的主要功能与应用领域。

1.1.1 3ds Max 的主要功能

3ds Max 是由 Autodesk 公司推出的一款三维建模、动画、渲染软件，该软件界面友好、功能强大、操作简单，是目前最常用的三维建模和三维动画制作软件之一，其主要功能如下：

- 3ds Max 软件提供了基本造型工具和高级造型工具，前者可以用于构造长方体、圆球、圆柱和多边形等；后者可以用于制作山、水和不规则图形(例如人体和动植物)等。另外，还可以对三维形体进行扭转、弯曲和缩放等变形操作。

- 3ds Max 提供了丰富的材质和贴图，可以对整个对象或部分对象的颜色、明暗、反射和透明度等进行编辑，设计者可以通过设置对象、摄影机、光源和路径等来制作动画。

- 3ds Max 支持多种特殊效果，例如淡入、淡出、模糊、光晕、云、雾和雨等。设计者通过对这些特殊效果进行处理，可以实现各种变化莫测的神奇效果。

- 3ds Max 可以帮助动画设计者轻松地将任何对象形成动画。该软件提供的实时可视反馈功能，可以使用户享受最大限度的直觉感受，编辑堆栈方便自由地返回动画创作的任何一步，并随时修改。

①.1.2　3ds Max 的应用领域

作为一款性能卓越的三维动画制作软件，3ds Max 被广泛应用于产品设计、建筑设计、展示设计、影视制作和游戏开发等诸多领域，具体如下所示。

1. 产品设计

设计者利用 3ds Max 参与产品造型设计，可以非常直观地模拟出各类产品的材质、造型和外观等特性，从而降低产品的研发成本，加快研发速度，提高产品市场竞争力。如图 1-1 所示为使用 3ds Max 制作的产品设计效果。

2. 建筑设计

在建筑设计领域中，3ds Max 占据绝对主导地位。利用 3ds Max，设计者可以自由地根据环境来设计和制作不同类型、风格的室内外效果图。此外，该软件对于实际的工程施工也有一定的指导作用。如图 1-2 所示为使用 3ds Max 制作的建筑设计效果。

图 1-1　产品设计效果

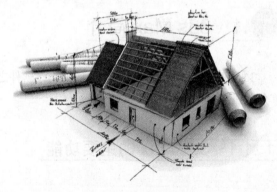
图 1-2　建筑设计效果

3. 展示设计

利用 3ds Max 设计和制作的展示效果，不仅可以体现设计者丰富的想象力、创造力和卓越的审美艺术造诣，还可以对展示对象的建模、布局结构、色彩、材质和灯管等特殊效果进行自由调整，并协调不同类型场馆环境的需要。如图 1-3 所示为使用 3ds Max 制作的房屋结构展示设计效果。

4. 影视制作

由于 3ds Max 配有丰富的效果插件，设计者利用该软件可以制作出逼真的视觉效果和鲜明的色彩分级，因此 3ds Max 也受到了各大电影制片厂和影视后期制作公司的青睐。目前，大量的电影、电视及广告画面制作都有三维软件的参与。Autodesk 的视觉效果技术可以实现电影制作人的奇思妙想，同时将观众带入各种神奇的世界。如图 1-4 所示为使用 3ds Max 软件参与制作的电影画面效果。

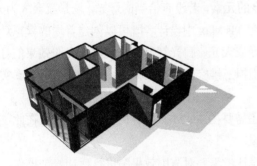 

图 1-3　房屋结构展示设计效果　　　　图 1-4　电影画面效果

5. 游戏开发

3ds Max 是 3D 业内使用率最大的三维软件之一，也是世界上销售量最大的游戏开发软件之一。利用 3ds Max 软件开发的 3D 游戏效果具有画面细腻、场景宏伟和造型逼真等特点，可以极大地增强游戏视觉效果。

①.1.3　3ds Max 的工作流程

对于初学者而言，3ds Max 是不同于 Word 或 Photoshop 等软件的一款全新软件。3ds Max 需要按照一定的工作流程来进行操作，具体如下所示。

- ◉ 创建模型：创建模型是在 3ds Max 中开始工作的第一步，若没有模型则下面的工作就如同空中楼阁一般，无法实现。3ds Max 提供了丰富的建模方式。设计者建模时可以从不同的 3D 基本几何体开始，也可以使用 2D 图形作为放样或挤出，还可以将对象转变成多种可编辑的曲面类型，然后通过拉伸顶点或使用其他工具进一步建模，如图 1-5 所示。
- ◉ 设计材质与贴图：完成模型的创建后，设计者需要为模型设计材质与贴图。逼真的模型如果没有被赋予恰当的材质与贴图，最终都不可能成为一件完整的作品，如图 1-6 所示。

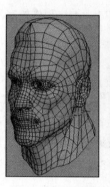 

图1-5 创建模型

图1-6 设计材质与贴图

◉ 设置灯光：灯光是一个场景中不可缺少的元素，若没有恰当的灯光，场景就会大为失色，甚至无法表现出设计者的创作意图。在 3ds Max 中设计者既可以创建普通的模拟灯光，也可以创建基于物理计算的光度学灯光或天光、日光灯能够表现真实光照效果的灯光。

◉ 设置摄影机：设置摄影机可以模拟在虚拟三维空间中观察模型，从而获得更加真实的视觉效果。

◉ 渲染场景：完成以上操作后，设计者还需要在 3ds Max 中讲场景渲染出来，在此过程中使用者可以为场景添加颜色或环境效果。

◉ 后期合成与修饰：在大多数情况下，设计者需要对渲染效果图进行后期修饰操作，即用二维图像编辑软件(如 Photoshop)对作品进行修改，以去除由于模型或材质、灯光等问题而产生的渲染后期的瑕疵。

1.2 3ds Max 2012 的工作界面

3ds Max 2012 是一款功能强大的软件，其工作界面是一系列控件的组合，是用于访问程序特性的所有部分的总称，如图1-7所示。

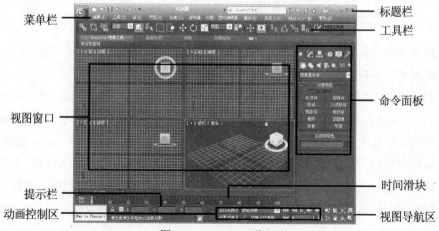

菜单栏   标题栏
     工具栏
     命令面板
视图窗口
     时间滑块
提示栏
动画控制区   视图导航区

图1-7 3ds Max 工作界面

1.2.1　标题栏

3ds Max 2012 工作界面中的标题栏包括【应用程序】按钮、【快速访问】工具栏、信息中心和窗口控件 4 部分元素，如图 1-8 所示。

图 1-8　3ds Max 标题栏

- ◉　【应用程序】按钮：单击 3ds Max 标题栏左上角的【应用程序】按钮可以打开菜单浏览器，其中包含了【新建】、【重置】、【打开】、【保存】、【另存为】、【导入】、【导出】、【首选项】和【管理】等 10 个命令。
- ◉　【快速访问】工具栏：快速访问工具栏中包含了【新建场景】按钮、【打开文件】按钮、【保存场景】按钮、【撤销场景操作】按钮和【重做场景操作】按钮等快捷按钮，以便于用户快速选用。
- ◉　信息中心：通过信息中心，用户可以访问有关 3ds Max 和其他 Autodesk 产品的信息，在【搜索字段】文本框中输入需要搜索的文本，然后单击【搜索结果】按钮 ，即可打开【搜索】窗口显示搜索结果。
- ◉　窗口控件：3ds Max 窗口控件与 Windows 应用程序一样，其标题栏右侧有 3 个用于控制窗口的按钮(【最小化】按钮、【最小化/还原】按钮和【关闭】按钮)。

1.2.2　菜单栏

3ds Max 2012 工作界面中的菜单栏位于标题栏的下方，通过它可以快速选择命令。3ds Max 2012 提供了以下菜单命令选项。

- ◉　【编辑】菜单：用于选择、复制和删除对象等操作。
- ◉　【工具】菜单：用于精确模型的变化，调整对象间的对齐、镜像和阵列等空间位置。
- ◉　【视图】菜单：用于执行与视图相关的操作，例如保存激活的视图、设置视图的背景图像、更新背景图像以及重画所有视图等。
- ◉　【组】菜单：用于对组操作进行设置与管理。
- ◉　【创建】菜单：包含了软件中有关创建对象的命令，并与创建面板上的选项相对应，例如【标准基本体】、【扩展基本体】、【粒子】、【图形】、【扩展图形】和【灯光】等。
- ◉　【修改器】菜单：包含了软件中有关用于修改对象的编辑器，如选择次对象的编辑器、编辑样条和面片的编辑器、编辑网格的编辑器、动画编辑器以及 UV 坐标题图的编辑器等。

- ◉ 【动画】菜单：包含了 3ds Max 中与动画相关的命令，用于对动画的运动状态进行设置与约束。
- ◉ 【图形编辑器】菜单：用于通过对象运动功能曲线对对象的运动进行控制。
- ◉ 【自定义】菜单：为用户提供了多种自定义操作界面功能。
- ◉ 【MAX Script(脚本)】菜单：用于应用脚本语言进行编程，以实现 MAX 操作的功能。
- ◉ 【帮助】菜单：用于打开提供 3ds Max 用法的帮助文件及该软件注册信息等相关内容。

1.2.3 工具栏

在使用 3ds Max 2012 创作三维动画时，最常用到的是工具栏中的命令按钮。在 3ds Max 2012 中，工具栏位于菜单栏的下方，其中放置了常用的命令按钮，如图 1-9 所示(用户将鼠标光标放置在工具栏中的任意一个命令按钮上即可显示该按钮的名称)。

图 1-9　3ds Max 工具栏

 提示

> 一般情况下，工具栏无法在软件窗口中完全显示。用户若要查看完全显示的工具栏，可以将鼠标光标移动至工具栏上的空白处，待出现手型标志后再按住鼠标左键拖曳工具栏。

1.2.4 提示栏

3ds Max 2012 主界面底部的提示栏用于显示当前工具的操作提示，以及显示场景中对象的选择数目和光标的坐标位置等状态信息，如图 1-10 所示。

图 1-10　3ds Max 提示栏

1.2.5 命令面板

3ds Max 中的命令面板位于操作界面的右侧，其中提供了【创建】、【修改】、【层次】、【运动】、【显示】和【工具】等 6 个选项命令面板，单击其中不同的命令选项按钮，即可实现各选项命令面板之间的切换，如图 1-11 所示。选中具体的命令选项按钮，然后单击下方的分栏可以打开各个选项面板中的参数栏，从中可以设置具体操作命令的参数，如图 1-12 所示。

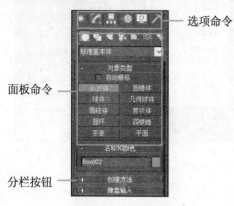

选项命令

面板命令

分栏按钮

图 1-11　命令面板

图 1-12　参数栏

1.2.6　视图窗口

视图窗口是 3ds Max 中的操作区域。3ds Max 2012 的默认视图窗口是 4 个视图窗口结构，分别是【顶】视图、【左】视图、【前】视图和【透视】视图，如图 1-13 所示。其中，【顶】视图、【左】视图、【前】视图是指场景在该方向上的平行投影效果，所以称为正视图；而【透视】视图则能够表现人类视觉上观察对象的透视效果，如图 1-14 所示。

图 1-13　视图窗口

图 1-14　【透视】视图效果

3ds Max 中的每个视图窗口都具有以下特征：

◎　可以显示创建的模型对象、灯光和摄影机等。
◎　可以显示场景中模型对象的简单材质和简单照明效果。
◎　可以改变对象在视图窗口中的显示方式，如线框方式。

用户在 3ds Max 中选择【窗口】菜单中的命令，可以对视图进行相关的设置。例如在【顶】视图、【左】视图等视图名称上单击，将打开如图 1-15 所示的快捷菜单，用户可以在该快捷菜单中设定摄影机、灯光、视口剪切、扩展视口以及显示安全框等设置；若用户单击视图名称前的【+】按钮，将打开 1-16 所示的快捷菜单，用户可以在该快捷菜单中进行最大化视口、活动视口、禁用视口、显示栅格、ViewCube、创建预览和配置视口等设置。

图 1-15 快捷菜单

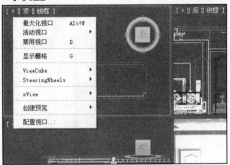

图 1-16 快捷菜单

1.2.7 时间滑块

在 3ds Max 中，若当前制作的是动画场景，用户可以通过移动主界面下方的时间滑块来确定动画的时间。时间滑块上数值 0/100 表示当前动画场景设置为 100 帧，当前时间化为所在的位置是第 0 帧，如图 1-17 所示。

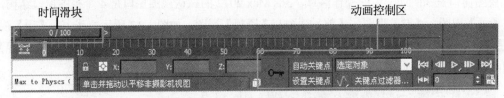

图 1-17 3ds Max 时间滑块和动画控制区

1.2.8 动画控制区

3ds Max 的动画控制区由制作和播放动画的按钮组成，如图 1-17 所示，其中包含的各种选项按钮及其功能如下。

- ◉ 【设置关键点】按钮 ：在手动设置关键点模式下，单击该按钮即可将时间滑块所在轨迹栏时间线上的位置确定为一个动画关键点的位置。
- ◉ 【自动关键点】按钮：单击该按钮，在轨迹栏时间线上移动时间滑块时，可以将场景中的变化自动记录为动画。
- ◉ 【设置关键点】按钮：用于切换设置关键点模式，通常配合【设置关键点】按钮一起使用。
- ◉ 【选定对象】下拉列表按钮：用于选择场景中设置动画的对象。
- ◉ 【新建关键的默认入/出切线】按钮 ：用于在编辑对象关键点动画时，直接设置该关键点的运动轨迹。

- ◉ 【关键点过滤器】按钮：单击该按钮将打开【设置关键点过滤】对话框，在该对话框中用户可以设置过滤条件。
- ◉ 【转至开头】按钮与【转至结尾】按钮：这两个按钮用于调整时间滑块到动画起始或结尾的位置。
- ◉ 【上一帧】按钮和【下一帧】按钮：这两个按钮用于设置时间滑块向前或向后移动一个帧的单位。
- ◉ 【播放动画】按钮：用于播放动画。
- ◉ 【关键模式切换】按钮：用于切换播放动画是以帧为单位的方式，还是以关键点的方式。
- ◉ 【时间配置】按钮：单击该按钮将打开【时间配置】对话框，在该对话框中用户可以设置动画时间的相关参数。

1.2.9　视图导航区

3ds Max 视图导航区位于软件主界面的右下角，该区域是对视图进行缩放、旋转等变换操作的快捷键区。如图 1-18 所示为旋转平面视图窗口时的视图导航区域，单击其中右下角有黑色三角标记的按钮，还可以显示扩展按钮集提供的选项。

视图导航区域

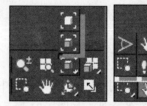
扩展按钮集

图 1-18　3ds Max 视图导航区

1.3　3ds Max 2012 的基本操作

在运用 3ds Max 2012 进行建模或制作动画之前，用户应掌握一些最基本的软件操作方法，例如管理与操作 3ds Max 2012 文件、更改视口布局以及设置软件首选项等。

1.3.1　管理与操作文件

用户在利用 3ds Max 2012 进行三维动画创作之前，首先应熟悉软件的基本操作，例如新建场景、打开文件、保存文件、重置场景以及导入与导出场景等。下面将介绍这些基本操作。

计算机 基础与实训教材系列

1. 新建场景

启动 3ds Max 2012 后，软件将自动新建一个场景文件，若用户打开正在编辑的对象，需要一个新的场景，可以在快速访问工具栏(见图 1-8)中单击【新建场景】按钮打开【新建场景】对话框，然后选中该对话框中的【新建全部】单选按钮，单击【确定】按钮，如图 1-19 所示。

2. 保存文件

默认情况下，3ds Max 2012 以 Max 格式保存文档文件。在实际操作中，用户可以在快速访问工具栏(见图 1-8)中单击【保存文件】按钮，打开【文件另存为】对话框，在该对话框中根据需要选择其他格式对文件进行保存，如图 1-20 所示。

图 1-19　【新建场景】对话框

图 1-20　【文件另存为】对话框

3. 打开文件

若用户需要使用或处理已经存在的 Max 文件，可以在快速访问工具栏(见图 1-8)中单击【打开文件】按钮，然后在打开的【打开文件】对话框中选中 Max 文件，并单击【打开】按钮，即可在 3ds Max 2012 中打开所选的文件，如图 1-21 所示。

4. 重置场景

在 3ds Max 2012 中，用户可以通过单击【应用程序】按钮(见图 1-8)，在弹出的菜单中选择【重置】命令，并在随后打开的【3ds Max】对话框中单击【是】按钮，重置一个新的场景，如图 1-22 所示。

图 1-21　【打开文件】对话框

图 1-22　【3ds Max】对话框

5. 导入文件

　　导入文件是 3ds Max 2012 与其他应用软件相互转换数据的通道,通过使用导入文件功能,用户可以将在其他应用程序中生成的文件导入到 3ds Max 软件中。在软件中单击【应用程序】按钮(见图 1-8),在弹出的菜单中选择【导入】命令,打开的【选择要导入的文件】对话框中选中需要导入 3ds Max 的文件后单击【打开】按钮即可导入文件,如图 1-23 所示。

6. 导出文件

　　利用导出文件功能,用户可以将 3ds Max 2012 中的模型导出或保持为不同的文件格式(导出文件与导入文件一样,也是与其他应用软件之间相互转换数据的通道)。在软件中单击【应用程序】按钮(见图 1-8),在弹出的菜单中选择【导出】命令,然后在打开的【选择要导出的文件】对话框中设定导出文件的名称与格式,并单击【保存】按钮即可导出文件,如图 1-24 所示。

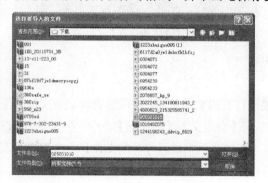

图 1-23　【选择要导入的文件】对话框　　　　　图 1-24　【选择要导出的文件】对话框

①.3.2　设置软件首选项

　　3ds Max 2012 提供了很多用于显示和操作的选项。这些选项位于【首选项设置】对话框的一系列标签面板中,用户可以从中进行单位、自动备份文件、最近打开文件数、默认环境灯光颜色以及在渲染中播放声音等设置。下面将介绍设置 3ds Max 2012 首选项参数的方法。

1. 设置单位

　　单位设置是 3ds Max 绘图的重要环节,合理的单位设置不仅能够提高工作效率,而且可以避免很多错误的发生。用户在 3ds Max 2012 中选择【自定义】|【单位设置】命令,然后再打开的【单位设置】对话框中可以设置软件中单位,如图 1-25 所示。

2. 设置自动备份文件名

　　在 3ds Max 2012 中,用户可以设置自动备份文件路径和名称,从而使文件的搜索更加方便、快捷。在该软件中选择【自定义】|【首选项】命令,在弹出的【首选项设置】对话框中选择【文件】选项卡,然后在【自动备份文件名】文本框中输入自动备份文件名,再单击【确定】按钮即

计算机基础与实训教材系列

可设置自动备份文件名，如图 1-26 所示。

图 1-25 【单位设置】对话框

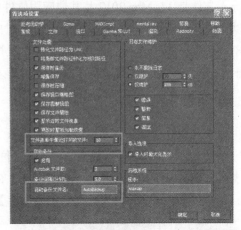

图 1-26 【首选项设置】对话框

3. 设置最近打开的文件数量

在 3ds Max 2012 中，用户可以根据需要设置最近打开的文件数量，软件将自动记录文件的保存路径，以便快速地打开之前的文件。在该软件中选择【自定义】|【首选项】命令，在打开的【首选项设置】对话框中选择【文件】选项卡，然后在【文件菜单中最近打开的文件】文本框中输入参数，再单击【确定】按钮即可设置 3ds Max 最近打开的文件数量，如图 1-26 所示。

①.3.3 控制场景视图区域

视图窗口中的视图区域是 3ds Max 中的主要工作区(该软件默认有 4 个视图，分别为顶视图、前视图、左视图和透视图，见图 1-13)，通过控制视图，用户可以从不同的角度，以不同的显示方式观察场景。本节将介绍视图的激活、变换、旋转和缩放等基本操作方法。

1. 激活视图

激活视图指的是选择视图，将其确认为当前视图。在 3ds Max 中，当前视图只能有一个，用户移动鼠标至需要激活的视图中，单击鼠标即可激活该视图。

2. 变换视图

在 3ds Max 2012 工作视图中，不同视图具有不同的显示效果，用户可以根据显示的需要变换视图。例如，移动鼠标至透视图左上角的名称上单击，在弹出的菜单中选择【前】选项，透视图将转换为后视图，如图 1-27 所示(用户还可以分别按下键盘上的 T、L、F、C、B 和 P 键，切换相应的顶视图、左视图、前视图、透视图、底视图和摄影视图。默认设置中，后视图和右视图没有键盘快捷键)。

(1) 选择【前】选项

(2) 后视图效果

图 1-27　变换视图

3. 缩放视图

在 3ds Max 中，用户可以在视图中单击【缩放】工具(见图 1-18)缩放视图，并根据视图的缩放来观察场景的效果，如图 1-28 所示。

(1) 放大视图

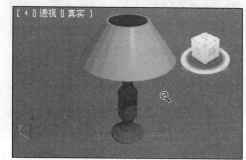

(2) 放大后的视图

图 1-28　缩放视图

4. 缩放区域

3ds Max 2012 中的【缩放区域】按钮(见图 1-18)与【缩放视图】按钮一样，都是用于控制场景的放大与缩小，不同的是，使用【缩放区域】按钮可以选择场景中的某一块区域进行缩放，如图 1-29 所示。

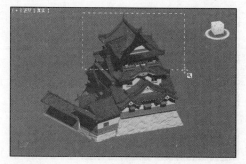

(1) 放大区域

(2) 放大后的区域效果

图 1-29　缩放区域

5. 旋转视图

在 3ds Max 2012 的工作视图中，用户可以利用【旋转】工具 （见图 1-18）从多个角度来观察物体，不同的角度具有不同的效果，如图 1-30 所示。

6. 平移视图

在 3ds Max 2012 中单击【平移视图】按钮(见图 1-18)，可以使物体向当前视图平面平行的方向任意移动，如图 1-31 所示。

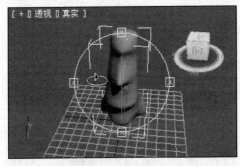
图 1-30　手动旋转对象

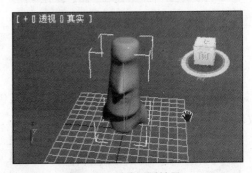
图 1-31　平移视图效果

 提示

除了以上视图区域操作以外，用户还可以单击【最大化视口切换】按钮 （见图 1-18)，将当前选中的视图最大化。

1.3.4　更改界面视口布局

要调整 3ds Max 2012 中视口的大小，可以通过鼠标的拖曳自行更改，以满足用户在设计 3D 动画时观察场景的需要。用户将鼠标移动至视口边缘上，当鼠标呈双向箭头形状时，单击并拖曳鼠标即可更改视口大小，如图 1-32 所示。

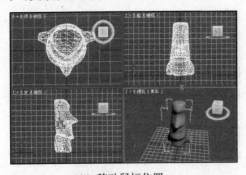
(1) 移动鼠标位置

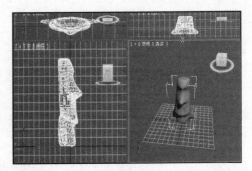
(2) 调整视口

图 1-32　更改视口大小

①.3.5　选择视图显示方式

3ds Max 2012 中的对象有很多种显示模式，不同的显示模式有其各自的特点。默认设置下，所有正交视图均采用线框显示模式，透视图采用平滑加高光的显示模式。用户在激活视图后，移动鼠标至视图左上角的名称上单击，然后在弹出的菜单中选择相应的选项即可设置视图的显示方式，如图 1-33 所示。

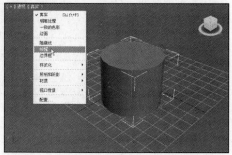

(1) 单击视图左上角　　　　　　　　　　(2) 线框显示

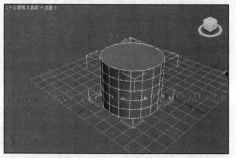

(3) 真实+边面显示　　　　　　　　　　(4) 隐藏线显示

图 1-33　选择视图显示方式

①.4　上机练习

本章的上机练习将通过几个简单的实例操作，介绍 3ds Max 2012 的特点与使用技巧，帮助用户进一步掌握该软件的相关知识。

①.4.1　查看模型文件

在 3ds Max 2012 中打开一个模型文件，分别用放大镜和旋转【透视】视图显示模式对模型进行查看。

(1) 启动 3ds Max 2012，然后单击【应用程序】按钮，在弹出的菜单中选择【打开】命令，打开【打开文件】对话框，如图 1-34 所示。

(2) 在【打开文件】对话框中选中一个模型文件，然后单击【打开】按钮，即可打开模型文件，如图 1-35 所示。

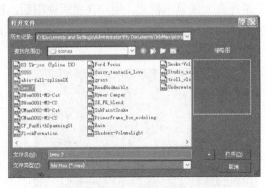

图 1-34 【打开文件】对话框

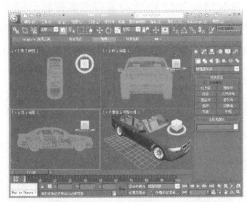

图 1-35 打开模型文件

(3) 单击【透视】视图窗口，然后在其窗口边缘单击并按住鼠标左键拖曳，即可放大视图显示模型，单击视图导航区域中的【最大化视口切换】按钮，即以全屏显示【透视】视图窗口，效果如图 1-36 所示。

(4) 在视图导航区域中单击【环绕】按钮，然后将鼠标移动至视图中单击并按住鼠标左键拖曳，即可旋转场景中的模型，如图 1-37 所示。

图 1-36 最大化【透视】视图窗口

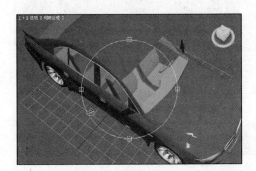

图 1-37 旋转视图效果

1.4.2 自定义快捷键

3ds Max 2012 预制了很多快捷键，用户可以根据自己的使用偏好自定义软件的快捷键，从而提高动画设计效率。

(1) 启动 3ds Max 2012 后，选择【自定义】|【自定义用户界面】命令，如图 1-38 所示，打开【自定义用户界面】对话框。

(2) 在【自定义用户界面】对话框中选择【键盘】选项卡，然后在该选项卡左侧的列表框中选择需要更改快捷键的命令，再在【热键】文本框中输入快捷键，如图 1-39 所示。

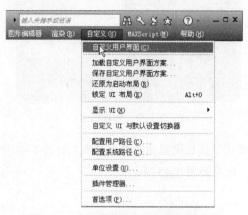

图 1-38　选择【自定义用户界面】命令

图 1-39　【自定义用户界面】对话框

(3) 最后，单击【指定】按钮即可设置新的快捷键。

1.4.3　自定义视口布局

通常 3ds Max 2012 工作界面中的视口都是按照 4 个视口分布的，在实际工作中，用户可以对视口布局的形式进行更改。

(1) 启动 3ds Max 2012，然后选择【文件】|【打开】命令，在打开的【打开文件】对话框中选中并打开一个模型文件，如图 1-40 所示。

(2) 移动鼠标至 4 个视口的中间位置，当鼠标呈✥状时，单击并按住鼠标左键向左上方拖曳，即可改变视口的布局，如图 1-41 所示。

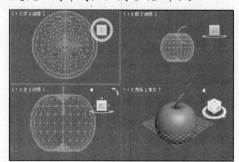

图 1-40　打开模型

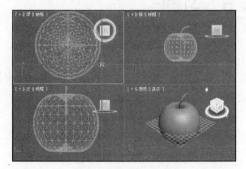

图 1-41　调整视口布局

(3) 在视口交界位置单击鼠标右键，在弹出的菜单中选择【重置布局】命令，可以恢复视口布局至原始状态，如图 1-42 所示。

(4) 单击【前】视图前的【+】按钮，在弹出的菜单中选择【配置视口】命令，如图 1-43 所示，打开【视口配置】对话框。

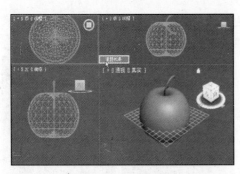

图 1-42　重置视图

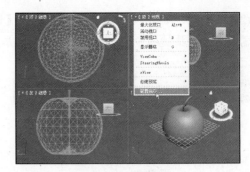

图 1-43　配置视口

(5) 在【视口配置】对话框中选中【布局】选项卡，然后设置更改布局模式，如图 1-44 所示。完成后，单击【应用】按钮，即可改变视口布局，效果如图 1-45 所示。

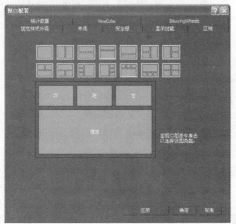

图 1-44　【视口配置】对话框

图 1-45　更改视口布局效果

1.5　习题

1. 在 3ds Max 2012 中打开一个模型文件，并将该文件保存至计算机桌面。
2. 设置 3ds Max 2012 的视口布局，使【前】视图的大小是其他视图的两倍以上。

对象的选择与基本操作

学习目标

3ds Max 中针对对象的基本操作包括对象的选择、移动、缩放、对齐、捕捉组合以及隐藏和冻结等。用户在制作动画时，若能够准确、快速地操作对象，就可以高效地完成建模、调整和渲染。因此，熟练地掌握对象的基本操作方法是初学用户学习 3ds Max 2012 的第一项目标。本章将重点介绍 3ds Max 对象的基本操作方法。

本章重点

- ⊙ 选择对象
- ⊙ 变换对象
- ⊙ 对齐对象
- ⊙ 组合对象

2.1 选择对象

在 3ds Max 中，大部分操作都是针对场景中的选定对象执行。设计者在操作对象前必须在视图中正确选择要操作的对象，然后才能应用各种命令。3ds Max 2012 提供了多种选择对象的命令和工具，下面将逐一介绍这些工具，帮助用户掌握在 3ds Max 中选择各种对象的操作方法。

2.1.1 利用【选择对象】工具选择对象

在 3ds Max 中，利用【旋转对象】工具选择对象是一种最常用的方法。用户可以单击工具栏中的【选择对象】按钮，然后单击视图窗口中的某一对象即可选中该对象，此时被选定对象的线框将变为白色(【选择对象】按钮在默认状态下处于激活状态)，如图 2-1 所示。

若用户单击其他对象，则原来被选中对象的选中状态将消失，同时被单击的对象将呈选中状态，如图 2-2 所示。若用户单击视图窗口中的空白区域，则所选择对象的选中状态将全部消失，此时 3ds Max 未选中任何对象。

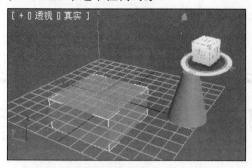

图 2-1　选中矩形对象

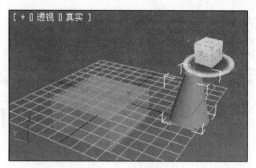

图 2-2　选择圆锥对象

 提示

用户若按住 Ctrl 键再分别单击多个对象，可以同时选中所有被单击的对象，此时，若按住 Alt 键后再单击被选中的对象，则可以对其中不需要的对象进行减选。

2.1.2　利用【区域选择】工具选择对象

利用 3ds Max 的【区域选择】工具选择对象指的是在视图窗口中，利用拖曳鼠标画出一个区域，通过这个区域来选择要编辑的对象。在 3ds Max 工具栏中单击【区域选择】工具后按住鼠标左键不放，将弹出【区域选择】工具组。【区域选择】工具组中包含【矩形】选择区域■、【圆形】选择区域■、【围栏】选择区域■、【套索】选择区域■和【绘制】选择区域■等 5 种工具，如图 2-3 所示。

- ◉ 【矩形】选择区域■：单击该按钮可以拖曳鼠标左键以矩形区域为选择对象，如图 2-4 所示。
- ◉ 【圆形】选择区域■：单击该按钮可以拖曳鼠标左键以圆形区域为选择对象，如图 2-5 所示。

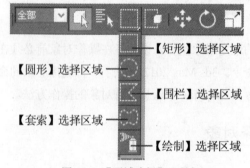

图 2-3　【区域选择】工具组

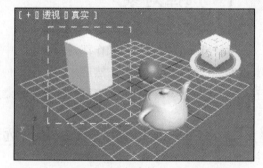

图 2-4　以矩形区域为选择对象

- ◉ 【围栏】选择区域■：单击该按钮可以通过交替使用操作，绘制出不规则的选择区域。用户要完成围栏选择，可以单击或双击第一个单击点；要取消选择，可以在释放鼠标前单击鼠标右键，如图 2-6 所示。

- ⊙ 【套索】选择区域▓：单击该按钮，可以围绕对象绘制图形区域；要取消选择，可在释放鼠标前单击鼠标右键。
- ⊙ 【绘制】选择区域▓：单击该按钮，可在对象上拖曳鼠标，然后释放鼠标，将所选对象纳入到选择范围之内；要取消选择，可以在释放鼠标前单击鼠标右键。

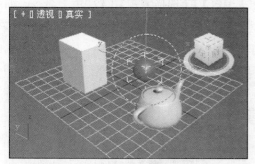

图 2-5　以圆形区域为选择对象

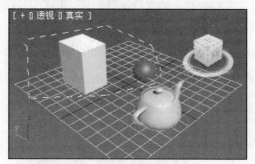

图 2-6　以围栏区域为选择对象

2.1.3　根据对象名称选择所需对象

一般情况下，当场景中有许多对象时，对象与对象之间会在视图中相互重叠，这时若在视图中采用单击的方法选择对象将非常困难，但是若以名称选择对象就可以很好地解决这个问题。用户可以单击 3ds Max 工具栏中的【按名称选择】按钮▓，如图 2-7 所示。然后，在弹出的【从场景选择】对话框中选择一个或多个对象，再单击【确定】按钮即可完成按名称选择对象操作，如图 2-8 所示。

图 2-7　【按名称选择】按钮

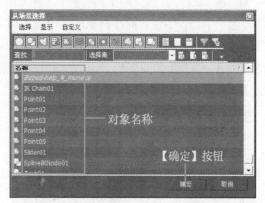

图 2-8　【从场景选择】对话框

提示

在【从场景选择】对话框中，包含【选择】命令、【显示】命令和【自定义】命令 3 个菜单命令。用户选择不同的命令后，将分别打开相应的菜单，其中【选择】菜单中的命令允许用户设定【从场景选择】对话框中选中哪些对象，【显示】菜单中的命令用于控制【从场景选择】对话框中的列表显示范围和方式，而【自定义】菜单中的命令则用于自定义【从场景选择】对话框所显示的内容。

2.1.4 根据对象颜色选择所需对象

当用户创建了一个包含许多对象的复杂场景时，可以在 3ds Max 中根据颜色准确地选择所需的对象。要按对象的颜色选择对象，用户可以选择【编辑】|【选择方式】|【颜色】命令，如图2-9 所示。当鼠标变为 形状时，单击某个颜色的对象，即可选择与该对象颜色相同的所有对象，所选对象的周围将出现一个白色的边框，如图2-10 所示。

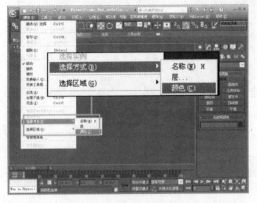

图 2-9　选择【颜色】命令

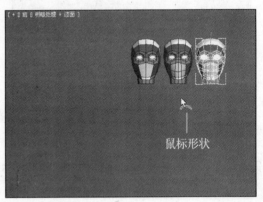

图 2-10　鼠标形状

2.1.5 根据对象材质选择所需对象

在 3ds Max 中，用户除了可以按以上介绍的几种方法选择对象外，还可以按对象的材质选择对象。当一个场景中包含同样材质的多个对象时，用户可以单击工具栏中的【材质编辑器】按钮，打开【材质编辑器】对话框，然后在该对话框中单击选中材质球，再单击该对话框右上角的【按材质选择】按钮(如图2-11 所示)，即可在打开的【Select Objects】对话框中根据材质选择所需的对象，如图2-12 所示。

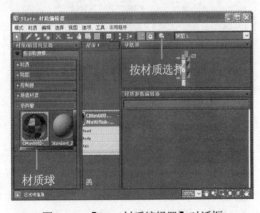

图 2-11　【Slate 材质编辑器】对话框

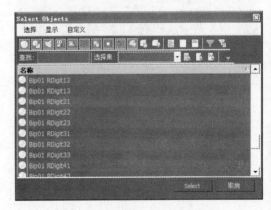

图 2-12　【Select Objects】对话框

②.2 变换对象

变换对象是 3ds Max 提供的一种基本的对象编辑方式，通过变换对象可以改变对象的位置及外观形态，例如移动、旋转以及缩放等。下面将重点介绍变换对象的相关知识和操作方法。

②.2.1 移动对象

移动对象指的是在改变对象的位置，在 3ds Max 中，用户可以通过拖曳鼠标左键，自行改变对象的位置，也可以通过输入数值精确移动对象。

1. 鼠标移动对象

用户可以使用工具栏中的【选择并移动】按钮 ，用鼠标将选中的对象移动到任何位置，如图 2-13 所示。当用户使用鼠标手动移动对象时，在 3ds Max 中将显示坐标移动控制器，在默认的4 个视图中只有透视图显示的是 X、Y、Z 3 个轴向，而其他的 3 个视图中只显示其中的某两个轴向，若用户需要在一个或几个轴向上移动对象，只需将鼠标指针放置在该轴上，当轴向变成黄色时即可沿轴向移动对象，如图 2-14 所示。

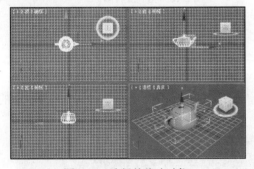

图 2-13　选择并移动对象

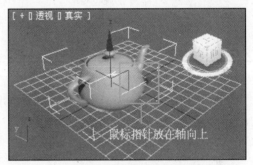

图 2-14　沿轴向移动对象

2. 精确移动对象

若用户需要将对象精确移动一定的距离时，可以右击工具栏中的【选择并移动】按钮（如图 2-15 所示)，在打开的【移动变换输入】对话框中输入相应的数值即可精确移动对象，如图 2-16 所示。

图 2-15　右击【选择并移动】按钮

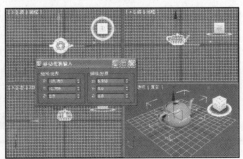

图 2-16　精确移动对象

②.2.2 旋转对象

旋转对象指的是将对象沿着一个轴旋转至任意角度。在 3ds Max 中，用户可以使用工具栏中的【选择并旋转】工具⟳实现对象的旋转。当用户单击并激活【选择并旋转】工具后，被选中的对象可以在 X、Y、Z 3 个轴上进行旋转，如图 2-17 所示。若用户需要对对象执行精确旋转操作时，则可以右击【选择并旋转】按钮⟳，然后在打开的【旋转变换输入】对话框中输入旋转角度，即可精确旋转对象，如图 2-18 所示。

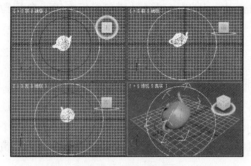

图 2-17　手动旋转对象

图 2-18　精确旋转对象

②.2.3 缩放对象

用户可以使用 3ds Max 工具栏中的【选择并缩放】工具组(如图 2-19 所示)对视图窗口中的对象进行缩放操作，如图 2-20 所示。

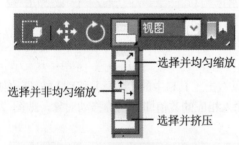

图 2-19　【选择并缩放】工具组

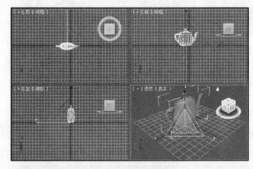

图 2-20　缩放对象

在【选择并缩放】工具组中，包含【选择并均匀缩放】工具▣、【选择并非均匀缩放】工具▣和【选择并挤压】工具▣ 3 个工具按钮，其各自的功能如下。

- ◉ 【选择并均匀缩放】工具：使用该工具可以沿 3 个坐标轴均匀地对所选对象进行缩放，这时只改变对象的体积，不改变对象的形状。
- ◉ 【选择并非均匀缩放】工具：使用该工具可以沿着 3 个坐标轴非均匀地对所选对象进行缩放，对象的体积和形状在缩放过程中都将发生变化。

- 【选择并挤压】工具：使用该工具可以在指定的坐标轴上对所选择对象进行挤压变形，对象的体积在缩放过程中将不会变化，只是外形发生了变化。

②.3 隐藏对象

当设计者利用 3ds Max 处理较大场景时，大量的场景对象不但有碍于选择、编辑操作，而且也会降低计算机的处理与现实速度。这时，可以利用 3ds Max 的隐藏对象功能将暂时不需要处理的对象隐藏，当需要时再将对象重新显示。

要隐藏对象，用户可以在 3ds Max 命令面板中单击【显示】按钮，打开【显示】面板，在该面板中，用户可以根据需要选择按类别隐藏对象、隐藏选定对象、隐藏未选定对象、按名称隐藏对象、按点击隐藏对象、全部取消隐藏、按名称取消隐藏或隐藏冻结对象等功能，如图 2-21 所示。

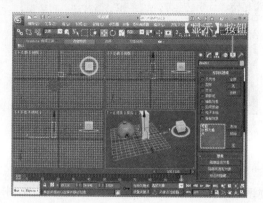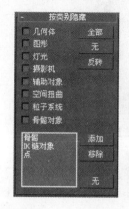

图 2-21　按类别隐藏对象

【显示】面板中，各种隐藏对象选项的功能如下。

- 【按类别隐藏对象】选项区域：在该选项区域中，用户可以按照对象的基本类型隐藏对象，例如若不需要在视图中看到摄像机对象，可以选中【摄像机】复选框，即可使摄像机不可见。
- 【隐藏选定对象】按钮：单击该按钮，被选定的对象将被隐藏。
- 【隐藏未选定对象】按钮：单击该按钮，选定对象之外的其他所有可见对象将被隐藏。
- 【按名称隐藏】按钮：单击该按钮，将打开【隐藏对象】对话框，在该对话框的列表框中用户可以选中要隐藏的对象。
- 【按点击隐藏】按钮：单击该按钮，在视图中单击的所有对象将被隐藏。
- 【全部取消隐藏】按钮：单击该按钮，将显示所有隐藏的对象。
- 【按名称取消隐藏】按钮：单击该按钮，将打开【取消隐藏对象】对话框，在该对话框的列表框中用户可以选中需要回复显示的对象。
- 【隐藏冻结对象】复选框：选中该复选框将隐藏所有被冻结的对象。

❷.4 冻结对象

用户在制作某些场景时，可能需要在视图中显示，但不需要对这些场景进行操作。这时，为了防止失误操作和简化场景，可以利用 3ds Max 的冻结对象功能将对象冻结。

要冻结对象，用户可以在 3ds Max 命令面板中单击【显示】按钮 🖳，打开【显示】面板，然后在该面板的【冻结】选项区域中，选择冻结选定对象、冻结未选定对象、按名称冻结对象和按点击冻结等命令冻结对象(冻结对象的使用方法与隐藏对象的方法相同)，如图 2-22 所示。被冻结后的对象在 3ds Max 中将不能被操作，但仍然在视图窗口中显示，如图 2-23 所示为被冻结后的长方体对象。

图 2-22 【冻结】选项区域

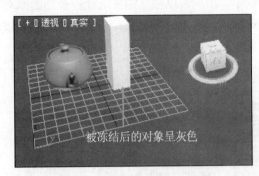

图 2-23 被冻结后的长方体对象

> 💡 **提示**
>
> 在【冻结】选项区域中，用户可以单击【全部解冻】、【按名称解冻】或【按点击解冻】按钮，将场景中被冻结的对象解冻。

❷.5 对齐对象

在 3ds Max 中，对齐对象常用于精确定位某一个对象的位置，当场景中各个对象的几何位置有一定关联时，用户可以采用对齐工具进行定位。常用的对齐工具有精确对齐、快速对齐和法线对齐，下面将分别介绍这 3 种对齐工具的使用方法。

❷.5.1 精确对齐

用户可以在选中需要对齐的对象与目标对象后，使用 3ds Max 工具栏中【对齐】工具组内的相应工具来对齐对象。【对齐】工具组中包含有对齐、快速对齐和法线对齐等 3 种对齐方式(如图 2-24 所示)，若用户选择【对齐】按钮 🖳，视图中鼠标呈 ⟂ 状时，单击需要对齐的对象则会打开【对齐当前选择】对话框，在该对话框中用户可以设置精确对齐，如图 2-25 所示。

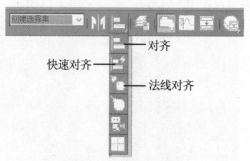

图 2-24　【对齐】工具组

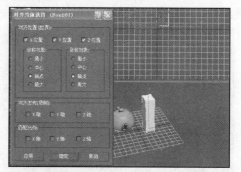

图 2-25　【对齐当前选择】对话框

【对齐当前选择】对话框中各选项的功能如下。

◉ 【对齐位置(世界)】选项区域：根据当前所用坐标系来决定对齐的坐标轴。

◉ 【当前对象】选项区域：确定当前选择的对象需要对齐的轴的位置。

◉ 【目标对象】选项区域：确定用于对齐的参考对象的轴的位置。

◉ 【对齐方向(局部)】选项区域：确定方向对齐所依据的坐标轴向。

◉ 【匹配比例】选项区域：将目标对象的缩放比例沿指定的坐标施加到当前对象上。

2.5.2　快速对齐

　　用户在视图中选中一个需要对齐的对象后，若在【对齐】工具组中选择并单击【快速对齐】按钮，视图中鼠标呈 形状时，单击需要快速对齐的目标对象，即可快速将两个对象对齐，如图 2-26 所示。

单击目标对象

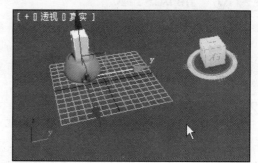

对齐后的对象

图 2-26　快速对齐对象

2.5.3　法线对齐

　　"法线对齐"是基于每个对象的面或以选择的法线方向来对齐两个物体。用户在选择要对齐的对象后，在【对齐】工具组中单击【法线对齐】按钮 ，然后单击对象上的面(鼠标下出现蓝色箭头表示已经选定对象的表面法线),然后单击第二个对象上的面(鼠标显示为绿色箭头),接下来释放鼠标左键,在打开的【法线对齐】对话框中即可设置相应的对齐参数,如图 2-27 所示。

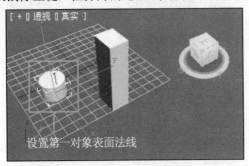

(1) 单击第一对象的面

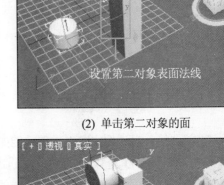

(2) 单击第二对象的面

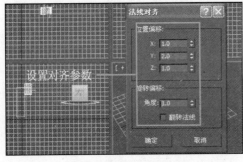

(3)【法线对齐】对话框

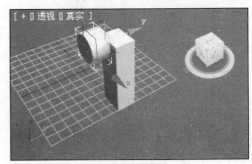

(4) 对齐后的效果

图 2-27 法线对齐对象

2.6 捕捉对象

利用 3ds Max 的捕捉工具可以精确捕捉场景中对象的位置,捕捉对象可以在创建、移动、旋转和缩放对象时为用户提供附加的控制,从而为建模提供有利的条件。

2.6.1 设置对象捕捉

在 3ds Max 工具栏中的捕捉开关工具组包括【2D 捕捉】按钮 、【3D 捕捉】按钮 、【2.5D 捕捉】按钮 等 3 个,如图 2-28 所示。

- ⊙ 【2D 捕捉】按钮 :该工具主要用于捕捉活动的栅格。
- ⊙ 【3D 捕捉】按钮 :该工具可以捕捉 3D 空间中的任何位置。
- ⊙ 【2.5D 捕捉】按钮 :该工具主要用于捕捉结构或捕捉根据网格得到的几何体。

右击工具栏中的捕捉开关按钮,在打开的【栅格和捕捉设置】对话框中用户可以设置捕捉类型和捕捉的相关参数,如图 2-29 所示。

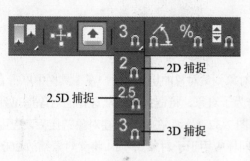

图 2-28　捕捉开关工具组

图 2-29　【栅格和捕捉设置】对话框

在【栅格和捕捉设置】对话框中，勾选【轴心】复选框可以捕捉物体的轴心点；勾选【垂足】复选框可以捕捉与另一条直线垂直的交点；勾选【顶点】复选框可以捕捉网格或可编辑网格物体的顶点；勾选【边/线段】复选框可以捕捉物体边界上的点；勾选【面】复选框可以捕捉物体表面的点；勾选【栅格线】复选框可以捕捉栅格线上的点；勾选【边界框】复选框可以捕捉边界框上的点；勾选【切点】复选框可以捕捉与样条曲线相切的点；勾选【端点】复选框可以捕捉样条曲线或对象边界的端点；勾选【中点】复选框可以捕捉样条曲线或对象边界的中点；勾选【中心面】复选框可以捕捉三角面的中心。

2.6.2　设置捕捉精度

右击 3ds Max 工具栏中的【微调器捕捉切换】按钮█(如图 2-30 所示)，用户可以在打开的【首选项设置】对话框的【精度】文本框内设置对象的捕捉精度参数，如图 2-31 所示。

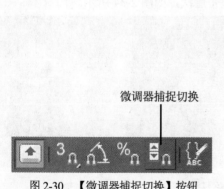

图 2-30　【微调器捕捉切换】按钮

图 2-31　【首选项设置】对话框

2.7　链接对象

利用 3ds Max 工具栏中最左侧的【选择并链接】工具█和【断开当前链接选择】工具█，用户可以在对象之间创建或移动链接。本节将重点介绍链接对象的相关知识。

②.7.1　创建链接对象

在 3ds Max 中创建链接对象的过程是构建从子对象到父对象的层次。用户在工具栏中单击【选择并链接】按钮 🔗 后，可以选择一个或多个对象作为子对象，将链接光标从选择的对象拖曳到单个父对象，即可选定对象成为父对象的子对象，如图 2-32 所示。在成功创建对象链接后，应用于父对象的所有变换(例如移动、旋转、缩放等)，都将同样应用于子对象。例如，将父对象缩放 200%，则子对象以及子对象与父对象之间的距离也将被缩放 200%，如图 2-33 所示。

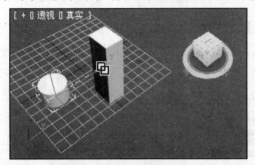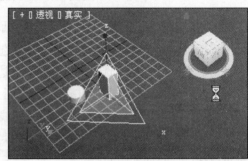

图 2-32　创建链接对象　　　　　　　　　图 2-33　缩放父对象

②.7.2　断开链接对象

在 3ds Max 工具栏中单击【断开当前链接选择】按钮 🔗，即可移除从选定对象到父对象的链接，但不会影响选定对象的任何子对象。用户可以通过双击父对象，选择该对象及全部子对象，若单击【断开当前链接选择】按钮，则将取消链接整个层次，如图 2-34 所示。

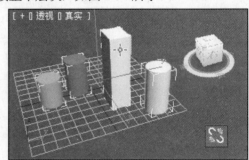

图 2-34　断开链接对象

②.8　组合对象

在 3ds Max 中，"组"是由一个或几个独立的几何对象组成的可以合成与分离的几何，构成组的几何对象仍然具有其各自的一些特性，成组的所有对象可以视为一个对象，当多个对象组合为一个组后，组中的所有对象将成为一个整体。

②.8.1　成组与解组对象

成组指的是将当前所有被选择的对象组合为一体，单击其中任何一个对象，将会选择这个组中所有的对象。解组则与成组相反，解组是将成组的对象分解，恢复为未使用【成组】命令之前的多个对象状态。

1. 对象成组

在视图中选中需要成组的对象后，选择【组】|【成组】命令，在打开的【组】对话框中输入组名(默认为组 001)，然后单击【确定】按钮即可将所选对象组合为一个组，如图 2-35 所示。组合后的对象周围将出现一个白色线框。

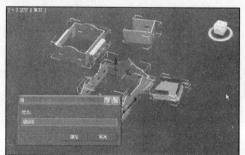

图 2-35　对象成组

2. 对象解组

对象解组与成组的操作相反，用户在选中成组对象后，选择【组】|【解组】命令即可将成组后的对象解组。若用户使用成组命令，使多个成组后的对象组成了"嵌套组"，使用解组命令后，只能解组一个层级的成组对象。

②.8.2　打开与关闭组

用户若要对成组对象中的某个对象执行操作，必须先将组打开，使组内的对象暂时独立，以便进行单独操作。执行完操作后再将组关闭，即可恢复至成组后的状态。

1. 打开组

用户可以在选中一个成组对象后，选择【组】|【打开】命令，将成组对象打开。这时被打开的对象将被粉色边框包围，用户可以对成组对象中包含的任何对象进行单独操作，如图 2-36 所示。

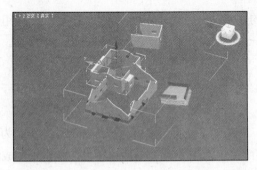

图 2-36 对象成组

2. 关闭组

当用户完成成组对象的编辑操作后，选择【组】|【关闭】命令，即可将打开的成组对象关闭。成组对象被关闭后，其中包含的对象将无法被单独调整。

2.8.3 分离与附加组

用户在使用 3ds Max 建模时，若要将某一个对象添加到已成组的组中，可以选择【组】|【附加】命令。若不需要组中的某个对象，则可以将组对象分离。

1. 分离组

用户将一个成组后的对象打开，并选中成组对象中包含的一个对象后，选择【组】|【分离】命令，可以将该对象从成组对象中分离成独立对象，如图 2-37 所示。被分离后的独立对象，将不再是原先组的成员。

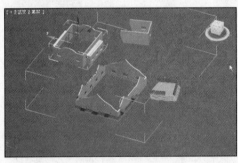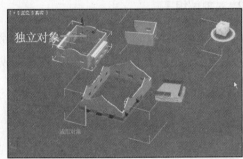

图 2-37 分离组

2. 附加组

用户将对象从成组中分离后，选中分离后的独立对象，选择【组】|【附加】命令，然后单击需要附加的组，即可将独立的对象重新附加至该组。

②.9 上机练习

本章的上机练习将通过实例，重点介绍对象的选择与基本操作方法，以帮助用户进一步掌握 3ds Max 2012 操作对象的常用方法。

在 3ds Max 中，用户可以采用该软件工具栏中提供的各种工具对模型的位置进行调整，例如移动、旋转等。

(1) 启动 3ds Max 2012 后，单击【应用程序】按钮，在弹出的菜单中选择【打开】命令，打开如图 2-38 所示的模型。

(2) 选中场景中的雕像模型后，单击工具栏中的【对齐】按钮🔲，移动鼠标光标至长方体底座对象上并单击，打开【对齐当前选择 1:1】对话框，如图 2-39 所示。

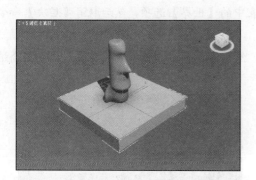

图 2-38　打开模型

图 2-39　【对齐当前选择 1:1】对话框

(3) 在【对齐当前选择 1:1】对话框中分别设置【对齐位置】、【当前对象】以及【目标对象】等选项区域，然后单击【确定】按钮，即可将雕像按照设置调整至如图 2-40 所示的位置。

(4) 在【创建】命令面板的【对象类型】选项区域中单击【长方体】按钮，然后在场景中绘制出如图 2-41 所示的长方体对象。

图 2-40　选择对齐对象

图 2-41　绘制长方体

(5) 使用工具栏中的【选择并移动】工具🔲，在【前】视图中移动雕像对象的位置，将其移动至如图 2-42 所示的位置上。

(6) 在【前】视图中选中步骤(4)创建的长方体对象，然后切换至【层次】命令面板🔲，单击

【轴】按钮，如图 2-43 所示。

图 2-42　移动雕像位置

图 2-43　【轴】按钮

(7) 展开【调整轴】栏后，单击【仅影响轴】按钮，然后使用【选中并移动】工具，沿 X 轴移动坐标轴心点至长方体对象的最右侧，效果如图 2-44 所示。

(8) 选中工具栏中的【参考坐标系】下拉列表中的【世界】选项，然后取消【层次】命令面板中【仅影响轴】按钮的选中状态。

(9) 选中工具栏中的【选中并旋转】工具，然后沿 Y 轴轨迹圆顺时针拖动，拖动至合适的位置后释放鼠标，如图 2-45 所示。

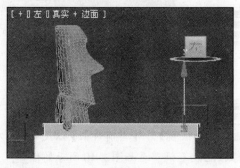

图 2-44　调整轴对齐位置

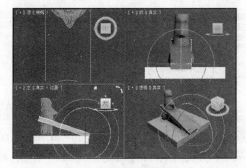

图 2-45　调整长方体位置

(10) 调整场景中雕像的位置后(将其调整在倾斜长方体的上方)，用户可以结合本书后面章节介绍的操作方法，制作出雕像从倾斜的长方体上滑落的动画效果。

2.10　习题

1. 在 3ds Max 2012 中新建一个场景后，在该场景中创建多个三维对象，并将其组合在一起。
2. 将习题 1 组合的对象分离，然后调整分离后的对象位置，并设置对齐效果。

第3章

三维模型的创建与编辑

学习目标

建模是 3ds Max 最基本的操作技能，也是一切设计的基础，设计者只有在掌握了创建精确模型的方法之后，才能将来自己的设计思想恰到好处地表现出。本章将重点介绍在 3ds Max 2012 中创建与编辑三维模型的相关知识，帮助用户熟悉创建各类标准基本体、扩展基本体以及特殊扩展基本体的具体操作方法，为下面进一步学习 3ds Max 打下基础。

本章重点

- ◉ 3ds Max 三维建模的基础知识
- ◉ 创建标准基本体
- ◉ 创建扩展基本体
- ◉ 创建特殊扩展基本体

③.1 3ds Max 三维建模的基础知识

3ds Max 提供了标准基本体建模与扩展基本体建模两种三维建模方式。在实际建模过程中，用户可以根据需要，在软件中创建所需模型的类似三维基本体，然后通过对基本体的编辑，创建最终的三维模型。本节将重点介绍三维建模的基础知识。

③.1.1 命名模型

用户在 3ds Max 中创建一个新模型或打开某个模型时，可以对模型的名称进行命名，以便在建模的过程中方便地查找并使用。对模型进行命名，用户可以选择场景中的对象，然后单击【创建】面板，并展开面板中的【名称和颜色】栏，显示对象的基本信息，最后在【对象名称】文本框中输入名称，即可为模型命名，如图 3-1 所示。

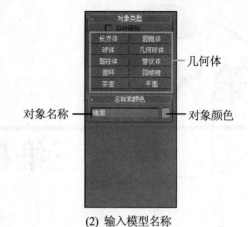

(1) 选中模型　　　　　　　　　　(2) 输入模型名称

图 3-1　模型的命名

3.1.2　设置模型颜色

创建基本体时，3ds Max 会为创建的物体自动设置一种颜色，用户可以根据建模的需要，为所创建的模型更换颜色。用户可以在选中对象后，展开【创建】命令面板中的【名称和颜色】栏，然后在如图 3-1(2)所示的【创建】命令面板中单击【对象颜色】按钮，在打开的【对象颜色】对话框中即可选择需要的模型颜色。

3.1.3　设置键盘输入

设置键盘输入指的是在利用 3ds Max 创建几何体时通过输入参数来创建对象。用户在如图 3-1(2)所示的【创建】命令面板中选择一种几何体选项(例如长方体)，然后在面板下方展开的【键盘输入】栏内设置该类几何体的具体参数，最后单击【创建】按钮即可通过设置键盘输入在所需的位置创建固定大小的对象，如图 3-2 所示。

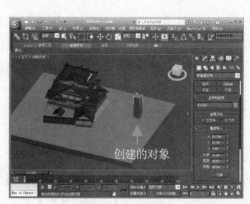

(1) 输入对象参数　　　　　　　　　(2) 创建对象

图 3-2　设置几何体参数

③.2　创建标准基本体

3ds Max 中的标准基本体都是参数化的对象，用户可以通过改变参数来改变几何体的形状。几何体在【创建】命令面板中位置非常相似(见图 3-1(2))，3ds Max 包含长方体、圆柱体、圆锥体、球体、几何球体和管状体等 10 种标准基本体。本节将重点介绍创建标准基本体的操作方法。

③.2.1　长方体

长方体是 3ds Max 各种模型中最基本，也是最常用的模型。长方体模型常用于设计日常生活中的家具和房屋等模型。用户在图 3-1(2)的【创建】命令面板中单击【长方体】按钮，然后在视图中按住鼠标左键不放，绘制出一个矩形后释放鼠标左键，移动鼠标至合适的位置，可以确定长方体的高度，最后单击鼠标右键即可完成长方体的创建，如图 3-3 所示。

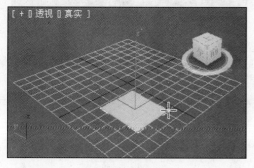
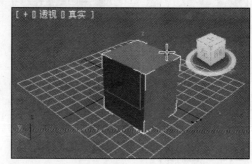

(1) 绘制矩形　　　　　　　　(2) 确定长方体高度

图 3-3　创建长方体

提示

用户除了可以使用上面介绍的方法创建长方体以外，还可以通过选择【创建】|【标准几何体】|【长方体】命令，在视图中创建长方体。按住 Ctrl 键可以创建出底部为正方形的长方体。

③.2.2　圆锥体

在 3ds Max 中使用圆锥体，可以创建直立或倒立的圆锥、圆台、棱柱及局部。用户在图 3-1(2)的【创建】命令面板中单击【圆锥体】按钮，然后在视图中单击并按住鼠标左键拖曳，可以绘制一个圆来确定圆锥体的底面，在视图中上下移动鼠标则可以确定圆锥体的高度，在合适的位置单击鼠标，再次移动鼠标指针可以确定圆锥体的顶面半径，最后单击鼠标右键可以完成圆锥体的创建，如图 3-4 所示。成功创建圆锥体后，用户可以在【创建】命令面板中展开【参数】栏设置圆锥体的具体参数。

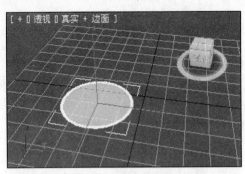

(1) 绘制底部圆

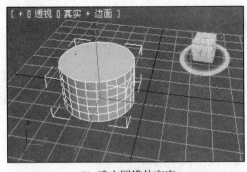

(2) 确定圆锥体高度

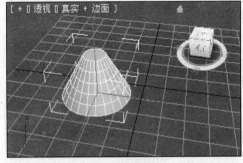

(3) 确定顶面半径

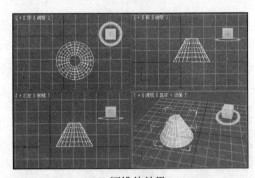

(4) 圆锥体效果

图 3-4　圆锥体

3.2.3　圆柱体

圆柱体是圆锥体的一种特殊形式，在 3ds Max 中创建圆柱体的方法与创建圆锥体的方法大同小异，其参数设置也大致相同。用户在图 3-1(2)的【创建】命令面板中单击【圆锥体】按钮，然后在视图中单击并按住鼠标左键拖曳，释放鼠标左键后即可创建一个圆柱体，如图 3-5 所示。在视图中成功创建圆柱体后，用户可以在【创建】命令面板中展开【参数】栏设置圆柱体的具体参数。

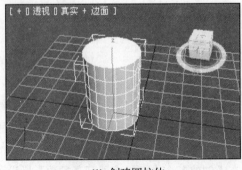

(1) 创建圆柱体

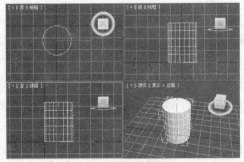

(2) 圆柱体效果

图 3-5　圆柱体

3.2.4 管状体

创建管状体可以生成圆形和圆柱管道，其类似于一种中空的圆柱体(水管)。管状体的创建方法与圆柱体类似，用户在图 3-1(2)的【创建】命令面板中单击【管状体】按钮，然后将鼠标移动至视图中单击并按住鼠标左键拖曳，释放鼠标左键后即可创建一个管状体，如图 3-6 所示。成功创建管状体后，用户可以在【创建】命令面板中展开【参数】栏设置管状体的具体参数。

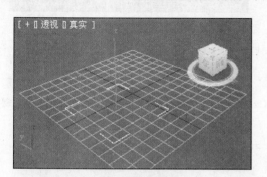

(1) 绘制底部范围   (2) 确定管壁厚度

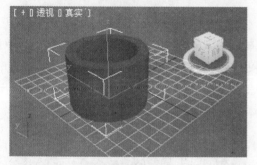

(3) 绘制管状体高度   (4) 管状体制作的水管

图 3-6 管状体

提示 ----------------------------

用户除了可以参考上面所介绍的方法创建管状体以外，还可以通过选择【创建】|【标准基本体】|【管状体】命令在视图中创建管状体模型。

3.2.5 四棱锥

四棱锥是一种类似金字塔形的三维模型，它可以生成矩形的底部和三角形的侧面。用户在图 3-1(2)的【创建】命令面板中单击【四棱锥】按钮，然后移动鼠标至视图中单击并按住鼠标左键拖曳，释放鼠标左键后即可创建一个四棱锥模型，如图 3-7 所示。成功创建四棱锥后，用户可以在【创建】命令面板中展开【参数】栏设置四棱锥模型的具体参数。

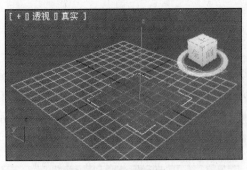
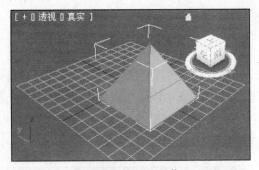

(1) 绘制底部范围　　　　　　　　　　　　　(2) 确定四棱锥高度

图 3-7　四棱锥

 提示

用户在 3ds Max 中创建四棱锥时，可以在按住 Ctrl 键的同时，在视图中单击并按住鼠标左键拖曳，创建出底面是正方形的四棱锥模型。

③.2.6　球体

创建球体模型可以用于创建完整球体、半球体或部分球体，并且可以围绕球体的垂直轴对球体进行切片。用户在图 3-1(2)的【创建】命令面板中单击【球体】按钮，然后在视图中单击并按住鼠标左键拖曳，释放鼠标左键后即可创建一个球体，如图 3-8 所示。成功创建球体后，用户可以在【创建】命令面板中展开【参数】栏设置球体模型的具体参数。

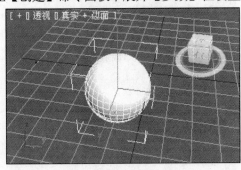
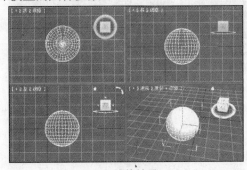

(1) 创建球体　　　　　　　　　　　　　　(2) 球体效果

图 3-8　球体

③.2.7　几何球体

几何球体与球体的创建方法和外观都基本相同，只是在用途上略有不同。球体由四角平面组成，而几何球体则是由三角平面拼接而成，如图 3-9 所示。用户在 3ds Max 视图中成功创建几何球体后，可以在图 3-1(2)的【创建】命令面板中展开【参数】栏设置几何球体模型的具体参数，其中【基点面】选项可以用于设置几何球体的基准面体的类型。

图 3-9　球体与几何球体

③.2.8　圆环

圆环模型是一个圆面围绕一根与该圆在同一平面内的直线旋转一周而形成的几何体。用户使用圆环，结合"扭曲"、"旋转"、"平滑"等命令，可以在 3ds Max 中创建出复杂的螺旋效果变形体。用户在图 3-1(2)的【创建】命令面板中单击【圆环】按钮，然后将鼠标移动至视图中单击并按住鼠标左键拖曳，释放鼠标左键后即可创建一个圆环，如图 3-10 所示。成功创建圆环后，用户可以在【创建】命令面板中展开【参数】栏设置圆环模型的具体参数。

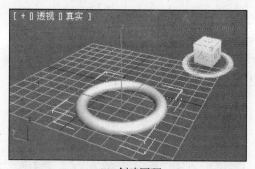

(1)　创建圆环

(2)　圆环制作的门把手

图 3-10　圆环

> **提示**
>
> 圆环依据其面段数不同，效果像正多边形或圆形，利用切片参数也可以制作一段圆环，圆环有"边"和"中心"两种创建方式，圆环的最小分段值为 3，数值越大圆环就越光滑。

③.2.9　茶壶

茶壶是特殊的三维基本模型，它是一个较完整的三维物体，常用于在制作三维效果的过程中作为一些材质测试和效果渲染的评比。用户在图 3-1(2)的【创建】命令面板中单击【茶壶】按钮，然

计算机基础与实训教材系列

后将鼠标移动至视图中单击并按住鼠标左键拖曳，释放鼠标左键后即可创建一个茶壶，如图 3-11 所示。成功创建茶壶后，用户可以在【创建】命令面板中展开【参数】栏设置茶壶模型的具体参数。

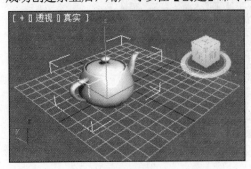

(1) 创建茶壶

(2) 茶壶效果

图 3-11 茶壶

 提示

在茶壶的【参数】设置栏，用户可以在创建茶壶之后设置显示茶壶的个别部分，并分别对其进行参数设置。用户在创建茶壶时可以选择一次性创建整个茶壶，或单独创建茶壶的某个部分。

3.2.10 平面

平面是 3ds Max 中最简单的三维模型之一，也是标准基本体中唯一没有厚度参数的模型。平面可用于创建特殊类型的平面多边形表面。用户在图 3-1(2)的【创建】命令面板中单击【平面】按钮，然后单击并按住鼠标左键拖曳，释放鼠标左键后即可创建一个平面，如图 3-12 所示。

(1) 绘制平面

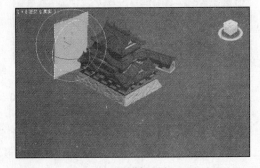

(2) 旋转平面

图 3-12 平面

 提示

平面模型式只有正面的单面物体，若用户创建的平面颜色呈黑色，可以执行"旋转"命令，将平面对象翻转过来使用。

3.3　创建扩展基本体

在 3ds Max 中，用户除了可以创建 10 种基本体模型以外，还可以创建例如异面体、环形结、切角圆柱体以及油罐等 13 种扩展基本体模型，扩展基本体是标准基本体的一种扩展物体，其创建的方法与标准基本体模型类似，但却有着相对复杂的模型结果。本节将介绍创建扩展基本体的操作方法。

3.3.1　异面体

用户在【创建】命令面板中单击【几何体】下拉列表按钮，在弹出的下拉列表中选择【扩展基本体】选项，即可在【对象类型】栏中显示 3ds Max 所提供的 13 种扩展基本体选项，如图 3-13 所示。单击其中的【异面体】按钮，在【参数栏】中选择要创建的异面体类型(包括四面体、立方体、八面体、十二面体、二十面体等)，然后在视图中单击并按住鼠标左键拖曳，释放鼠标后即可创建一个异面体，效果如图 3-14 所示。

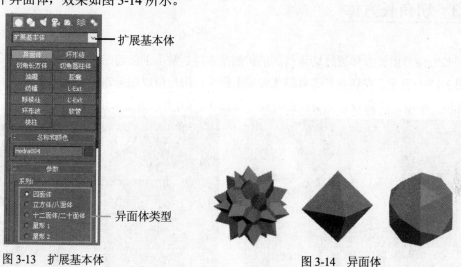

图 3-13　扩展基本体　　　　　　　图 3-14　异面体

提示

在异面体的【参数】栏中，用户可以设置异面体的 P/Q 数值(顶点与面的关联)、P/R 数值(多面体的一个面反射的轴向)、重置、基点、中心、中心和边以及半径等参数。

3.3.2　环形结

环形结是由圆环打结得到的扩展基本体，用户在图 3-13 的【创建】命令面板中单击【环形结】钮，然后在视图中单击并按住鼠标左键拖曳，再次单击鼠标后即可创建一个环形结，效果如图

3-15 所示。在环形结的【参数】栏(如图 3-16 所示)中，用户可以设置环形结的"基本曲线"、"横截面"、"平滑"以及贴图坐标等参数。

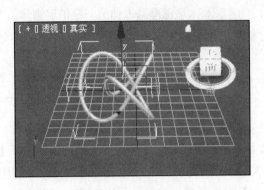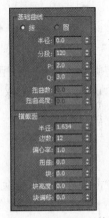

图 3-15　环形结　　　　　　　　　图 3-16　环形结【参数】栏

3.3.3　切角长方体

切角长方体是由长方体通过切角得到的扩展基本体，常用于创建带有圆角或切角的长方体对象，如图 3-17(1)所示。在切角长方体的【参数】栏中，用户可以根据建模需要调整切角长方体的长度、宽度、高度、圆角以及相对应的分段。如图 3-17(2)所示的是切角长方体的效果图。

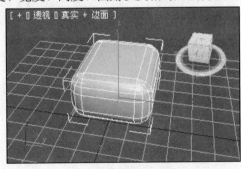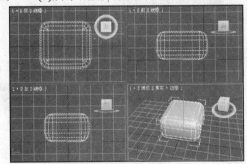

(1) 绘制切角长方体　　　　　　　　　(2) 切角长方体效果

图 3-17　切角长方体

3.3.4　切角圆柱体

切角圆柱体与标准基本体中的圆柱体非常相似。用户在 3ds Max 中选择【创建】|【扩展基本体】|【切角圆柱体】命令(或在图 3-13 的【创建】命令面板中单击【切角圆柱体】按钮)，然后在视图中单击并按住鼠标左键拖曳，可以非常便捷地创建出带有切角效果的圆柱体，如图 3-1 所示。在切角长方体【参数】栏中，用户可以对切角圆柱体的半径、圆角、高度以及边数等

数进行调整。

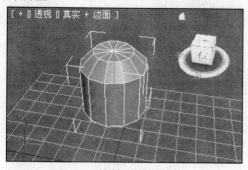

(1) 绘制切角圆柱体

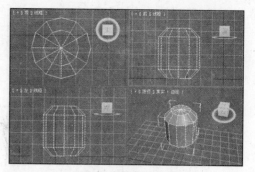

(2) 切角圆柱体效果

图 3-18　切角圆柱体

③.3.5　油罐

　　油罐模型因与现实中的油罐形状类似而得名,其顶部隆起如球状,可以用于制作带有凸面封口的圆柱体。用户在 3ds Max 中选择【创建】|【扩展基本体】|【油罐】命令(或在图 3-13 的【创建】命令面板中单击【油罐】按钮),然后在视图中单击并按住鼠标左键拖曳,再次单击鼠标后即可创建油罐,如图 3-19 所示。

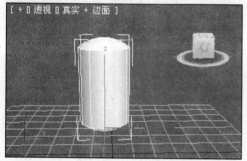

(1) 绘制油罐

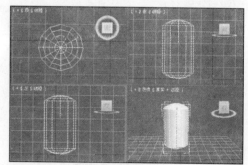

(2) 油罐效果

图 3-19　油罐

> **提示**
>
> 　　在油罐的【参数】栏中,用户可以根据需要调整油罐的半径、高度、封口高度、混合、边数、高度分段、切片起始位置以及切片结束位置等参数。

③.3.6　胶囊

　　使用胶囊工具可以创建出半球状带有封口的圆柱体图形效果(类似于胶囊形状)。用户在 3ds Max 中选择【创建】|【扩展基本体】|【胶囊】命令(或在图 3-13 的【创建】命令面板中单击【胶囊】按钮),然后在视图中单击并按住鼠标左键拖曳,再次单击鼠标后即可创建胶囊,如图 3-20

计算机 基础与实训教材系列

所示。

(1) 绘制胶囊

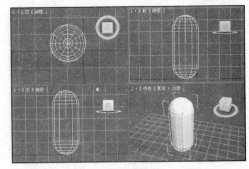

(2) 胶囊效果

图 3-20　胶囊

③.3.7　纺锤

　　纺锤与油罐的形状大致相同，唯一的区别在于油罐的两端是球面，而纺锤的两端则是锥形面，两者的对比效果图如图 3-21 所示。用户在 3ds Max 中选择【创建】|【扩展基本体】|【纺锤】命令(或在图 3-13 的【创建】命令面板中单击【纺锤】按钮)，然后在视图中单击并按住鼠标左键拖曳，释放鼠标左键后即可创建纺锤，效果如图 3-22 所示。

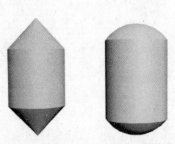

图 3-21　纺锤与油罐的对比效果图

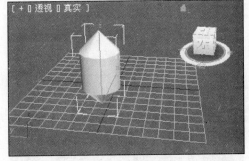

图 3-22　创建纺锤

③.3.8　L-Ext

　　L-Ext 由长方体扩展而来，用户利用 L-Ext 工具可以创建挤出的 L 形物体，该物体经常用于快速建模。用户可以参考下面的实例，创建 L-Ext 物体。

　　【练习 3-1】在 3ds Max 中创建 L-Ext 物体。

　　(1) 使用【长方体】工具，在视图中创建一个如图 3-23(1)所示的长方体对象。

　　(2) 选择【创建】|【扩展基本体】|【L 形挤出】命令(或在图 3-13 的【创建】命令面板中单击【L-Ext】按钮)，在视图中单击并按住鼠标左键拖曳，绘制 L 形物体底部，如图 3-23(2)所示。

　　(3) 完成以上操作后，单击并移动鼠标绘制 L 形物体的侧面长度，如图 3-23(3)所示。

　　(4) 再次单击并移动鼠标，绘制 L 形物体的侧面宽度，如图 3-23(4)所示。

　　(5) 最后，单击鼠标即可完成 L 形物体的创建。

(1) 创建长方体

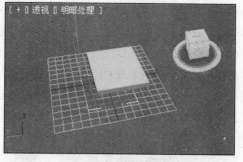

(2) 绘制 L 形底部

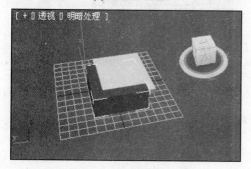

(3) 绘制 L 形物体的侧面长度

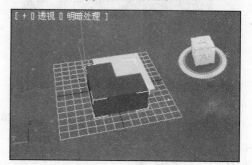

(4) 绘制 L 形物体的侧面宽度

图 3-23　L-Ext

③.3.9　C-Ext

　　C-Ext 也是由长方体扩展而来,用户利用 C-Ext 工具可以方便地在视图中创建挤出的 C 形对象(如图 3-24 所示),该对象多用于制作快速墙体。绘制 C-Ext 对象的方法与绘制 L-Ext 对象的方法类似,此处不再赘述。

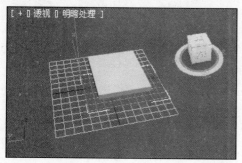

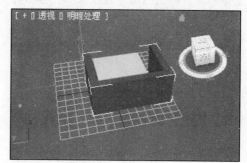

图 3-24　C-Ext

③.3.10　球棱柱

　　球棱柱是带有棱角的柱体,用户利用球棱柱工具可以创建出具有挤出效果规则多边形物体。

在 3ds Max 中，用户可以参考下面的实例，创建球棱柱对象。

【练习 3-2】在 3ds Max 中创建球棱柱对象。

(1) 打开如图 3-25(1)所示的模型，然后在图 3-13 的【创建】命令面板中单击【球棱柱】按钮。

(2) 将鼠标移动到视图中合适的位置，然后单击并按住鼠标左键拖曳，释放鼠标左键后即可绘制一个球棱柱，调整球棱柱位置并在其【参数】栏中设置球棱柱参数，绘制出的球棱柱效果如图 3-25(2)所示。

(1) 打开模型　　　　　　　　　　　　(2) 球棱柱效果

图 3-25　球棱柱

③.3.11　环形波

环形波是一种特殊的三维模型，使用环形波工具可以创建出不规则的环形。在 3ds Max 中，用户可以参考下面的实例，创建环形波对象。

【练习 3-3】在 3ds Max 中创建环形波对象。

(1) 在图 3-13 的【创建】命令面板中单击【环形波】按钮，然后在视图中单击并按住鼠标左键拖曳，释放鼠标左键后即可创建如图 3-26(1)所示的环形波底面。

(2) 在环形波的【参数】栏中设置环形波的半径、高度、径向分段、边数、高度分段以及环形宽度等参数，得到的环形波效果如图 3-26(2)所示。

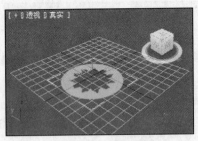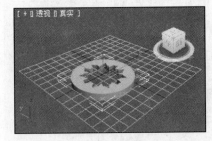

(1) 绘制环形波底面　　　　　　　　　　(2) 环形波效果

图 3-26　环形波

③.3.12　软管

软管是一种能够连接两个对象的弹性物体，能反映两个连接对象的运动，类似于弹簧(但不具备动力学属性)。用户可以参考下面的实例，创建软管对象。

【练习 3-4】在 3ds Max 中创建软管对象。

(1) 在如图 3-13 所示的【创建】命令面板中单击【软管】按钮，然后在视图中单击鼠标并拖曳，即可创建如图 3-27 所示的软管对象。

(2) 按 Enter 键确认，赋予软管对象材质并渲染，最终得到的软管效果如图 3-28 所示。

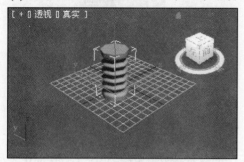

图 3-27 绘制软管对象

图 3-28 软管

3.4 创建特殊扩展基本体

在 3ds Max 中，用户可以创建例如植物、栏杆、墙、楼梯、门和窗户等特殊扩展基本体。这些特殊的扩展基本体可以在设计建筑效果图时，帮助用户直接创建所需的对象模型。本节将介绍特殊扩展基本体的操作方法。

3.4.1 植物

在 3ds Max 中，用户不仅可以直接创建植物，还可以控制植物的高度、密度、修剪、种子、树冠显示和细节级别等。下面将分别介绍创建各种植物的具体操作方法。

1. 植物属性简介

3ds Max 默认系统可以创建多种不同类型的植物模型，但每一种植物类型的【参数】栏都大致相同。用户可以单击【创建】命令面板中的【几何体】下拉列表按钮，在弹出的下拉列表中选择【AEC 扩展】选项，然后单击【对象类型】栏中的【植物】按钮，并在随后显示的植物列表中任意选中一种植物(如图 3-29 所示)，展开植物的【参数】栏，如图 3-30 所示，其中各选项及其含义如下。

- ◉ 【高度】文本框：用于设置植物的高度。
- ◉ 【新建】按钮：单击该按钮，可为植物设置种子数。
- ◉ 【种子】文本框：通过在该文本框中输入不同的数值，可以使植物显示不同的形态。
- ◉ 【显示】选项区域：该选项区域中的选项用于设置是否显示植物的构成部分，显示得越多，植物的点面数也就越多，同时系统的运行效率将会因此而降低。

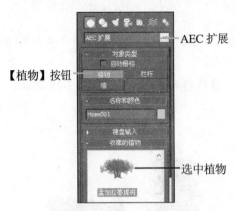

【植物】按钮 —— AEC 扩展

选中植物

图 3-29 【AEC 扩展】选项

图 3-30 植物【参数】栏

- ● 【密度】文本框：用于设置植物的树叶和花朵的数量。数值范围为 0~1，值为 0 表示植物没有树叶和花；值为 0.5 表示植物具有一半的树叶和花；值为 1 表示植物具有全部的树叶和花，数值越大，树叶的数量就越多。如图 3-31 所示为不同密度的植物对比效果。

图 3-31 不同密度的植物

- ● 【修剪】文本框：用于设置数值的修剪状态。默认值为 0，数值范围为-0.1~1，数值越大，植物被修剪掉的树枝就越多。
- ● 【未选择对象时】单选按钮：选中该单选按钮，视图中的植物除了当前处于选中状态的以外，其他都以树冠模式显示。
- ● 【始终】单选按钮：选中该单选按钮，视图中的植物以树冠模式显示。
- ● 【从不】单选按钮：选中该单选按钮，视图中的植物将不以树冠模式显示。
- ● 【低】单选按钮：选中该单选按钮，视图中的植物将以树冠模式进行渲染。
- ● 【中】单选按钮：选中该单选按钮，将渲染植物的一部分面。
- ● 【高】单选按钮：选中该单选按钮，将渲染植物所有的面。

2. 创建各类植物

在 3ds Max 中，用户在图 3-29 的【收藏的植物】栏中选中植物图标后，在顶视图中单击，即可创建各种不同种类的植物。用户可以参考下面的实例，创建各类植物。

【练习 3-5】在 3ds Max 中创建植物。

（1）在场景中应用【长方体】工具创建如图 3-32 所示的场景。

（2）在【创建】命令面板中单击【几何体】下拉列表按钮，在弹出的下拉列表中选择【AEC 扩展】选项，然后在【对象类型】栏中单击【植物】按钮，【收藏的植物】栏下方将显示植物，见图 3-29 所示。

（3）在【收藏的植物】栏中选中一种植物，在顶视图中单击即可创建植物对象，在图 3-30 的植物【参数】栏中设置植物的属性参数，即可完成创建植物，植物效果如图 3-33 所示。

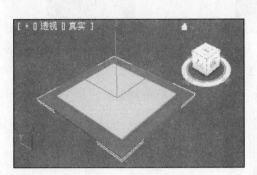

图 3-32　创建场景

图 3-33　创建的植物效果

 提示 ----------------------------

　　用户可以参考【练习 3-5】所介绍的方法，在 3ds Max 中创建包括垂柳、孟加拉菩提树、棕榈、针松、美洲榆、苏格兰松树、日本樱花、大戟属植物、大丝兰、橡树以及芳香蒜在内的多种植物对象。

③.4.2　栏杆和墙

用户在 3ds Max 中，除了可以快速创建各种复杂的植物，还可以利用软件内建功能快速创建墙和栏杆等在建模过程中常用的模型。

1. 创建栏杆

栏杆是在室外建模中经常用到的对象，用户可以参考下面实例所介绍的方法，利用 3ds Max 中提供的工具快速创建并调整栏杆对象。

【练习 3-6】在 3ds Max 中创建栏杆。

（1）在图 3-29 的【AEC 扩展】选项中单击【栏杆】按钮，然后移动鼠标至视图中并按住鼠标左键拖曳，以指定栏杆的长度。

（2）释放鼠标左键后，向上移动鼠标，可以指定栏杆的高度，如图 3-34 所示。完成后，单击鼠标即可完成一段栏杆的创建。

（3）在【栏杆】栏中单击【拾取栏杆路径】按钮，移动鼠标至视图中，可以拾取栏杆的路径。选中【匹配拐角】复选框后，分别在【上围栏】与【下围栏】选项区域中单击【剖面】下拉列表按钮，从中设置栏杆参数，如图 3-35 所示。

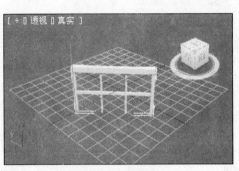

图 3-34 绘制栏杆

图 3-35 【栏杆】栏

(4) 展开【立柱】栏和【栅栏】栏，用户可以设置栏杆的立柱和栅栏参数，如图 3-36 所示。继续【练习 3-6】的操作，在植物四周创建栏杆，渲染后的栏杆效果如图 3-37 所示。

图 3-36 【立柱】栏和【栅栏】栏

图 3-37 栏杆效果

2. 创建墙

用户可以参考下面实例所介绍的方法，利用 3ds Max 内置的墙工具创建出多种墙体模型，并调节墙的高度和厚度等特征。

【练习 3-7】在 3ds Max 中创建墙。

(1) 打开一个模型(如图 3-38 所示)，单击图 3-29 中的【墙】按钮，然后在【参数】栏中设置墙的高度，如图 3-39 所示。

图 3-38 打开模型

图 3-39 设置墙高度

(2) 移动鼠标至顶视图中，单击鼠标确定起点，沿着 X 轴与 Y 轴拖曳鼠标至合适的位置，创建如图 3-40 所示的墙体。

(3) 为场景创建地板并渲染，最终效果如图 3-41 所示。

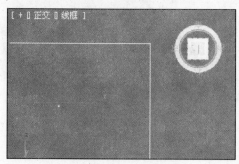

图 3-40 创建墙体

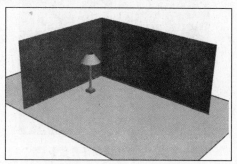

图 3-41 墙渲染效果

③.4.3 楼梯

楼梯是室内外建模中很常用的对象，3ds Max 中内置 L 形楼梯、直线型楼梯、U 型楼梯以及螺旋线楼梯等 4 种楼梯类型。下面将介绍创建楼梯的具体操作方法。

1. 直线楼梯

在 3ds Max 中使用直线楼梯工具，可以创建一个简单的楼梯对象，该对象允许用户设置楼梯的侧弦、支撑梁、扶手高度以及深度等参数。

【练习 3-8】在 3ds Max 中创建一个直线型楼梯。

(1) 单击【创建】命令面板中的【几何体】下拉列表按钮，在弹出的下拉列表中选择【楼梯】选项，然后在【对象类型】栏中单击【直线楼梯】按钮，如图 3-42 所示。

(2) 在顶视图中单击并按住鼠标左键，沿着 Y 轴向下拖曳至适合的位置确定楼梯的长度，释放鼠标左键后，在单击并按住鼠标左键沿 X 轴拖曳至合适的位置，确定楼梯的宽度。最后移动鼠标确定楼梯斜度并单击鼠标，即可创建直线楼梯，如图 3-43 所示。

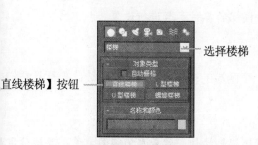

图 3-42 【楼梯】选项

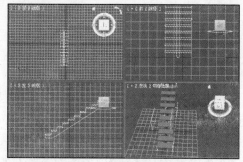

图 3-43 绘制直线楼梯

(3) 展开直线楼梯的【参数】栏(如图 3-44 所示)，用户可以设置楼梯的类型、侧弦、支撑梁、扶手、布局、总高以及竖版数等参数。

(4) 完成楼梯创建后，得到的最终直线楼梯效果如图 3-45 所示。

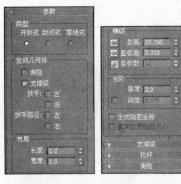

图 3-44　直线楼梯【参数】栏

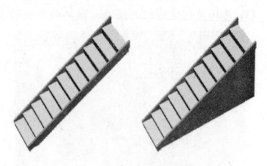

图 3-45　直线楼梯效果

2. L 型楼梯

在 3ds Max 中使用 L 型楼梯工具，可以创建出两段彼此垂直且之间有一个平台连接的楼梯对象，该对象允许用户可以调整平台的角度。

【练习 3-9】在 3ds Max 中创建一个 L 型楼梯。

(1) 在图 3-42 的【对象类型】栏中单击【L 型楼梯】按钮，然后在顶视图中单击并按住鼠标左键拖曳至合适的位置，如图 3-46 所示。

(2) 释放鼠标左键后，移动鼠标至合适的位置，再次单击鼠标，最后单击鼠标右键，完成 L 型楼梯的创建，效果如图 4-47 所示。

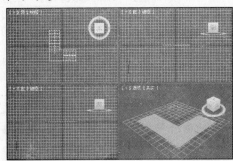

图 3-46　绘制 L 型楼梯

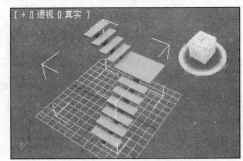

图 3-47　L 型楼梯效果

(3) 在展开的【参数】栏中，用户可以对 L 型楼梯的各种参数进行设置。

3. U 型楼梯

在 3ds Max 中使用 U 型楼梯工具，可以创建一个两端的楼梯，这两端楼梯彼此平行且它们之间有一个平台。

【练习 3-10】在 3ds Max 中创建一个 U 型楼梯。

(1) 在图 3-42 的【对象类型】栏中单击【U 型楼梯】按钮，然后在顶视图中单击并按住鼠标左键拖曳至目标位置，如图 3-48 所示。

(2) 释放鼠标左键，移动鼠标至合适的位置后再次单击，最后单击鼠标右键即可完成 U 型楼梯的创建，效果如图 3-49 所示。

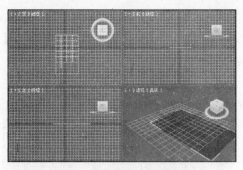

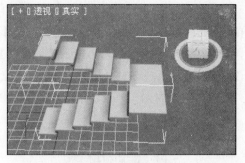

图 3-48　绘制 U 型楼梯　　　　　　　　　　图 3-49　U 型楼梯效果

(3) 在展开的【参数】栏中，用户可以设置 U 型楼梯的各种参数设置。

4. 螺旋楼梯

在 3ds Max 中使用螺旋型楼梯工具，可以创建螺旋线的楼梯，并且可以设置楼梯旋转的半径和数量，从而使楼梯产生不同的形态效果。

【练习 3-11】在 3ds Max 中创建一个螺旋型楼梯。

(1) 在图 3-42 的【对象类型】栏中单击【螺旋楼梯】按钮，然后在顶视图中单击并按住鼠标左键拖曳至合适的位置，如图 3-50 所示。

(2) 释放鼠标左键后，移动鼠标至合适的位置后再次单击，最后单击鼠标右键即可完成螺旋楼梯的创建，效果如图 3-51 所示。

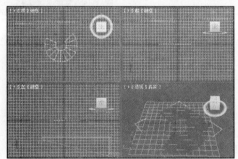

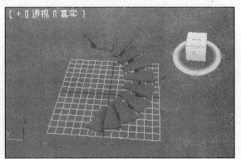

图 3-50　绘制螺旋楼梯　　　　　　　　　　图 3-51　螺旋楼梯效果

(3) 在展开的【参数】栏中，用户可以对螺旋楼梯的各种参数进行设置。

③.4.4　门

用户可以利用 3ds Max 中内建的创建门工具，方便快速地创建门模型(包括枢轴门、推拉门、折叠门)，并且还能够设置门的打开状态。下面将介绍创建门的具体操作方法。

1. 枢轴门

枢轴门只在一侧用铰链结合，用户可以将此类门制作成双门。枢轴门具有两个门元素，每个元素在其外边缘处用铰链结合。

【练习 3-12】在 3ds Max 中创建一个枢轴门。

(1) 单击【创建】命令面板中的【几何体】下拉列表按钮，在弹出的下拉列表中选择【门】选项，然后在【对象类型】栏中单击【枢轴门】按钮，如图 3-52 所示。

(2) 移动鼠标至顶视图中后，单击并按住鼠标左键沿 Y 轴向下拖曳至合适的位置，确定门的宽度；释放鼠标左键后，沿 X 轴向右拖曳至合适的位置，确定门的深度，如图 3-53 所示。

图 3-52 【门】选项

图 3-53 绘制枢轴门

(3) 再次单击并按住鼠标左键沿 Y 轴向上拖曳至合适的位置，确定门的高度，完成后单击鼠标右键即可创建枢轴门，如图 3-54 所示。

(4) 在展开的【参数】栏中，用户可以设置枢轴门的宽度、高度、深度、双门、翻转转动方向和翻转转枢等参数，如图 3-55 所示。

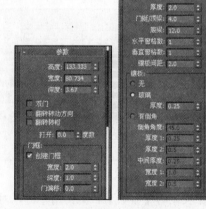

图 3-54 创建枢轴门

图 3-55 枢轴门【参数】栏

2. 推拉门

利用推拉门工具，可以对门进行滑动设置，就像在轨道上一样。推拉门有两个门元素，其中一个保持固定，而另一个可以移动。推拉门的创建方法与枢轴门类似，用户可以参考【练习 3-12】所介绍的方法在 3ds Max 中创建推拉门，创建出的推拉门效果如图 3-56 所示。

3. 折叠门

利用折叠门工具，可以创建有 4 个门元素的双门，折叠门在中间转枢也在侧面转枢。折叠门的创建方法与枢轴门和推拉门的创建方法相同，其【参数】栏中的设置选项也基本相同，用户可以参考【练习 3-12】所介绍的方法在 3ds Max 中创建折叠门，创建出的折叠门效果如图 3-57 所示。

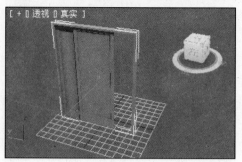

图 3-56 推拉门效果

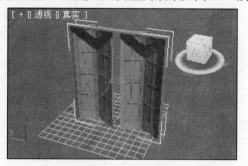

图 3-57 折叠门效果

3.4.5 窗

3ds Max 2012 中提供了 6 种类型的窗户模型，分别是平开窗、旋开窗、遮篷式窗、固定窗、伸出式窗和推拉窗。下面将介绍创建窗户模型的具体操作方法。

1. 平开窗

利用【平开窗】工具，可以创建出具有一个或两个可以在侧面转枢的窗框，就像门一样。用户可以参考下面实例所介绍的方法创建平开窗。

【练习 3-13】在 3ds Max 中创建一个平开窗。

(1) 单击【创建】命令面板中的【几何体】下拉列表按钮，在弹出的下拉列表中选择【窗】选项，然后在【对象类型】栏中单击【平开窗】按钮，如图 3-58 所示。

(2) 移动鼠标至顶视图中，单击并按住鼠标左键沿着 Y 轴向下拖曳至合适的位置，确定窗的宽度；释放鼠标左键后，再单击并按住鼠标左键沿 X 轴向右拖曳至合适的位置，确定窗的深度，如图 3-59 所示。

选择窗 —— 【平开窗】按钮

图 3-58 【窗】选项

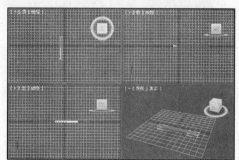

图 3-59 绘制平开窗

(3) 再次单击并按住鼠标左键沿 Y 轴向上拖曳至合适的位置，确定窗的高度，最后单击鼠标右键即可完成一个平开窗的创建，效果如图 3-60 所示。

(4) 在展开的【参数】栏中，用户可以设置平开窗的高度、宽度、深度、水平宽度、垂直宽度、玻璃厚度、窗扉以及打开窗等参数，如图 3-61 所示。

图 3-60　平开窗效果

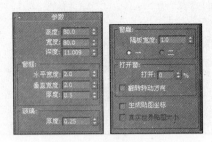

图 3-61　窗【参数】栏

2. 旋开窗

利用旋开窗工具，用户可以创建旋转的窗口，旋开窗只有一个窗框，中间通过窗框面用铰链结合起来，可以垂直或水平旋转打开。用户可以参考【练习 3-13】所介绍的方法，在 3ds Max 中创建旋开窗，效果如图 3-62 所示。

3. 遮篷式窗

遮篷式窗可以创建顶部固定转枢并且窗叶打开的窗户模型。用户可以参考【练习 3-13】所介绍的方法，在 3ds Max 中创建遮篷式窗，效果如图 3-63 所示。

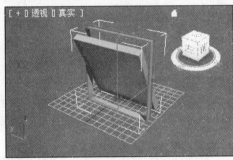

图 3-62　旋开窗效果

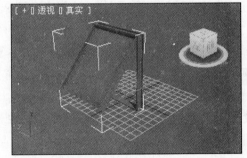

图 3-63　遮篷式窗效果

4. 固定窗

利用固定窗工具可以创建出一扇固定的窗户，固定窗不能被打开，因此其【参数】栏中没有【打开窗】选项区域。除了标准窗对象参数以外，固定窗提供了【窗格和面板】选项区域，允许用户设置窗户中窗格的数量和深度。用户可以参考【练习 3-13】所介绍的方法，在 3ds Max 中创建固定窗，效果如图 3-64 所示。

5. 伸出式窗

伸出式窗具有 3 个窗框，顶部窗框不能移动、底部的两个窗框像遮篷式窗一样可以旋转打开但是却只能以相反的方向打开。用户可以参考【练习 3-13】所介绍的方法，在 3ds Max 中创建伸出式窗，效果如图 3-65 所示。

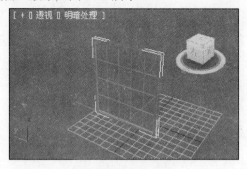

图 3-64　固定窗效果

图 3-65　伸出式窗效果

6. 推拉窗

推拉窗有两个窗框，一个是固定的窗框，另一个是可移动的窗框，通过勾选其【参数】栏中的"悬挂"复选框可以选择垂直或水平打开移动的窗框。用户可以参考【练习 3-13】所介绍的方法，在 3ds Max 中创建推拉窗，效果如图 3-66 所示。

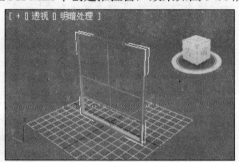

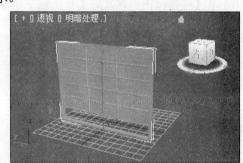

图 3-66　推拉窗效果

③.5　上机练习

本章的上机练习将通过实例进一步介绍创建与编辑三维模型的具体方法，帮助用户掌握利用 ds Max 2012 建模的操作方法。

③.5.1　制作座椅模型

下面就通过实例介绍创建一个三维座椅模型的方法。

(1) 启动 3ds Max，在【创建】命令面板中选择【长方体】工具，然后在顶视图中创建一个如图 3-67 所示的长方体，并将其命名为【金属板】。

(2) 单击工具栏中的【材质编辑器】按钮，打开【材质编辑器】对话框，然后选择一个新的材质球，并设置其参数，如图 3-68 所示。

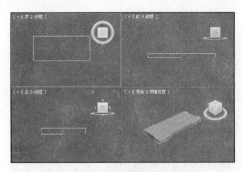

图 3-67　创建长方体模型

图 3-68　材质编辑器

(3) 在【明暗器基本参数】栏中，将明暗器类型设置为【金属】，如图 3-69 左图所示。

(4) 在【金属基本参数】栏中设置【环境光】、【漫反射】、【反射高光】、【高光级别】以及【光泽度】等参数，如图 3-69 右图所示。

(5) 在【贴图】栏中，单击【漫反射颜色】选项右侧的 ▨ 按钮，打开【材质/贴图浏览器】对话框，然后在该对话框中选中并双击【位图】选项，打开【选择位图图像文件】对话框。

(6) 在【选择位图图像文件】对话框中选中合适的位图文件后，单击【打开】按钮，如图 3-70 所示。

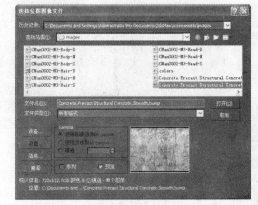

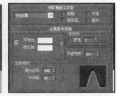

图 3-69　设置【明暗器基本参数】栏与【金属基本参数】栏　　　图 3-70　【选择位图图像文件】对话框

(7) 单击【材质编辑器】对话框中的【转到父对象】按钮 ▨，返回父级材质面板，然后展开【贴图】栏，选中【反射】选项后单击该选项右侧的 ▨ 按钮，如图 3-71 所示，打开【材质/贴图浏览器】对话框。

(8) 在【材质/贴图浏览器】对话框中，选中【光线跟踪】选项后，单击【确定】按钮。

(9) 选中场景中的【金属板】对象，然后单击【材质编辑器】窗口中的【将材质指定给选定对象】按钮 ▨，为对象赋予材质。

(10) 在【创建】命令面板中选中【圆柱体】工具，然后在视图中创建一个圆柱体，并将该圆柱体命名为"支架"，然后在【参数】栏中设置该圆柱体的【半径】和【高度】参数，创建出一个圆柱体，效果如图 3-72 所示。

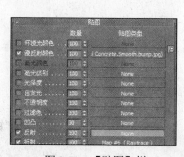

图 3-71 【贴图】栏

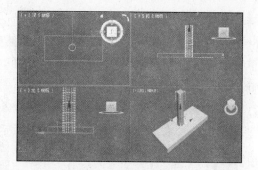

图 3-72 创建圆柱体

(11) 在【创建】命令面板中单击【图形】按钮，然后在【对象类型】栏中单击【弧】按钮，在视图中创建一条弧线，如图 3-73 所示，并将该弧线命名为"脚踏 01"。

(12) 在【渲染】栏中勾选【在渲染中启用】和【在视口中启用】复选框，并设置弧的【厚度】参数，如图 3-74 所示。

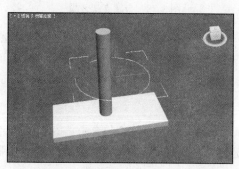

图 3-73 创建弧

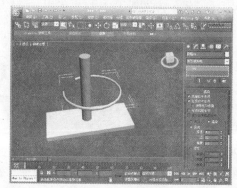

图 3-74 设置弧参数

(13) 在【创建】面板中单击【几何体】按钮，然后单击【对象类型】栏中的【圆柱体】按钮，在场景中创建如图 3-75 所示的圆柱体对象，并将其命名为"脚踏 02"。

(14) 使用工具栏中的【选择并旋转】工具和【选择并移动】工具，调整视图中"脚踏02"对象的位置，使其效果如图 3-76 所示。

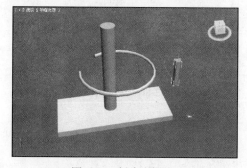

图 3-75 创建圆柱体

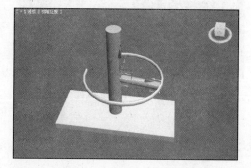

图 3-76 调整圆柱体位置

(15) 单击工具栏中的【材质编辑器】按钮，打开【材质编辑器】对话框，然后选中一个新的材质球，并将其命名为金属支架。

(16) 在【明暗器基本参数】栏中，将明暗器类型设置为【金属】，然后在【金属基本参数】栏中设置【环境光】、【漫反射】、【反射高光】、【高光级别】以及【光泽度】等参数，如图3-77所示。

(17) 参考步骤(5)～(9)所介绍的方法，设置金属支架的材质，并将其赋予"支架"、"脚踏01"和"脚踏02"对象，完成后效果如图3-78所示。

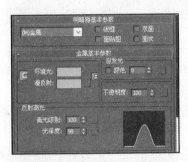

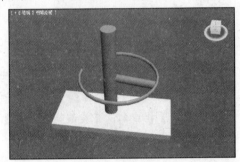

图 3-77　【明暗器基本参数】栏　　　　　图 3-78　金属支架效果

(18) 选中场景中的【金属板】对象，单击鼠标右键，在弹出的菜单中执行【克隆】命令，打开【克隆选项】对话框，然后在该对话框中选中【复制】单选按钮，最后单击【确定】按钮。

(19) 使用工具栏中的【选择并移动】工具 移动金属板对象，复制一个矩形金属板对象，并将其调整至如图3-79所示的位置。

(20) 使用【选择并均匀缩放】工具 ，调整场景中两个长方体对象的大小，参考步骤(5)～(9)所介绍的方法赋予步骤(18)、(19)中复制的对象新的材质。快速渲染后，得到的座椅模型效果如图3-80所示，

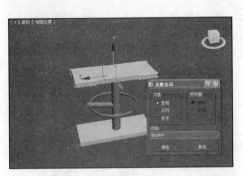

图 3-79　调整对象位置　　　　　　图 3-80　座椅模型效果

③.5.2　制作桌子模型

下面将通过实例操作，练习创建基本参数模型及掌握移动、旋转、镜像以及阵列等变换基本操作的方法，最终完成桌子模型的创建。

(1) 新建一个场景后，切换至【创建】命令面板，然后在该命令面板中单击【几何体】按钮 ，并单击【管状体】按钮，在视图中创建一个如图 3-81 所示管状体模型。

(2) 切换至【修改】命令面板，在【参数】栏中设置【半径 1】、【半径 2】、【高度】、【高度分段】以及【边数】等参数，如图 3-82 所示。

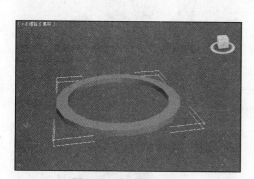

图 3-81　创建管状体

图 3-82　【参数】栏

(3) 在【创建】命令面板中，使用【长方体】工具，在顶视图中创建一个长方体，然后打开【修改】命令面板设置其参数，使场景中的长方体效果如图 3-83 所示。

(4) 选中场景中的长方体模型，选择【工具】|【阵列】命令，打开【阵列】对话框，然后在其中的文本框中设置【增量】选项区域沿 Y 轴移动，设置【对象类型】选项区域中选中【复制】单选按钮，设置【1D】选项区域中【数量】文本框中的参数，如图 3-84 所示。

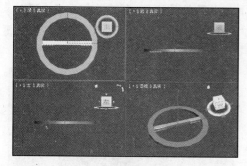

图 3-83　创建长方体

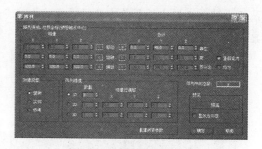

图 3-84　【阵列】对话框

(5) 完成以上设置后，单击【确定】按钮，阵列复制出多个长方体，效果如图 3-85 所示。

(6) 在顶视图中选中最外侧的长方体，然后单击【选择并均匀缩放】按钮 ，调整其大小，使其效果如图 3-86 所示。

(7) 在视口中选中除了步骤(4)绘制的长方体以外的所有长方体后，选择【工具】|【镜像】命令，在打开的【镜像】对话框中，设置镜像轴为 Y 轴、复制类型为【实例】，然后单击【确定】按钮，执行镜像操作。

(8) 使用【选择并移动】工具 移动镜像的长方体，使其与原有的长方体保持对称对齐，镜像效果如图 3-87 所示。

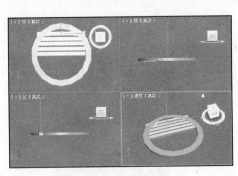
图 3-85　复制多个长方体

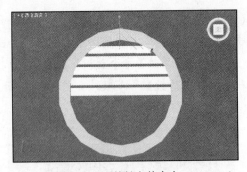
图 3-86　调整长方体大小

(9) 单击【创建】命令面板中的【长方体】按钮，然后在前视图中创建一个长方体作为桌腿，并在【参数】栏中设置其参数，使场景中的长方体桌腿效果如图 3-88 所示。

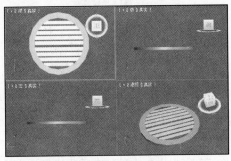
图 3-87　调整对象位置

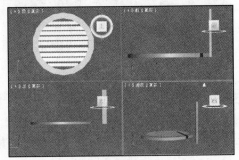
图 3-88　制作桌腿

(10) 使用【选择并移动】工具 调整桌腿位置，效果如图 3-89 所示，然后在桌腿对象上单击鼠标右键，在弹出的菜单中选择【克隆】命令，复制多个桌腿，并将其移动至合适的位置，完成桌子的创建，最终效果如图 3-90 所示。

图 3-89　调整桌腿位置

图 3-90　最终效果

3.6　习题

1. 在 3ds Max 2012 中创建一个球体，并将该球体设置为分段数为 8 的多面体。
2. 参考本章 3.5.2 节中的实例操作，在 3ds Max 中创建一个长方形的桌子模型。

第4章

二维图形的创建与编辑

〔**学习目标**〕

　　在 3ds Max 2012 中，用户可以通过对二维图形的创建与编辑，为创建复杂的三维模型提供帮助。二维图形由一条或多条曲线组成，其每一条曲线又是由点和线段连接组合而成，通过修改命令，又可以将二维图形生成三维对象。本章将重点介绍在 3ds Max 2012 中创建和编辑二维图形的操作方法，帮助用户进一步熟悉 3ds Max 2012 的相关操作方法。

〔**本章重点**〕

- ◉　创建线与文本
- ◉　创建圆、椭圆和圆环
- ◉　创建扩展样条线图形
- ◉　编辑顶点与分段

4.1　创建二维基本样条线

　　在 3ds Max 中，用户可以直接创建线、矩形、圆、椭圆、弧、圆环、多边形、星形、文本、螺旋线以及截面等 11 种二维基本样条线模型，本节将讲解创建这些二维模型的操作方法。

4.1.1　线

　　用户在【创建】命令面板中单击【图形】按钮，然后在下方的下拉列表框中选择【样条线】选项，可以在【对象类型】栏中显示出 3ds Max 提供的 11 种样条线选项，如图 4-1 所示。利用【对象类型】栏中的【线】工具，用户可以在场景中创建多个分段组成的自由形式样条线(在场景中的多个位置上连续单击鼠标即可，如图 4-2 所示)。样条线中大部分参数设置非常类似，其参数主要有"渲染"、"插值"、"创建方法"和"键盘输入"等，如图 4-3 所示。

【图形】按钮

【样条线】选项

图 4-1　【样条线】选项

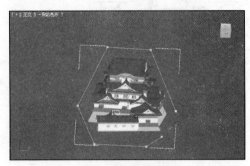

图 4-2　创建线

样条线诸多设置参数中的功能如下。

- ◉ 【渲染】栏：【渲染】栏可以控制启用或禁用样条线或 URBS 曲线的渲染性，以及在渲染场景中指定厚度并应用贴图坐标。
- ◉ 【插值】栏：【插值】栏可以控制样条线的生成，将样条线划分为近似真实曲线的较小直线。样条线手动插值的主要用途是变形或精确地控制创建的顶点数的其他操作。
- ◉ 【创建方法】栏：在【创建方法】栏中，可以通过中心点或通过对角线来定义样条线。
- ◉ 【键盘输入】栏：在【键盘输入】栏中包含创建点的 X、Y、Z 坐标 3 个文本框，还有可变数目的参数，用户在其中每个文本框中输入值，然后单击【添加点】按钮，即可创建样条线，如图 4-4 所示。

【线】按钮

设置参数

图 4-3　参数设置

坐标参数

图 4-4　【键盘输入】栏

4.1.2　文本

在 3ds Max 中，使用文本工具可以在视图内创建文字图形，并可以对文字图形进行编辑操作，例如修改文字的内容、大小等。用户在图 4-1 的【样条线】选项中单击【文本】按钮，然后在【参数】栏下的【文本】文本框中输入文本，在【大小】文本框中设置文本大小的参数，在【字体】下拉列表中设置文本字体(如图 4-5 所示)，最后在视图中合适的位置单击，即可创建文本效果，如图 4-6 所示。

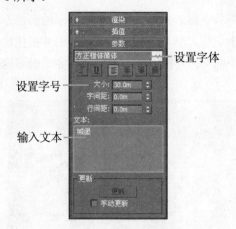

图 4-5　设置文本

图 4-6　创建文本效果

4.1.3　矩形

利用【矩形】工具，可以创建方形和矩形样条线。用户在图 4-1 的【样条线】选项中单击【矩形】按钮，然后在 3ds Max 的任意视图中单击并按住鼠标左键拖曳至合适的位置，释放鼠标左键后即可完成矩形的创建(若按住 Ctrl 键拖曳鼠标左键则可以创建正方形)，如图 4-7 所示。完成矩形的创建后，在【参数】栏中可以设置矩形的各种参数，如图 4-8 所示。

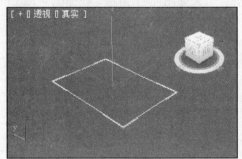

图 4-7　创建矩形

图 4-8　矩形【参数】栏

4.1.4　圆

利用【圆】工具，可以创建由 4 个顶点组成的闭合圆形样条线。用户在图 4-1 的【样条线】选项中单击【圆】按钮，然后在任意视图中单击并按住鼠标左键拖曳至合适的位置，释放鼠标左键后即可创建一个圆，效果如图 4-9 所示。完成圆的创建后，在【参数】栏中可以设置圆的半径。

④.1.5 椭圆

利用【椭圆】工具，用户可以创建椭圆形和圆形样条线。椭圆的创建方法与圆的创建方法类似，用户在图 4-1 的【样条线】选项中单击【椭圆】按钮，然后在任意视图中单击并按住鼠标左键拖曳至合适的位置，释放鼠标左键后即可创建一个椭圆，效果如图 4-10 所示。完成椭圆的创建后，在【参数】栏中可以设置椭圆的长轴与短轴。

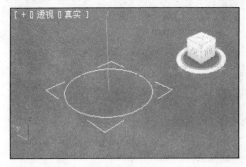

图 4-9　创建圆

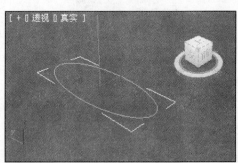

图 4-10　创建椭圆

④.1.6 弧

利用【弧】工具可以创建由 4 个顶点组成的打开或闭合的圆弧。用户在图 4-1 的【样条线】选项中单击【弧】按钮，然后再任意视图中单击并按住鼠标左键拖曳，释放鼠标左键后移动鼠标光标至合适的位置，再次单击鼠标即可创建一条圆弧，效果如图 4-11 所示。在如图 4-12 所示的圆弧【参数】栏中，用户可以根据需要设置参数，精确绘制圆弧。

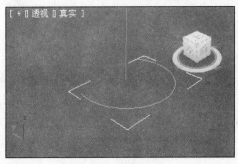

图 4-11　创建圆弧

图 4-12　圆弧【参数】栏

◉ 【端点-端点-中央】单选按钮：选中该单选按钮，创建圆弧时先产生一条直线，以直线的两个端点作为圆弧端点，然后拖曳鼠标可以确定圆弧的半径。

◉ 【中间-端点-端点】单选按钮：选中该单选按钮，创建圆弧时先产生一条直线作为圆弧的半径，然后拖曳鼠标可以确定弧长。

- 【半径】文本框：用于设置弧的半径。
- 【从】文本框：用于设置圆弧第一个端点与正 X 轴的角度。
- 【到】文本框：用于设置圆弧最后一个端点与正 X 轴的角度。
- 【饼形切片】复选框：勾选该复选框，两个端点与正中心连接起来，形成封闭的扇形。
- 【反转】复选框：勾选该复选框，可以设置圆弧沿弧线方向进行反转。

4.1.7　圆环

利用【圆环】工具，用户可以创建由两个同心圆组成的封闭形状，每个圆都由 4 个顶点组成。用户在图 4-1 的【样条线】选项中单击【圆环】按钮，然后在视图中单击并按住鼠标左键拖曳，释放鼠标左键后移动鼠标光标至合适的位置，再次单击鼠标，即可完成圆环的创建，效果如图 4-13所示。在如图 4-14 所示的圆环【参数】栏中，用户可以对圆环的半径进行设置。

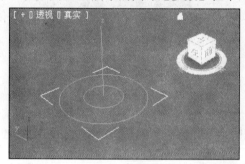

图 4-13　创建圆环　　　　　图 4-14　圆环【参数】栏

- 【半径1】文本框：用于设置第一个圆环(内环)的半径。
- 【半径2】文本框：用于设置第二个圆环(外环)的半径。

4.1.8　多边形

利用【多边形】工具，用户可以绘制任意边数的多边形(多边形的边数越多就越接近于圆形)，如图 4-15 所示。在如图 4-16 所示的多边形【参数】栏中，用户可以设置多边形半径、边数等参数。

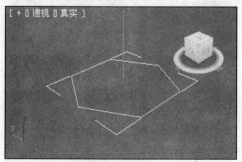

图 4-15　创建多边形　　　　　图 4-16　多边形【参数】栏

4.1.9 星形

利用【星形】工具，用户可以创建具有多点闭合星形样条线，星形样条线使用两个半径来设置外部顶点和内部顶点之间的距离，创建星形的效果如图 4-17 所示。在如图 4-18 所示的星形【参数】栏中，用户可以设置星形的半径、扭曲、圆角半径等参数。

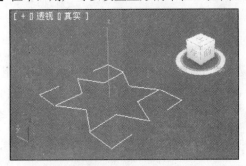

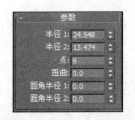

图 4-17　创建星形　　　　　　　　　　　　图 4-18　星形【参数】栏

4.1.10 螺旋线

利用【螺旋线】工具，用户可以制作平面或空间中呈螺旋状的样条线，可以用于创建类似弹簧、蚊香等物体。

【练习 4-1】在 3ds Max 中，使用螺旋线制作一个弹簧。

(1) 单击【创建】命令面板中的【图形】按钮，并在【对象类型】栏中单击【螺旋线】按钮然后在【渲染】栏中勾选【在渲染中启用】和【在视图中启用】复选框，在【参数】栏中的【圈数】文本框中输入 5.0，如图 4-19 所示。

(2) 在视图中单击并按住鼠标左键拖曳，即可绘制弹簧效果的螺旋线，效果如图 4-20 所示。

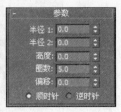

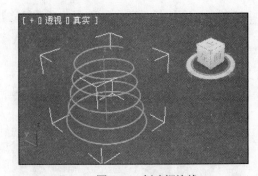

图 4-19　设置【渲染】栏和【参数】栏　　　　　　　图 4-20　创建螺旋线

④.1.11　截面

3ds Max 截面是一种特殊的对象，主要用于截取三维造型的剖面，从而获得二维图形。用户在使用截面时必须配合三维模型，并且要与截面图形相交。

【练习4-2】在 3ds Max 中创建截面。

(1) 打开如图 4-21 所示的模型后，单击【创建】命令面板中的【图形】按钮，然后单击【对象类型】栏中的【截面】按钮。

(2) 移动鼠标光标至前视图中，单击鼠标光标创建一个截面，并在【参数】栏中设置【长度】和【宽度】，设置完成后，平面与对象相交得到的相交平面即为截面，创建的截面效果如图 4-22 所示。

图 4-21　打开模型

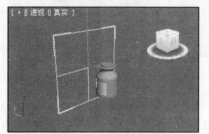

图 4-22　创建截面

④.2　创建二维扩展样条线

在 3ds Max 中，扩展样条线模型是基本样条线的延伸(单击图 4-1 中的【样条线】按钮，在弹出的下拉列表中选择【扩展样条线】命令即可显示扩展样条线)，其相对基本样条线要更复杂一些，通常被用于完成一些基本样条线无法直接完成的任务，例如 Wrectangle(墙矩形)、通道、角度、三通以及宽法兰等。本节将主要介绍创建二维扩展样条线的操作方法。

④.2.1　墙矩形

墙矩形(Wrectangle)的用法与圆环相似，用户可以通过两个同心矩形创建封闭的形状，而每个矩形都由 4 个顶点组成，如图 4-23 所示。墙矩形的【参数】栏如图 4-24 所示，其中各选项及其含义如下。

- ◉ 【长度】文本框：用于设置墙矩形的长度。
- ◉ 【宽度】文本框：用于设置墙矩形的宽度。
- ◉ 【厚度】文本框：用于设置墙矩形的厚度。
- ◉ 【角半径 1】文本框：若勾选【同步角过滤器】复选框，【角半径 2】文本框不可用，【角半径 1】文本框设定墙矩形内侧角和外侧角的半径，同时保持截面的厚度不变；若禁用【同步角过滤器】复选框，则【角半径 1】仅控制墙矩形 4 个外侧角的半径。

⊙ 【角半径2】文本框：禁用【同步角过滤器】复选框时，该选项可用于控制墙矩形的 4 个
内侧角的半径。

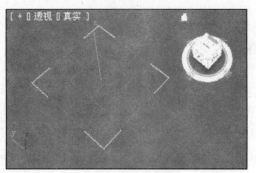

图 4-23 创建墙矩形

图 4-24 墙矩形【参数】栏

④.2.2 通道

使用通道可以创建一个闭合形状(类似 C)的样条线，如图 4-25 所示，该样条线可用通过通道
【参数】栏中的选项，控制部分垂直腿和水平腿之间的内部角和外部角。

④.2.3 T 形

使用 T 形可以创建一个闭合形状为 T 的样条线，效果如图 4-26 所示。在 T 形【参数】栏中，
用户可以通过【厚度】文本框调整 T 形厚度，通过【角半径】文本框控制垂直腿与水平腿相交时
内侧角的半径。

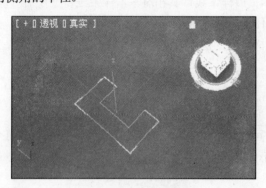

图 4-25 创建通道

图 4-26 T 形效果

④.3 编辑样条线顶点

用户在利用 3ds Max 软件建模的过程中，使用二维对象仅利用现有的图形工具是无法直接获

得所需的模型的，因此，还需要对二维图形进行必要的修改，也就是编辑样条线。在二维基本参数模型中，除了线以外，其他直接创建的二维图形用户不能直接进行修改，只有将图形转换为可编辑的样条线后才能进入编辑状态。可编辑的样条线包含"顶点"、"线段"和"样条线"等 3 个部分，本节将介绍编辑"顶点"的操作方法。

④.3.1　Bezier 角点和 Bezier

Bezier 角点和 Bezier 是可编辑二维样条线"顶点"层级的两个顶点类型。用户若要编辑 Bezier 角点和 Bezier，必须选定"顶点"层级，需要先将二维图形转为可编辑样条线，转变的方法有以下两种：

- 选中需要编辑的二维图形，然后单击鼠标右键，在弹出的菜单中选择【转换为】|【转换为可编辑样条线】命令即可，如图 4-27 所示。
- 选中需要编辑的二维图形，然后单击【修改】按钮并单击【修改器列表】按钮，在弹出的修改器下拉列表中选择【编辑样条线】选项，如图 4-28 所示。

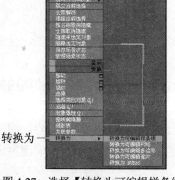

图 4-27　选择【转换为可编辑样条线】命令　　　图 4-28　【编辑样条线】选项

将二维图形转化为可编辑样条线后，用户可以在【选择】栏中单击【顶点】按钮，进入顶点编辑状态，在视图中选择顶点后，即可使用变换工具进行变换操作(例如移动、旋转等)。默认状态下，顶点有 Bezier 角点、Bezier、角点和平滑，若用户需要调整顶点属性，可以在选择顶点后单击鼠标右键，在弹出的菜单中选择所需的类型即可，如图 4-29 所示。

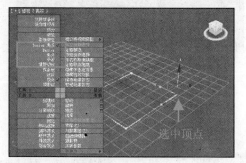

图 4-29　顶点变换操作

Bezier 角点与 Bezier 两种顶点具有不同的调节作用，其各自的顶点类型特点如下。

◉ Bezier 角点：该类型顶点的两个调节手柄没有关联，可以单独进行调整，如图 4-30 所示。

◉ Bezier：该类型顶点的两个调节手柄锁定在同一条直线上，并与顶点相切，调整其中一侧手柄，另一侧也随之移动，两侧的曲线始终均匀调节，如图 4-31 所示。

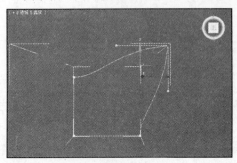
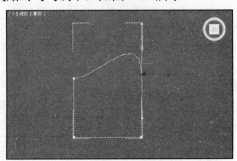

图 4-30　Bezier 角点类型　　　　　　　　图 4-31　Bezier 类型

4.3.2　顶点转为平滑效果

在图 4-29 的顶点属性中除了 Bezier 角点与 Bezier 以外，还包含另外两种类型，分别是角点和平滑，这两种顶点类型的含义如下。

◉ 角点：角点是没有调节手柄的顶点类型，不能进行曲率的编辑，并且顶点两端的线段呈现折角，如图 4-32 所示。

◉ 平滑：该类顶点也没有调节手柄，并且也不能进行曲率的编辑，经过该点的线段强制转变为平滑的曲线，但仍和顶点相切，平滑顶点处的曲率是由相邻顶点的间距决定的。如图 4-33 所示为平滑类型。

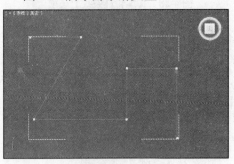
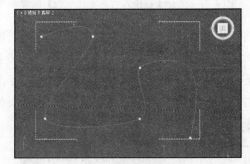

图 4-32　角点类型　　　　　　　　图 4-33　平滑类型

4.3.3　融合顶点

融合顶点指的是将所有选定的顶点移至平均中心位置，该项操作不会连接顶点，而只是将顶点移至同一位置，使顶点重叠。

【练习 4-3】在 3ds Max 中融合二维图形的顶点。

(1) 打开二维图形，并将其转换为可编辑样条线，然后单击【选择】栏中的【顶点】按钮，并按住 Ctrl 键盘选中需要融合的顶点。

(2) 单击【几何体】栏中的【融合】按钮即可融合顶点，融合顶点后的效果如图 4-35 所示。

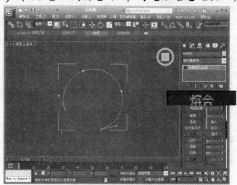
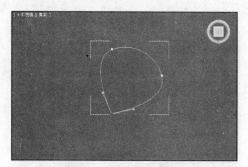

图 4-34　【几何体】栏　　　　　　　　　图 4-35　融合顶点效果

4.3.4　焊接顶点

焊接顶点指的是将两个端点或同一样条线中的两个相邻顶点转化为一个顶点，并移近两个端点顶点或两个相邻顶点。

【练习 4-4】在 3ds Max 中焊接二维图形的顶点。

(1) 打开二维图形，并将其转换为可编辑样条线后，单击【选择】栏中的【顶点】按钮，并按住 Ctrl 键盘选中需要焊接的顶点。

(2) 在【几何体】栏中的【焊接】文本框中输入焊接阀值(如图 4-36 所示)，然后单击【焊接】按钮即可焊接顶点，效果如图 4-37 所示。

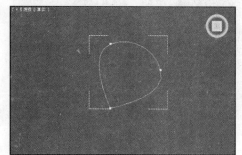

图 4-36　【几何体】栏　　　　　　　　　图 4-37　焊接顶点效果

4.3.5　圆角顶点

圆角顶点是指将线段汇合的地方进行圆角处理，并添加新的控制点。用户可以通过拖曳顶点实现圆角顶点效果,也可以通过在【圆角】微调器中输入数值来应用效果。

【练习4-5】在 3ds Max 中的矩形二维图形上实现圆角顶点效果。

(1) 创建一个矩形二维图形,并将其转换为可编辑样条线,然后单击【选择】栏中的【顶点】按钮█并选中矩形图形中的一个顶点,如图 4-38 所示。

(2) 在图 4-36 的【几何体】栏中单击【圆角】按钮后,在【圆角】文本框内单击▲键即可设置圆角效果,如图 4-39 所示。

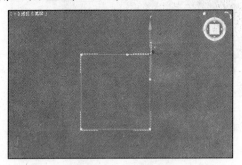
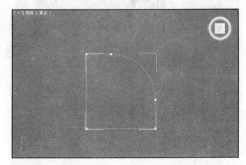

图 4-38 选中顶点   图 4-39 圆角效果

④.3.6 切角顶点

使用切角功能可以设置形状角部的倒角,用户可以通过拖曳顶点或在切角微调器中输入数值应用该效果,其具体操作方法与【练习4-5】类似,切角效果如图 4-40 所示。

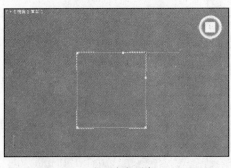
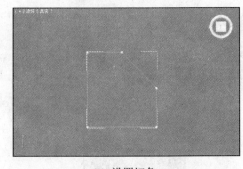

(1) 选中顶点   (2) 设置切角

图 4-40 切角效果

④.4 编辑样条线线段

"线段"是样条线曲线的一部分,其位于两个顶点之间,属于"可编辑样条线(线段)"层级用户可以选择一条或多条线段,使变换方法将其移动、旋转以及缩放等,还可以进行线段的插入拆分和分离等操作。本节将介绍编辑样条线线段的操作方法。

④.4.1　插入线段

　　插入线段指的是插入一个或多个顶点，以创建其他线段。单击线段中的任意某处可以插入顶点并附加到样条线，用户可以选择性地移动鼠标光标并单击以放置新顶点。

　　【练习 4-6】在一条二维直线上插入另一条线段。

　　(1) 在视图中绘制一条如图 4-41 所示的直线后，将其转换为可编辑样条线。

　　(2) 再切换至【修改】命令面板，单击【选择】栏中的【线段】按钮，如图 4-42 所示，然后单击【几何体】栏中的【插入】按钮，如图 4-43 所示。

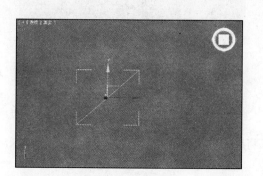

图 4-41　绘制直线

【选择】栏

图 4-42　【选择】栏

　　(3) 移动鼠标光标至视图中线段的顶点上，当鼠标光标呈 形状时，单击并按住鼠标左键拖曳即可插入线段，效果如图 4-44 所示。完成插入线段后单击鼠标右键即可。

图 4-43　【几何体】栏

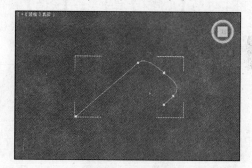

图 4-44　插入线段

④.4.2　拆分线段

　　在【几何体】栏中单击【拆分】按钮可以在当前线段中加入顶点，将线段平均分成更多的线段，并在右侧的文本框中对线段的分段数进行设置。

　　【练习 4-7】继续【练习 4-6】的操作，拆分该练习步骤(1)绘制的线段。

　　(1) 选中【练习 4-6】步骤(1)绘制的线段后切换至【修改】命令面板，单击【选择】栏中的【线段】按钮■。

(2) 在【几何体】栏中的【拆分】文本框中输入参数 3，如图 4-45 所示，然后单击【拆分】按钮即可将线段拆分，效果如图 4-46 所示。

图 4-45　【几何体】栏

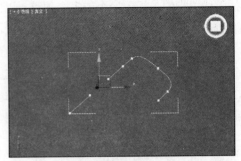

图 4-46　拆分线段效果

④.4.3　分离线段

在【几何体】栏中使用【分离】按钮，可以将选定的选段从当前的二维图形中分离出来，从而生成一个单独的二维图形。

【练习 4-8】继续【练习 4-7】的操作，从拆分的线段中分离出一段线段。

(1) 继续【练习 4-7】的操作，切换至【修改】命令面板，在【选择】栏中单击【线段】按钮■，然后在视图中选中一段需要分离的线段。

(2) 在图 4-45 的【几何体】栏中单击【分离】按钮，打开【分离】对话框，并在该对话框中的【分离为：】文本框中输入分离后的图形名称，然后单击【确定】按钮，如图 4-47 所示。所选线段将被分离成单独的图形，效果如图 4-48 所示。

图 4-47　【分离】对话框

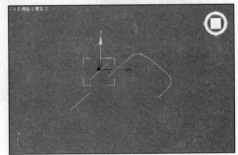

图 4-48　分离线段效果

④.5　编辑二维样条线

在 3ds Max 中，用户可以通过单击图 4-42 的【选择】栏中的【样条线】按钮■进入样条线次对象层级，针对样条线进行编辑。本节将重点讲解编辑样条线的相关操作。

4.5.1　附加单条样条线

附加样条线指的是将场景中的其他样条线附加到所选样条线，使样条线成为一个整体(附加的对象也必须是样条线)。

【练习4-9】在样条线上附加单条样条线。

(1) 打开一个模型(如图 4-49 所示)后，选中场景中最外层的圆对象，并切换至【修改】命令面板。

(2) 在【修改】命令面板中单击【选择】栏中的【样条线】按钮▢，如图 4-50 所示。

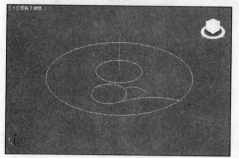

图 4-49　打开模型

图 4-50　单击【样条线】按钮

(3) 单击【几何体】栏中的【附加】按钮(如图 4-51 所示)，然后移动鼠标至需要附加的对象上，当鼠标呈 ⊕ 状时，单击鼠标即可附加样条线，效果如图 4-52 所示。

图 4-51　【几何体】栏

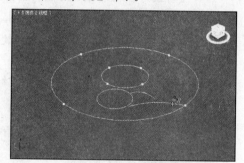

图 4-52　附加线段

4.5.2　附加多条样条线

附加多条样条线与附加单条样条线的作用相同，用户在如图 4-51 所示的【几何体】栏中单击【附加多个】按钮即可在打开的对话框中设置在所选样条线上附加多条样条线。

【练习4-10】继续以【练习4-9】所打开的实例为例，在一条样条线上附加多条样条线。

(1) 打开图 4-49 所示的模型后选中场景中最外层的圆对象，并切换至【修改】命令面板。

(2) 在【修改】命令面板中单击【选择】栏中的【样条线】按钮▓。

(3) 单击图 4-51 的【几何体】栏中的【附加多个】按钮，打开【附加多个】对话框，然后在该对话框中按住 Ctrl 键的同时，单击线段对象名称，选择多个对象，如图 4-53 所示。

(4) 单击【附加】按钮即可附加所选对象，效果如图 4-54 所示。

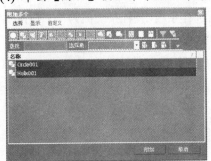

图 4-53　【附加多个】对话框

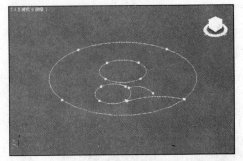

图 4-54　附加多条样条线

4.5.3　设置样条线轮廓

轮廓用于制作样条线的副本，相当于偏移，而偏移的距离是由"轮廓"文本框中的参数所指定的。用户可以参考以下实例所介绍的方法设置样条线轮廓。

【练习 4-11】设置矩形样条线的轮廓。

(1) 使用【矩形】工具在场景中绘制一个矩形，然后在场景中的矩形上单击鼠标左键，在弹出的菜单中选择【转换为】|【转换为可编辑样条线】命令，切换至【修改】命令面板。

(2) 单击【选择】栏中的【样条线】按钮▨，然后单击【几何体】栏中的【轮廓】按钮，如图 4-55 所示，并在该按钮后的文本框中输入参数，即可得到如图 4-56 所示的样条线轮廓效果。

图 4-55　【几何体栏】

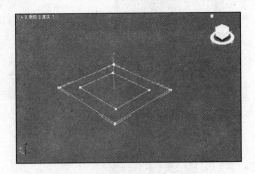

图 4-56　样条线轮廓效果

4.5.4　设置修剪样条线

单击【修剪】按钮可以清理形状中的重叠部分，使端点接合在一个点上，可以进行修剪操作的需要是相交的样条线。如果选段的一段打开并和另一端相交,整个线段将交点与开口端之间的部分删除;如果界面未相交,或样条线是闭合的并且只找到一个相交点,则不会发生任何操作。用户可以参考以下实例所介绍的方法设置修剪样条线。

【练习 4-12】设置修剪场景中的样条线。

(1) 使用【线】工具在场景中绘制如图 4-57 所示的样条线,然后选中该样条线,并单击【选择】栏中的【样条线】按钮 ▨。

(2) 单击【几何体】栏中的【修剪】按钮,然后将鼠标光标移至需要修剪的线段上,当鼠标光标变为 ✍ 后,单击鼠标即可修剪样条线,效果如图 4-58 所示。

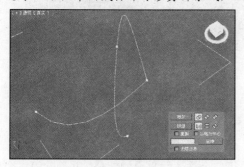

图 4-57　绘制样条线

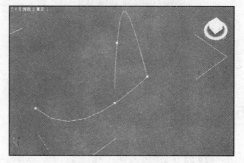

图 4-58　修剪样条线

④.5.5　并集二维样条线

　　并集是将两个重叠的样条线组合成一个样条线,在该样条线中,重叠的部分被删除,保留两个样条线不重叠的部分,构成一个样条线。

【练习 4-13】设置样条线并集效果。

(1) 使用【矩形】工具在场景中绘制 3 个矩形样条线,然后参考【练习 4-10】所介绍的方法,为中间的一个矩形样条线附加多条样条线,完成后效果如图 4-59 所示。

(2) 切换至【修改】命令面板,单击【选择】栏中的【样条线】按钮 ▨,然后选中场景中 3 个矩形图形中最小的矩形样条线,所选样条线呈红色显示,效果如图 4-60 所示。

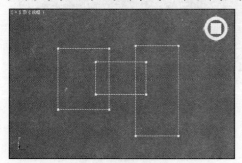

图 4-59　绘制样条线

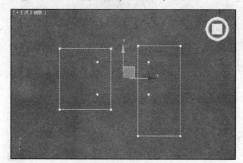

图 4-60　选中样条线

(3) 单击【几何体】栏中的【布尔】按钮,然后单击该按钮右侧的【并集】按钮 ,如图 4-61

所示。

(4) 移动鼠标光标至矩形，当鼠标光标呈✛形状时，单击鼠标即可并集样条线，效果如图 4-62 所示。

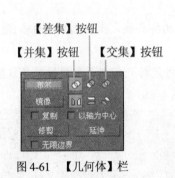

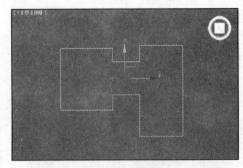

图 4-61　【几何体】栏　　　　　　　　图 4-62　并集样条线

4.5.6　差集二维样条线

差集二维样条线指的是从第一个样条线中减去第二个样条线重叠的部分，并删除第二个样条线中剩余的部分。

【练习 4-14】设置样条线差集效果。

(1) 以【练习 4-13】创建的矩形样条线为例，用户在单击【选择】栏中的【样条线】按钮并选中如图 4-63 所示的矩形后，单击图 4-61 的【几何体】栏中的【布尔】按钮并单击该按钮右侧的【差集】按钮。

(2) 移动鼠标光标至中间的矩形，当鼠标光标呈✛形状时，单击鼠标即可差集样条线，效果如图 4-64 所示。

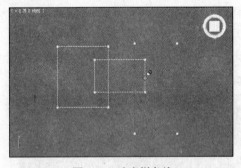

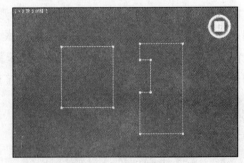

图 4-63　选中样条线　　　　　　　　图 4-64　差集样条线

4.5.7　交集二维样条线

交集样条线指的是在样条线中仅保留两个样条线的重叠部分，删除两个样条线的不重叠部分。用户可以参考以下实例所介绍的方法设置交集样条线。

【练习 4-15】设置样条线交集效果。

(1) 以【练习 4-13】创建的矩形样条线为例，用户在单击【选择】栏中的【样条线】按钮████并选中如图 4-65 所示的矩形后，单击图 4-61 的【几何体】栏中的【布尔】按钮与单击该按钮右侧的【交集】按钮█。

(2) 移动鼠标光标至中间的矩形，当鼠标光标呈█形状时，单击鼠标即可差集样条线，效果如图 4-66 所示。

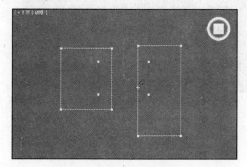
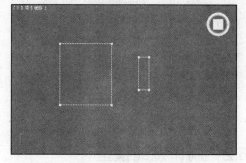

图 4-65　选中矩形　　　　　　　　　　　图 4-66　交集样条线

4.6　上机练习

本章的的上机练习将通过具体的实例操作，详细介绍在 3ds Max 中创建与编辑二维图形的具体方法，帮助用户进一步掌握使用二维图形建模的相关知识。

4.6.1　制作立体文字

下面将通过一个简单的实例，详细介绍立体文字的制作方法。

(1) 在 3ds Max 2012 中使用【文本】工具，在场景中创建如图 4-67 所示的文字效果。

(2) 选中场景中创建的文字后，切换至【修改】命令面板，在【修改器列表】中选择【倒角】修改器，如图 4-68 左图所示，展开【倒角值】栏，如图 4-68 右图所示。

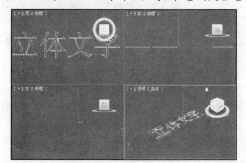

图 4-67　创建文字效果　　　　　　　　　　图 4-68　交集样条线

(3) 设置【倒角值】栏中的【级别1】、【级别2】和【级别3】选项区域的参数。

(4) 完成以上设置后，场景中的文字效果如图 4-69 所示，在透视视图中使用【选择并旋转】按钮 ，调整文字的位置后，效果如图 4-70 所示。

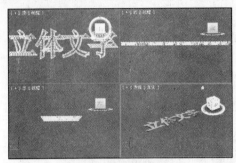

图 4-69　立体文字效果 　　　　　　　　图 4-70　调整文字效果

4.6.2　制作跳绳模型

下面将通过实例，详细介绍跳绳模型的制作方法。

(1) 在 3ds Max 2012 中使用【矩形】工具创建如图 4-71 所示的矩形。

(2) 选中创建的矩形对象，然后切换至【修改】命令面板，在【修改器列表】中选择【编辑样条线】修改器，并在展开的【选择】栏中单击【顶点】按钮 ，在【几何体】栏中单击【优化】按钮，在矩形上添加顶点，并调整顶点的位置，效果如图 4-72 所示。

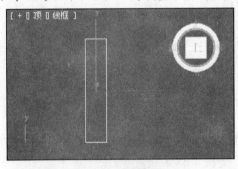
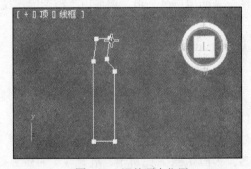

图 4-71　创建矩形 　　　　　　　　图 4-72　调整顶点位置

(3) 在【修改器列表】中选择【车削】修改器，然后在【参数】栏中单击【方向】选项区域中的【Y】按钮和【对齐】选项区域中的【最小】按钮。

(4) 完成以上操作后，场景中的矩形效果如图 4-73 所示。该对象可以作为跳绳的把手。

(5) 选中场景中跳绳的把手对象后，选择【编辑】|【克隆】命令，对模型对象进行复制，然后调整对象的位置，效果如图 4-74 所示。

(6) 在【创建】命令面板中的【线】工具，在视图中绘制一条线，并将其命名为"绳"。

(7) 选中绘制的样条线后，进入【修改】命令面板，在【选择】栏中单击【顶点】按钮，然后对场景中样条线的顶点进行调整，效果如图 4-75 所示。

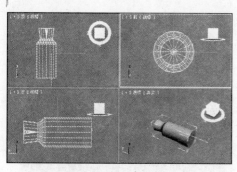

图 4-73 制作跳绳把手

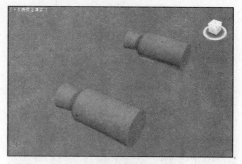

图 4-74 选择【克隆】命令

(8) 在【渲染】栏中勾选【在渲染中启用】和【在视口中启用】复选框，并设置【径向】下的【厚度】参数，如图 4-76 所示。

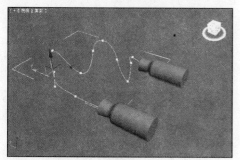

图 4-75 调整样条线顶点

图 4-76 设置【渲染】参数

(9) 切换至【创建】命令面板，然后使用【长方体】工具在场景中创建一个长方体对象，并在【参数】栏中设置其长度、宽度和高度参数，效果如图 4-77 所示。

(10) 选择【创建】|【摄影机】|【标准】|【目标】命令，在顶视图中创建一个目标摄影机，然后设置【镜头】参数为 50，并在视图中调整摄影机的位置，效果如图 4-78 所示。

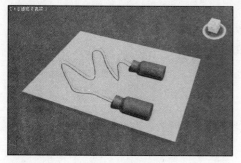

图 4-77 创建长方体

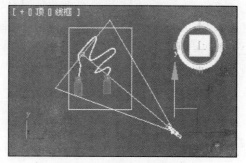

图 4-78 创建目标摄影机

(11) 选中透视视图，按下 C 键将其转换为摄影机视图。

(12) 选择【创建】|【灯光】|【标准】|【天光】命令，在顶视图中创建一个天光对象，并使用默认参数，然后在视图中调整天光的位置，效果如图 4-79 所示。

(13) 在工具栏中单击【材质编辑器】按钮，打开【材质编辑器】对话框，然后选择一个材质球，设置其材质参数，如图 4-80 所示。

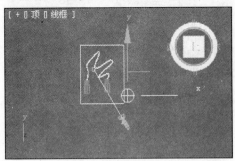

图 4-79　创建天光　　　　　　　　　　图 4-80　设置材质

(14) 将材质赋予场景中的把手后，此时场景中对象如图4-81所示显示，快速渲染后对象效果如图 4-82 所示。

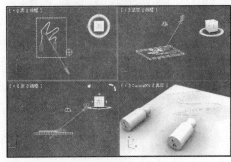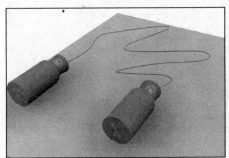

图 4-81　创建长方体　　　　　　　　　　图 4-82　跳绳模型渲染效果

④.7　习题

1. 创建文本，并断开文本的笔画，将其分段分离为单独的对象。
2. 参考本章 4.6.2 节实例的操作，制作一个毛线球模型。

第5章

对象的修改与复制操作

学习目标

在 3ds Max 2012 中完成对象建模工作后，用户需要进行一系列的修改与复制操作。因此，在软件提供的修改器界面，用户可以添加或编辑修改器，使得对象产生包括扭曲、变形以及弯曲等效果。本章将重点介绍 3ds Max 修改器以及二维和三维造型修改器的使用方法，帮助用户进一步了解二维图形的基本知识和创建方法。

本章重点

- ◉ 编辑变形修改器
- ◉ 认识特殊效果修改器
- ◉ 常用二维造型修改器
- ◉ 常用三维造型修改器

5.1 常用变形修改器简介

3ds Max 中的变形修改器可以通过拉伸对象来影响对象的几何形状，从而生成弯曲、扭曲等效果。本节将重点介绍几种常用变形修改器(包括扭曲修改器、弯曲修改器、噪波修改器、涟漪修改器、波浪修改器、拉伸修改器、挤压修改器和晶格修改器等)的基础知识和操作方法。

5.1.1 扭曲修改器

利用【扭曲】修改器，用户可以在对象几何体中设置旋转效果，控制任意 3 个轴上扭曲的角度，并设置偏移来压缩扭曲相对于轴点的效果(也可以对几何体的一部分限制扭曲)。用户在 3ds Max 中选中要设置扭曲效果的对象，然后单击【修改】按钮 并在【修改器列表】下拉列表框中选中【扭曲】选项，即可弹出【扭曲】修改器，如图 5-1 所示，其【参数】栏如图 5-2 所示。

【修改】按钮 ——

选中扭曲

图 5-1　【扭曲】修改器

图 5-2　【扭曲】修改器【参数】栏

【扭曲】修改器【参数】栏中各选项及其功能如下所示。

⦿ 【角度】文本框：该文本框中的参数用于设置围绕垂直轴扭曲的量。

⦿ 【偏移】文本框：该文本框中的参数用于设置扭曲向上或向下的偏移度。

⦿ 【扭曲轴】选项区域：该选项区域中包含 X 轴、Y 轴和 Z 轴 3 个单选按钮，分别用于指定执行扭曲操作所沿着的轴，如图 5-3 所示为圆柱体沿 X、Y、Z 轴扭曲的效果。

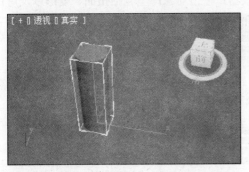

圆柱

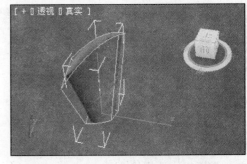

沿 X 轴扭曲

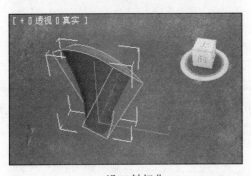

沿 Y 轴扭曲

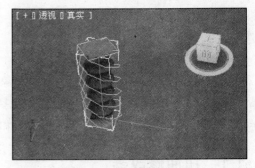

沿 Z 轴扭曲

图 5-3　圆柱体沿 X、Y、Z 轴扭曲的效果

⦿ 【限制效果】复选框：勾选该复选框，可调整“上限”和“下限”数值，对扭曲效果应用限制约束。其下的【上限】和【下限】文本框分别用于设置扭曲效果的上限和下限。

⑤.1.2　弯曲修改器

利用【弯曲】修改器可以使某个对象沿着一个特定的轴进行弯曲变形操作，该修改器允许用户将当前选中对象围绕单独轴弯曲 360 度，在对象几何体中产生均匀弯曲(可以在任意 3 个轴上控制弯曲的角度和方向，也可以对几何体的一部分限制弯曲)。用户在 3ds Max 中选中要设置扭曲效果的对象，然后单击【修改】按钮┛并在【修改器列表】下拉列表框中选中【弯曲】选项，即可弹出【弯曲】修改器，其【参数】栏(与图 5-2 类似)中各选项及其功能如下所示。

- ◎ 【角度】文本框：该文本框中的参数用于设置从顶点平面弯曲的角度。
- ◎ 【方向】文本框：该文本框中的参数用于设置弯曲相对于水平面的方向。
- ◎ 【弯曲轴】选项区域：该选项区域中包含 X 轴、Y 轴和 Z 轴等 3 个单选按钮，用于指定执行弯曲操作所沿着的轴，其默认设置为 Z 轴。如图 5-4 所示为圆柱体分别沿 X、Y、Z 轴弯曲的效果。

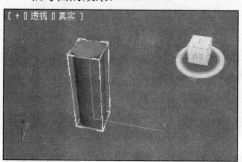
圆柱

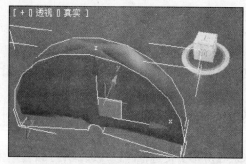
沿 X 轴弯曲

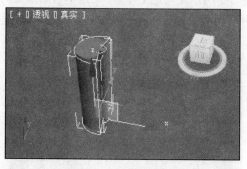
沿 Y 轴弯曲

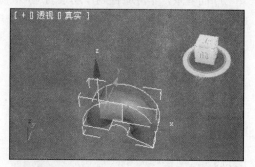
沿 Z 轴弯曲

图 5-4　圆柱体沿 X、Y、Z 轴弯曲的效果

- ◎ 【限制效果】选项区域：勾选该复选框，可以调整"上限"和"下限"数值，对扭曲效果应用限制阅读；"上限"和"下限"文本框分别用于设置扭曲效果的上限和下限。

⑤.1.3　噪波修改器

利用【噪波】修改器可以对物体表面的顶点进行随机变动，使物体表面变得不规则，该修改器允许用户沿着 X、Y、Z 3 个轴任意组合调整对象顶点的位置，是模拟对象形状随机变化的重要动画工具。用户在 3ds Max 中选中要设置扭曲效果的对象，然后单击【修改】按钮 并在【修改器列表】下拉列表框中选中【噪波】选项即可弹出【噪波】修改器，如图 5-5 所示，其【参数】栏如图 5-6 所示。

【修改】按钮

选中噪波

图 5-5 【噪波】修改器　　　图 5-6 【噪波】修改器【参数】栏

【噪波】修改器【参数】栏中各选项及其功能如下所示。

◉ 【种子】文本框：该文本框中的参数用于设置噪波随机效果，相同设置下不同的种子数会产生不同的效果。

◉ 【比例】文本框：该文本框中的参数用于设置噪波影响的大小，其值越大产生的影响越平缓，值越小影响越尖锐。

◉ 【分形】复选框：该复选框用于设置产生数字分形，勾选【分形】复选框，噪波会变得无序而复杂，非常适合制作场景的地形，如图 5-7 所示为勾选【分形】复选框前后效果对比。

◉ 【强度】选项区域：该选项区域中的选项用于控制 X、Y、Z 3 个轴向上对物体噪波强度的影响，其值越大、噪波越剧烈。

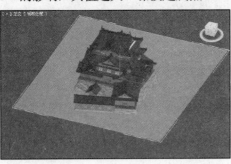

勾选前　　　　　　　　　　　勾选后

图 5-7 勾选【分形】复选框前后效果对比

⑤.1.4 涟漪修改器

利用【涟漪】修改器，用户可以在对象表面生成一串同心波并从中心向外辐射，震动对象表面的各顶点。用户在 3ds Max 中选中要设置扭曲效果的对象，然后单击【修改】按钮 并在【修改器列表】下拉列表框中选中【涟漪】选项即可弹出【涟漪】修改器，如图 5-8 所示，其【参数】栏如图 5-9 所示。

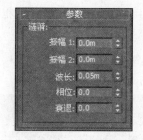

图 5-8　【涟漪】修改器　　　　　　　图 5-9　【涟漪】修改器【参数】栏

【涟漪】修改器【参数】栏中各选项及其功能如下所示。

◉ 【振幅 1】和【振幅 2】文本框：可以产生第一个和第二个轴向上的振幅波。

◉ 【波长】文本框：用于调节波长的数值。

◉ 【相位】文本框：用于调节波长的相位，通过设置，可以使动画产生动态的波纹效果。

◉ 【衰减】文本框：用于设置波纹的衰减程度。

【练习 5-1】在 3ds Max 中实现涟漪效果。

(1) 在场景中创建一个平面对象，并将该对象的长度和宽度均设置为100，长度分段和宽度分段设置为 20，创建的平面对象如图 5-10 所示。

(2) 单击【修改】按钮 ，在【修改器列表】下拉列表中选择【涟漪】选项可弹出【涟漪】修改器，然后在图 5-9 的【振幅 1】文本框中输入参数 10，在【波长】文本框中输入参数 20，这时，涟漪效果如图 5-11 所示。

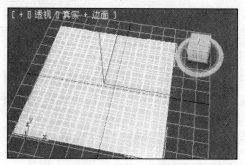
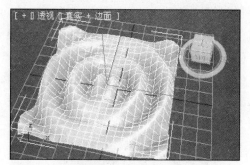

图 5-10　创建平面对象　　　　　　　图 5-11　涟漪效果

⑤.1.5　波浪修改器

通过【波浪】修改器，用户可以在对象几何体上创建波浪的效果。使用了【波浪】修改器的对象，通过对【参数】栏中的【振幅 1】和【振幅 2】参数进行调整，可以创建不同的剖面。

【练习 5-2】在 3ds Max 中实现波浪效果。

(1) 在场景中创建一个平面对象，并将该对象的长度和宽度均设置为100，长度分段和宽度分段设置为 20，创建的平面对象参见图 5-10。

(2) 单击【修改】按钮，在【修改器列表】下拉列表中选择【波浪】选项调出【波浪】修改器，然后在图 5-9 的【振幅 1】文本框中输入参数 10，在【波长】文本框中输入参数 30，这时，波浪效果如图 5-12 所示。

(3) 在【振幅 1】文本框中输入 20、【振幅 2】文本框中输入 10、【波长】文本框中输入 30，波浪效果如图 5-13 所示。

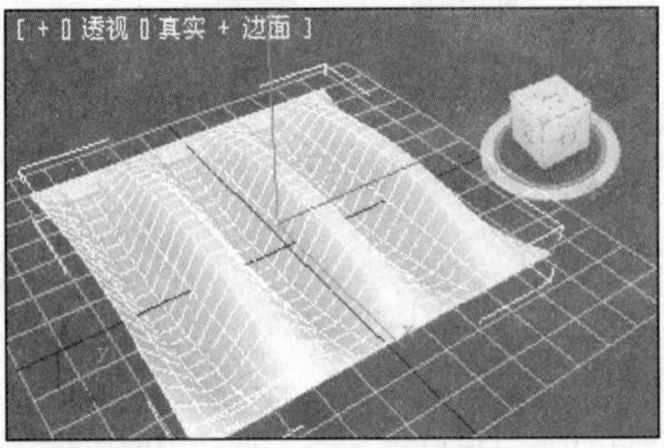

图 5-12　创建波浪效果

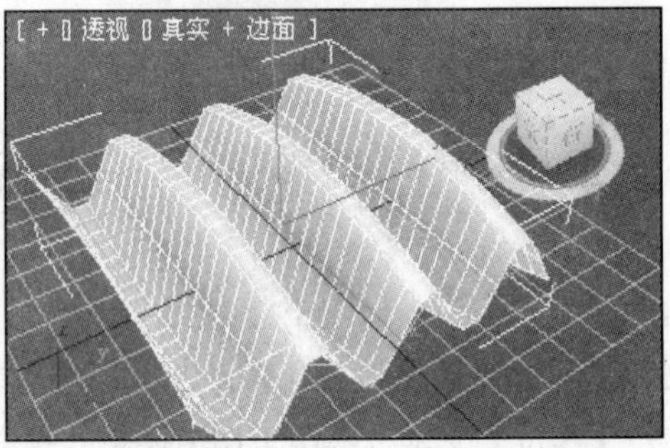

图 5-13　波浪效果

5.1.6　拉伸修改器

利用【拉伸】修改器，用户可以模拟“挤压”和“拉伸”的动画效果。用户在 3ds Max 中选中要设置扭曲效果的对象，然后单击【修改】按钮并在【修改器列表】下拉列表框中选中【拉伸】选项即可弹出【拉伸】修改器，其【参数】栏与图 5-2 所示的【扭曲】修改器【参数】栏类似。

【练习 5-3】在圆柱体对象上使用【拉伸】修改器。

(1) 在场景中创建一个圆柱体对象，如图 5-14 所示。

(2) 单击【修改】按钮，在【修改器列表】下拉列表中选择【拉伸】选项可弹出【拉伸】修改器，然后在其【参数】栏的【拉伸】和【放大】文本框中输入 0.3，这时，圆柱体的拉伸效果如图 5-15 所示。

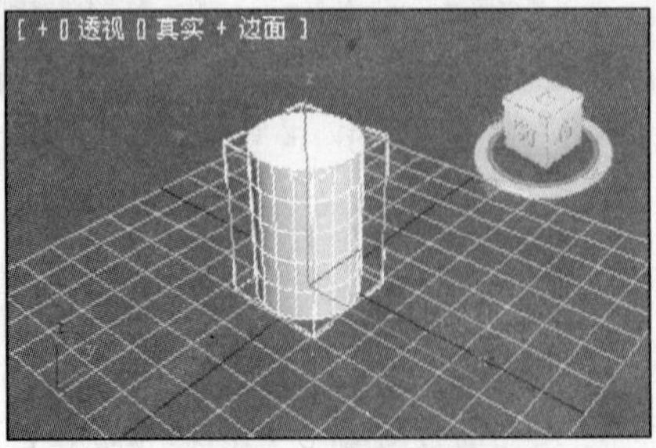

图 5-14　创建圆柱体

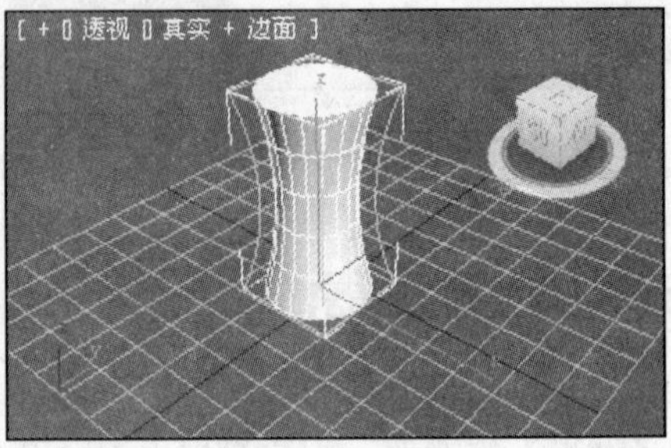

图 5-15　拉伸效果

⑤.1.7 挤压修改器

通过【挤压】修改器，设计者可以将场景中的对象沿 X 轴、Y 轴和 Z 轴进行挤压，从而产生对象的变形效果。

【练习5-4】在长方体对象上使用【挤压】修改器。

(1) 在场景中创建一个长方体对象，如图 5-16 所示。

(2) 单击【修改】按钮，在【修改器列表】下拉列表中选择【挤压】选项可弹出【挤压】修改器，然后在【参数】栏的【数量】和【曲线】文本框中输入参数 0.3，如图 5-17 所示，这时长方体的挤压效果如图 5-18 所示。

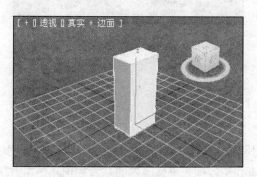

图 5-16 创建长方体

图 5-17 【挤压】修改器【参数】栏

(3) 在【数量】文本框中输入参数 0.3，在【曲线】文本框中输入参数 2.2 后，长方体的最终挤压效果如图 5-19 所示。

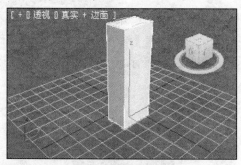

图 5-18 挤压效果

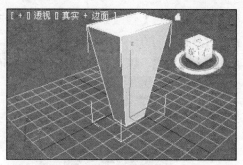

图 5-19 最终挤压效果

⑤.1.8 晶格修改器

通过【晶格】修改器，用户可以使三维对象线框化，在造型上完成真正意义上的线框转化，交叉点转化为节点造型。

【练习5-5】使用【晶格】修改器转化场景中的圆锥体对象。

（1）在场景中创建一个圆锥体对象，如图 5-20 所示，然后单击【修改】按钮 ，在【修改器列表】下拉列表中选择【晶格】选项可弹出【晶格】修改器。

（2）这时，场景中的对象将被转化为如图 5-21 所示的线框效果，用户可以通过调整【参数】栏中的【半径】参数来控制晶格的大小。

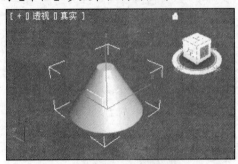

图 5-20　创建圆锥体

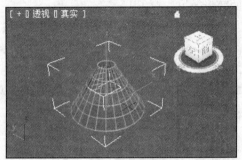

图 5-21　线框效果

5.2　特殊效果修改器简介

用户在 3ds Max 中完成模型建模后，可以运用修改器为对象制作一些特殊效果，例如网格平滑、MultiRes、优化和锥化等修改器。本节将重点介绍特殊效果修改器的基本知识和使用方法。

5.2.1　网格平滑修改器

利用【网格平滑】修改器，用户可以对不规则对象的表面进行光滑处理。【网格平滑】修改器能够通过多种不同方法平滑场景中的几何体，在其【参数】栏和【细分量】栏中，用户可以控制新面的大小和数量，以及它们如何影响对象的曲面，如图 5-22 所示。

（1）【参数】栏

（2）【细分量】栏

图 5-22　【网络平滑】修改器【参数】栏和【细分量】栏

- ◎　【迭代次数】文本框：用于设置网络细分的次数。
- ◎　【平滑度】文本框：用于确定尖锐的锐角添加面来加以平滑的度数。
- ◎　【渲染值】选项区域：用于设置在渲染时对象应用不同平滑迭代次数和不同平滑度值。

- ⊙ 【强度】文本框：用于设置所添加面的大小，其使用范围在 0.0～1.0 之间。
- ⊙ 【松弛】文本框：应用正的松弛效果以平滑所有定点。
- ⊙ 【投影到限定曲面】复选框：勾选该复选框，可将所有点放置到网格平滑结果的限定曲面上。
- ⊙ 【平滑结果】复选框：勾选该复选框，可对所有曲面应用相同的平滑组。
- ⊙ 【材质】复选框：勾选该复选框，可防止在不共享材质 ID 的曲面之间的边上创建新曲面。
- ⊙ 【平滑组】复选框：勾选该复选框，可防止在不共享至少一个平滑组的曲面之间的边上创建新曲面。

⑤.2.2　MultiRes 修改器

利用【MultiRes】修改器，用户可以通过降低顶点和多边形的数量来减少渲染模型时所需的内存，这不仅在 3ds Max 中有用，对于导出模型以及在 3ds Max 外使用的内容创建者而言也同样有用。

【练习 5-6】在 3ds Max 利用【MultiRes】修改器降低汽车模型顶点和多边形的数量。

(1) 打开如图 5-23 所示的汽车模型后，单击【修改】按钮，在【修改器列表】下拉列表中选择【MultiRes】选项可弹出【MultiRes 参数】栏，如图 5-24 所示。

(2) 单击【MultiRes】修改器中的【生成】按钮，在【顶点数】文本框中输入参数 5000 后，汽车模型的效果如图 5-25 所示。

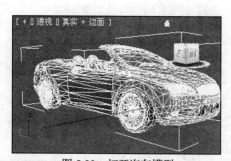

图 5-23　打开汽车模型　　　　　　　　　图 5-24　【MultiRes 参数】栏

(3) 在【顶点百分百】文本框中输入参数 10 后，得到的最终汽车模型效果如图 5-26 所示。

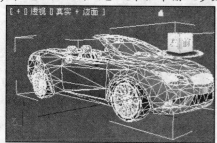

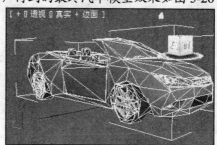

图 5-25　修改模型顶点数后的汽车模型效果　　　　图 5-26　最终汽车模型效果

⑤.2.3 优化修改器

【优化】修改器是一个多边形表面优化工具，可以用于减少物体的顶点数和面数，并在保持相似光滑度的前提下，尽可能降低几何体的复杂度，以加快渲染速度。用户在选择优化修改器后，在如图 5-27 所示的【参数】栏中对优化参数进行修改。

图 5-27　【优化】修改器【参数】栏

【参数】栏中比较重要的选项及其含义如下。

- 【详细级别】选项区域：提供两个设置，分别用于渲染和视图显示，可以将不同的优化设置分别放置在 L1 和 L2 内。
- 【面阀值】文本框：设置面的优化程序，设置值越低，优化越弱。
- 【偏移】文本框：在优化时去除小的和无用的三角面，其值越小、得到的面就越多。
- 【上次优化状态】选项区域：用于显示原对象与优化后的顶点数目和面数目。

⑤.2.4 推力修改器

使用【推力】修改器，用户可以设置使物体沿平均顶点法线将对象顶点向外或向内推，从而产生膨胀的效果。【推力】修改器【参数】栏中只有一个【推进值】文本框选项，设置该文本框中的参数值即可在对象上获得相应的膨胀效果，如图 5-28 所示。

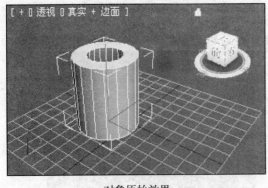 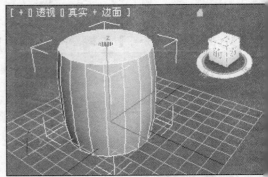

对象原始效果　　　　　　　　　　　　　　对象膨胀效果

图 5-28　对象膨胀前后效果对比

⑤.2.5　倾斜修改器

　　利用【倾斜】修改器，用户可以在对象几何体中创建均匀的偏移，从而控制在 3 个轴中任何一个上的倾斜数量和方向，除此之外还能够限制几何体部分的倾斜。

　　【练习 5-7】在 3ds Max 利用【倾斜】修改器使左面模型倾斜。

　　(1) 打开如图 5-29 所示的模型对象后，单击【修改】按钮⊘，在【修改器列表】下拉列表中选择【倾斜】选项可弹出【倾斜】修改器。

　　(2) 参照图 5-30 所示设置倾斜修改器的【参数】栏中的参数。

图 5-29　打开模型对象

图 5-30　【参数】栏

　　(3) 此时，对象的倾斜效果如图 5-31 所示，渲染对象后的效果如图 5-32 所示。

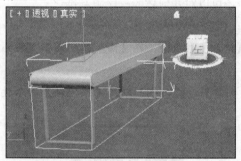

图 5-31　对象倾斜效果

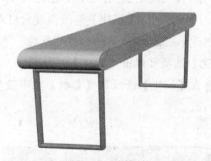

图 5-32　渲染效果

⑤.2.6　壳修改器

　　利用【壳】修改器，用户可以使没有厚度的平面物体产生厚度，【壳】修改器可以"凝固"对象或赋予对象厚度。

　　【练习 5-8】在 3ds Max 利用壳修改器，使平面对象产生厚度。

　　(1) 创建一个平面对象后，单击【修改】按钮⊘，在【修改器列表】下拉列表中选择【壳】选项可弹出【壳】修改器。

(2) 在【参数】栏中，设置【内部量】与【外部量】文本框中的参数为 10.0 后(如图 5-33 所示)，平面对象的壳效果如图 5-34 所示。

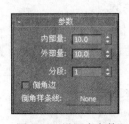

图 5-33　设置壳参数

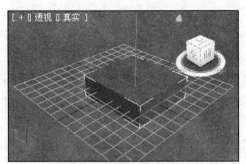

图 5-34　壳效果

提示

用户除了可以使用以上方法执行"壳"命令以外，还可以在 3ds Max 中选择【修改器】|【参数化变形器】|【壳】命令，打开【壳】修改器。

⑤.2.7　锥化修改器

使用【锥化】修改器，用户可以通过缩放对象几何体的两端产生锥化轮廓，一段放大而另一端缩小；也可以在两组轴上控制锥化的量和曲线；还可以对几何体的一段限制锥化。

【练习 5-9】利用【锥化】修改器使台灯对象产生变化效果。

(1) 打开如图 5-35 所示的台灯对象后，单击【修改】按钮 ，在【修改器列表】下拉列表中选择【锥化】选项可弹出【锥化】修改器。

(2) 再在【锥化】修改器【参数】栏中设置【数量】、【曲线】以及【锥化轴】等参数，如图 5-36 所示。

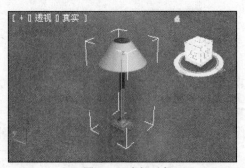

图 5-35　台灯对象

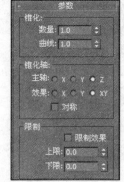

图 5-36　【锥化】修改器【参数】栏

(3) 这时，台灯对象将产生如图 5-37 所示的 Z 轴锥化效果。

(4) 选中图 5-36 中主轴选项区域中的【X】单选按钮后，台灯对象的锥化效果如图 5-38 所示

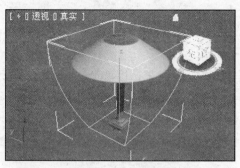

图 5-37　Z 轴锥化效果

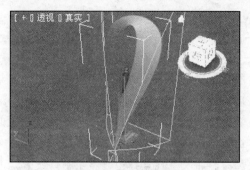

图 5-38　X 轴锥化效果

⑤.2.8　平滑修改器

利用【平滑】修改器，用户可以使基于相邻面的角设置自动平滑。通过将面组成平滑组，平滑消除几何体的面。在渲染时，同一平滑组的面显示为平滑曲面。用户在场景中选中需要使用平滑设置的对象，然后单击【修改】按钮 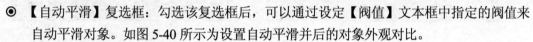并在【修改器列表】下拉列表框中选择【平滑】选项即可弹出【平滑】修改器，其【参数】栏如图 5-39 所示。其中的选项及其功能如下。

- ⦿　【自动平滑】复选框：勾选该复选框后，可以通过设定【阀值】文本框中指定的阀值来自动平滑对象。如图 5-40 所示为设置自动平滑并后的对象外观对比。
- ⦿　【阀值】文本框：以度数为单位指定阀值角度。
- ⦿　【平滑组】选项区域：该选项区域中包含 32 个按钮的栅格表示选定面所使用的平滑组，用于为选定面手动指定平滑组。

图 5-39　【平滑】修改器【参数】栏

自动平滑前

自动平滑后

图 5-40　自动平滑前后的对象效果对比

⑤.3　常用二维造型修改器

在建模过程中，有许多复杂模型是无法使用三维模型直接完成的，这时用户可以利用二维图形绘制出这些模型，再通过一些修改命令，使二维图形生成为三维物体，从而得到所需的三维模型。本节将介绍使用二维造型修改器的操作方法。

计算机　基础与实训教材系列

⑤.3.1 挤出修改器

在 3ds Max 中，【挤出】修改器是一个使用非常频繁的修改器，该修改器可以从二维闭合图形生成三维图形，并使生成的图形有厚度。

【练习 5-10】利用【挤出】修改器制作桌面效果。

(1) 打开一个模型对象(如图5-41 所示)后，单击【修改】按钮 ，在【修改器列表】下拉列表中选择【挤出】选项可弹出【挤出】修改器。

(2) 在【创建】命令面板的下拉列表框中选择【样条线】选项，然后单击【矩形】按钮，并移动鼠标光标至顶视图中，绘制一个矩形，效果如图 5-42 所示。

图 5-41　打开模型对象

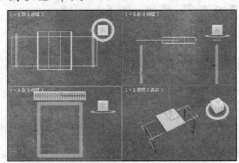

图 5-42　绘制矩形

(3) 选中绘制的矩形后，在【修改器列表】下拉列表框中选择【挤出】选项，然后在【参数】栏的【数量】文本框中输入参数 20，如图 5-43 所示。

(4) 按 Enter 键确定后，即可为模型创建桌面，挤出效果如图 5-44 所示。

图 5-43　【挤出】修改器【参数】栏

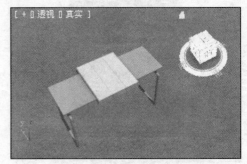

图 5-44　挤出效果

⑤.3.2 车削修改器

3ds Max 中的【车削】修改器也是针对二维模型的修改器，该修改器可以通过旋转的方式使物体生成三维实体。

【练习 5-11】在 3ds Max 中使用【车削】修改器。

(1) 选择样条线后，利用"弧"和"线"工具在视图中绘制出如图 5-45 所示的样条线。

(2) 在【修改器列表】下拉列表框中选择【车削】选项，然后在【参数】栏中单击【Y】按钮，这时，得到的车削效果如图 5-45 所示。

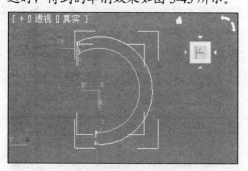
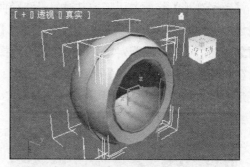

图 5-45　绘制样条线　　　　　　　　　图 5-46　车削效果

5.3.3　倒角修改器

3ds Max 中，【倒角】修改器与【挤出】修改器的使用方法非常相似，其区别是【倒角】修改器可以在对二维图形进行拉伸变形的同时，在边界加入直线或圆形的倒角。

【练习 5-12】在 3ds Max 中使用【倒角】修改器。

(1) 绘制一个矩形，然后选中矩形，在【修改】命令面板的【修改器列表】下拉列表中选中【倒角】选项，打开【倒角】修改器。

(2) 设置【倒角值】栏为如图 5-47 所示后，矩形的倒角效果如图 5-48 所示。

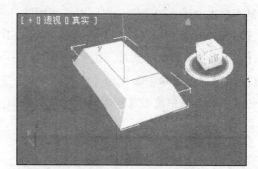

图 5-47　【倒角值】栏　　　　　　　　图 5-48　倒角效果

5.4　常用三维造型修改器

在 3ds Max 中，有一部分只针对三维模型的修改器，例如摄影机贴图、贴图缩放、路径变形、补洞、替换以及融化等修改器，用户可以利用此类修改器生成所需的三维对象。本节将介绍常用三维造型修改器的操作方法。

⑤.4.1 路径变形修改器

【路径变形】修改器用于控制对象沿路径曲线的变形，对象在指定路径上不仅沿路径移动，同时还根据曲线的形状产生变化。用户要使用【路径变形】修改器，可以选中需要使用路径变形的对象，然后在【修改器列表】下拉列表中选择【路径变形】选项，即可调出【路径变形】修改器，在其【参数】栏中单击【拾取路径】按钮，可以在视图中拾取路径，如图 5-49 左图所示，路径变形的效果如图 5-49 右图所示。

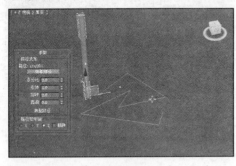 

(1) 拾取路径　　　　　　　　　　　　(2) 路径变形效果

图 5-49　路径变形

⑤.4.2 替换修改器

使用【替换】修改器，可以在视口中快速地使用其他对象来替换一个或多个对象，替换对象可以是来自当前场景的实例，也可以是引用的外部文件。

【练习 5-13】使用【替换】修改器替换视口中的对象。

(1) 打开一个模型对象后，选中视图中的一个苹果对象，如图 5-50 所示。

(2) 在【修改】命令面板的【修改器列表】下拉列表中选择【替换】选项，然后在如图 5-51 所示的【参数】栏中单击【拾取场景对象】按钮。

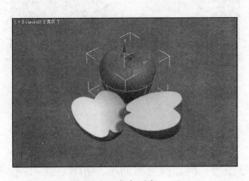 

图 5-50　选中对象　　　　　　　　　　　图 5-51　【参数】栏

(3) 移动鼠标光标至视图中，选择半个苹果对象，单击鼠标后在打开的【替换问题】对话框(女

图 5-52 所示)中单击【是】按钮，即可替换所选对象，调整对象位置后的效果如图 5-53 所示。

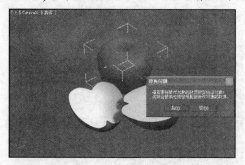

图 5-52　【替换问题】对话框

图 5-53　替换效果

5.5　复制建模对象

复制建模对象就是创建建模对象的副本，3ds Max 中提供了多种复制建模对象的方法，如克隆、阵列、镜像以及间隔复制等，它们都具有各自特殊的属性，在对复制对象进行修改时，每一种复制对象的方法所产生的效果都有所区别。本节将主要通过实例，详细介绍复制建模对象的具体方法。

5.5.1　克隆建模

在 3ds Max 中使用克隆命令，可以创建对象的副本、实例、参考或对象的集合等，克隆复制是最简单的一种对象复制方法。下面将详细讲解克隆建模的具体操作方法。

1. 复制克隆

复制克隆对象指的是复制对象与源对象之间不存在任何关联，当源对象或复制对象进行修改时，其他对象不发生任何改变。

【练习 5-14】使用复制克隆方式在场景中复制对象。

(1) 打开并选中如图 5-54 所示的对象模型后，选择【编辑】|【克隆】命令，打开【克隆选项】对话框，选中该对话框中的【复制】单选按钮，如图 5-55 所示。

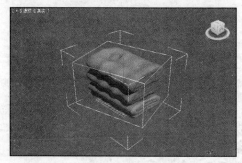

图 5-54　打开模型

图 5-55　【克隆选项】对话框

(2) 在【克隆选项】对话框中单击【确定】按钮，复制克隆对象，单击工具栏中的【选择并移动】按钮，然后在前视图中沿着 X 轴拖曳克隆的对象即可，如图 5-56 所示。

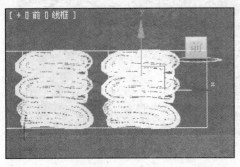
移动对象

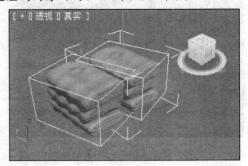
克隆效果

图 5-56 复制克隆对象

2. 实例克隆

实例克隆对象指的是复制对象与源对象相互关联，当修改任意一个对象时，其他对象也将发生相应的改变。

【练习 5-15】使用实例克隆方式在场景中复制对象。

(1) 打开如图 5-57 所示的模型后，选择【编辑】|【克隆】命令，打开图 5-55 的【克隆选项】对话框，选中该对话框中的【实例】单选按钮。

(2) 在【克隆选项】对话框中单击【确定】按钮，单击工具栏中的【选择并移动】按钮，然后在视图中拖曳对象即可，如图 5-58 所示。

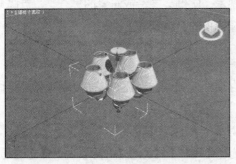
图 5-57 打开模型

图 5-58 实例克隆对象

(3) 使用实例克隆方式复制对象，若修改源对象，则复制对象也会随之变化。

3. 参考克隆

参考克隆指的是当源对象发生改变时，复制对象随之改变；当复制对象发生改变时，源对象不会发生改变。

【练习 5-16】使用参考克隆方式在场景中复制对象。

(1) 打开如图 5-59 所示的模型后，选择【编辑】|【克隆】命令，打开图 5-55 的【克隆选项】对话框，选中该对话框中的【参考】单选按钮。

(2) 在【克隆选项】对话框中单击【确定】按钮，参考克隆对象，在前视图中沿 X 轴拖曳地球仪对象即可，如图 5-60 所示。

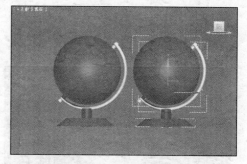

图 5-59　打开模型　　　　　　　　　　图 5-60　参考克隆对象

(3) 使用参考克隆方式复制对象，只有当修改源对象时，复制对象才会随之变化。

4. 快捷键克隆

在实际建模过程中，用户经常需要运用快捷键进行克隆对象，从而使操作过程更加方便。使用快捷键克隆对象，不但可以设置克隆的数目，而且还能够使克隆出的对象之间保持相同的间距和移动方向。

【练习 5-17】使用快捷键克隆场景中的对象。

(1) 打开对象模型后，单击工具栏中的【选择并移动】按钮，选择场景中的对象，然后在按 Shift 键的同时单击鼠标，向右拖曳至合适的位置释放鼠标左键。

(2) 在打开的【克隆选项】对话框中选中【复制】单选按钮，在【副本数】文本框中输入参数 2，如图 5-61 所示。

(3) 单击【确定】按钮后，即可完成快捷键克隆对象，效果如图 5-62 所示。

图 5-61　【克隆选项】对话框　　　　　图 5-62　快捷键克隆对象效果

5. 克隆并对齐建模

使用【克隆并对齐】命令，用户可以根据几何位置来克隆并对齐对象，也可以根据轴心点克隆并对齐场景中拾取的对象。

【练习 5-18】在场景中克隆并对齐对象。

(1) 打开如图 5-63 所示的模型对象后，在视图中选中枕头对象，并选择【工具】|【对齐】|【克隆并对齐】命令，打开如图 5-64 所示的【克隆并对齐】对话框。

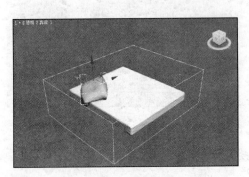

图 5-63　打开模型对象

图 5-64　【克隆并对齐】对话框

(2) 单击【拾取】按钮，拾取枕头对象，在【对齐参数】栏中设置【对齐位置(世界)】选项区域和【对齐方向(世界)】选项区域中的对齐参数后，单击【应用】按钮即可克隆并对齐对象，效果如图 5-65 所示。渲染后的效果如图 5-66 所示。

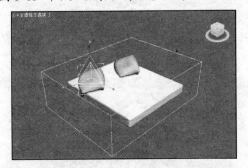

图 5-65　克隆并对齐对象效果

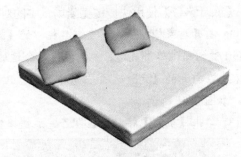

图 5-66　渲染效果

⑤.5.2　镜像建模

在 3ds Max 中，镜像复制是一种常用的复制方法，镜像是指以所选对象的轴心为中心，将对象绕着某个轴向翻转，同时进行复制操作。进行复制时对象的大小、比例将不会不发生任何变化，只是对象的方向和位置发生变化。

1. 水平镜像建模

水平镜像建模指的是沿对象的水平坐标轴，进行移动以及复制的操作，使对象进行水平的翻转或复制，具体如下。

【练习 5-19】在场景中水平镜像复制对象。

(1) 打开模型对象后，移动鼠标至前视图中单击选中对象，然后单击工具栏中的【镜像】按钮，打开【镜像：世界 坐标】对话框，如图 5-67 所示。

(2) 选中【镜像：世界 坐标】对话框中的【X】单选按钮和【复制】单选按钮，并在【偏移】文本框中输入参数，然后单击【确定】按钮，即可水平镜像复制对象，效果如图 5-68 所示。

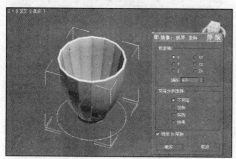

图 5-67　【镜像：世界 坐标】对话框

图 5-68　水平镜像克隆对象效果

2. 垂直镜像建模

垂直镜像指的是沿对象的垂直坐标轴进行移动以及复制操作，使对象产生垂直翻转或复制效果，具体如下。

【练习 5-20】在场景中设置垂直镜像对象。

(1) 打开模型对象后，移动鼠标至前视图中单击选中对象，然后单击工具栏中的【镜像】按钮，打开【镜像：屏幕 坐标】对话框，如图 5-69 所示。

(2) 选中【Y】单选按钮和【不克隆】单选按钮后，单击【确定】按钮，即可垂直镜像对象，效果如图 5-70 所示。

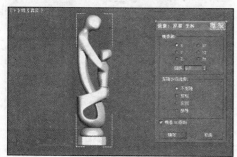

图 5-69　【镜像：屏幕 坐标】对话框

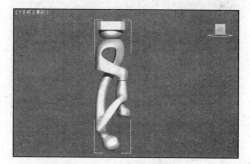

图 5-70　垂直镜像对象效果

3. XY 轴镜像建模

XY 轴镜像建模指的是对象沿 XY 轴平面进行移动或复制操作，从而使对象位置发生移动或复制对象，具体如下。

【练习 5-21】在场景中沿 XY 平面镜像对象。

(1) 打开模型对象后，移动光标至前视图中单击选择对象，然后单击工具栏中的【镜像】按钮，打开【镜像：世界 坐标】对话框，如图 5-71 所示。

(2) 选中【XY】单选按钮和【不克隆】单选按钮后，单击【确定】按钮，即可沿 XY 平面镜像对象，效果如图 5-72 所示。

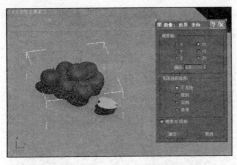
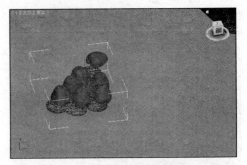

图 5-71 【镜像：世界 坐标】对话框   图 5-72 沿 XY 平面镜像对象效果

4. YZ 轴镜像建模

YZ 轴镜像指的是沿对象的 YZ 轴平面，进行移动或复制对象，从而使对象的位置产生移动或复制对象，具体如下。

【练习 5-22】在场景中沿 YZ 轴平面镜像对象。

(1) 打开模型对象后，移动鼠标光标至前视图中单击选中树对象，然后单击工具栏中的【镜像】按钮，打开【镜像：世界 坐标】对话框，如图 5-73 所示。

(2) 选中【YZ】单选按钮和【不克隆】单选按钮后，单击【确定】按钮，即可沿 YZ 平面镜像对象，效果如图 5-74 所示。

图 5-73 【镜像：世界 坐标】对话框   图 5-74 沿 YZ 轴平面镜像对象效果

5. ZX 轴镜像建模

ZX 轴镜像指的是沿对象的 ZX 平面进行移动或复制的操作，使对象的位置产生移动或复制对象，具体如下。

【练习 5-23】在场景中沿 ZX 轴平面镜像对象。

(1) 打开模型对象后，移动鼠标光标至前视图中单击选中对象，然后单击工具栏中的【镜像按钮，打开【镜像：世界 坐标】对话框，如图 5-75 所示。

(2) 选中【ZX】单选按钮和【不克隆】单选按钮后，单击【确定】按钮，即可沿 ZX 平面镜像对象，效果如图 5-76 所示。

图 5-75　【镜像：世界 坐标】对话框

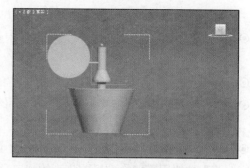

图 5-76　沿 ZX 轴平面镜像对象效果

提示·--

勾选【镜像：世界 坐标】中的【镜像 IK 限制】复选框后，当镜像的对象带有 IK 限制时，可以将限制信息一起镜像复制。

⑤.5.3　阵列建模

利用 3ds Max 阵列工具复制对象是指以当前所选择的对象为基准，进行一连串的多维复制操作。下面将详细介绍阵列建模的相关知识。

1. 阵列建模简介

在 3ds Max 中，使用阵列工具不仅可以执行移动、旋转、缩放以及复制等操作，还能够同时在两个或 3 个方向上进行多维复制，因此该工具常用于复制大量有规律的对象。用户选择【工具】|【阵列】命令，即可打开如图 5-77 所示的【阵列】对话框。

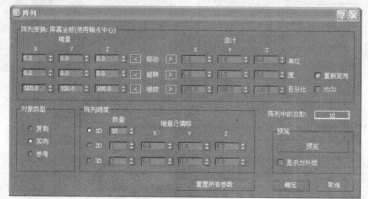

图 5-77　【阵列】对话框

【阵列】对话框中的主要选项及其含义如下。

- ◉ 【阵列变换】选项区域：【阵列】对话框中的【阵列变换】选项区域用于确定在三维阵列 3 种类型阵列中的变量值，即移动、旋转和缩放。该选项区域左侧为增量计算方式，要求设置增量值；右侧为总量计算方式，要求计算总量值。

- ◉ 【对象类型】选项区域：该选项区域中各选项的功能含义与【克隆选项】对话框中的按钮含义相同。

- ◉ 【阵列维度】选项区域：该选项区域中的选项用于确定在某个轴上的阵列数量。

- ◉ 【阵列中的总数】文本框：该文本框用于显示将创建阵列操作的实体总数，包括当前选定对象。

- ◉ 【预览】选项区域：该选项区域中包含【预览】按钮和【显示为外框】复选框，其中【预览】按钮用于切换到当前阵列的视口预览(若更改设置，将立即更新视口)；【显示为外框】复选框用于将预览的对象显示为边界框，而非几何体。

2. 移动阵列建模

移动阵列指的是沿着对象的轴进行平行的移动并复制对象，复制的对象是相互平行的对象具体如下。

【练习 5-24】平行移动并复制场景中的对象。

(1) 打开如图 5-78 所示的模型对象后，移动鼠标光标至顶视图中单击选中对象，然后选择【工具】|【阵列】命令，打开【阵列】对话框，如图 5-77 所示。

(2) 在【总计】选项区域中单击【移动】选项右侧的 ▶ 按钮，然后在【X】选项下方的文本框中输入相应的参数，在【阵列维度】选项区域的【1D】文本框中输入参数 3。

(3) 完成以上操作后，单击【确定】按钮，即可移动阵列对象，效果如图 5-79 所示。

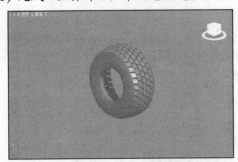 

图 5-78　打开模型　　　　　　　　　　图 5-79　移动阵列对象效果

3. 旋转阵列建模

旋转阵列指的是沿着对象的轴进行旋转并复制，复制对象是围绕某个中心点旋转的对象，具体如下。

【练习 5-25】旋转移动并复制场景中的对象。

(1) 打开如图 5-80 所示的模型对象后，移动鼠标光标至顶视图中单击选中对象，然后选择【工具】|【阵列】命令，打开【阵列】对话框，如图 5-77 所示。

(2) 在【总计】选项区域中单击【旋转】选项右侧的 按钮，然后在【Z】选项下方的文本框中输入相应的参数，在【阵列维度】选项区域中的【1D】文本框中输入参数 12。

(3) 完成以上操作后，单击【确定】按钮，即可旋转阵列对象，效果如图 5-81 所示。

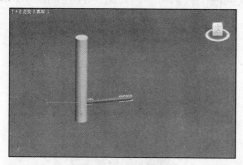
图 5-80　打开模型

图 5-81　旋转阵列对象效果

4. 缩放阵列建模

缩放阵列指的是沿着对象的轴向对物体进行缩放并复制，复制对象的大小可以根据数值参数进行调整，具体如下。

【练习 5-26】缩放并复制场景中的对象。

(1) 打开如图 5-82 所示的模型对象后，移动鼠标光标至顶视图中单击选中对象，然后选择【工具】|【阵列】命令，打开【阵列】对话框，如图 5-77 所示。

(2) 在【总计】选项区域中单击【缩放】选项右侧的 按钮，然后在【X】、【Y】、【Z】选项下方的文本框中输入相应的参数，在【阵列维度】选项区域中的【1D】文本框中输入参数 3。

(3) 完成以上操作后，单击【确定】按钮，即可缩放阵列对象，效果如图 5-83 所示。

图 5-82　打开模型

图 5-83　缩放阵列对象效果

⑤.5.4　间隔建模

利用 3ds Max 间隔工具进行复制，可以通过拾取样条线或指定两个端点作为复制对象的路径，并可以通过设置参数确定复制对象的数量、间隔距离等。下面将详细讲解间隔建模的具体方法。

1. 间隔工具简介

用户可以使用间隔工具选择场景中的样条线作为路径，并将当前选择物体的副本均匀分布在路径上。在 3ds Max 中选择【工具】|【对齐】|【间隔工具】命令，如图 5-84 左图所示，即可打开如图 8-84 右图所示的【间隔工具】对话框。

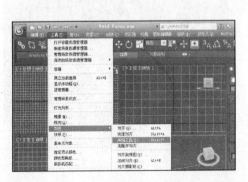

图 5-84　打开【间隔工具】对话框

【间隔工具】对话框中的主要选项及其功能如下。

- ◉ 【拾取路径】按钮：单击该按钮，可以在任何一个视图中选择要作为路径的样条线。
- ◉ 【拾取点】按钮：单击该按钮，可以在任何一个视图中拾取一个起点和一个终点。
- ◉ 【计数】复选框：用于设置要分布对象的数量。
- ◉ 【间距】复选框：用于指定对象之间的间距。

2. 按计数间隔复制建模

按计数间隔复制建模指的是先指定要复制对象的总数量，按总数量均匀分配各个对象的间距距离，具体如下。

【练习 5-27】按计数间隔复制场景中的对象。

(1) 打开如图 5-85 所示的模型对象后，选中场景中的圆球对象，然后选择【工具】|【对齐】|【间隔工具】命令，打开如图 5-84 右图所示的【间隔工具】对话框。

(2) 勾选【计数】复选框后，在其后的文本框中输入参数 20，然后单击【拾取路径】按钮，并将鼠标光标移动至视图中拾取路径样条线，即可间隔复制对象，单击【应用】按钮，即可完成计数间隔复制，效果如图 5-86 所示。

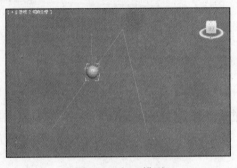

图 5-85　打开模型　　　　　　　　　　　　图 5-86　计数间隔复制效果

3. 按间距间隔复制建模

按间隔复制建模指的是先确定对象之间的间隔距离，然后按照距离将对象分布在整个样条线对象上，具体如下。

【练习 5-28】按间距距离复制场景中的对象。

(1) 打开如图 5-87 所示的模型对象后，选中场景中的圆球对象，然后选择【工具】|【对齐】|【间隔工具】命令，打开如图 5-84 右图所示的【间隔工具】对话框。

(2) 勾选【间距】复选框后，在其后的文本框中输入参数 20，然后单击【拾取路径】按钮，并将鼠标光标移动至视图中拾取路径样条线，即可间隔复制对象，单击【应用】按钮，即可完成间距间隔复制，效果如图 5-88 所示。

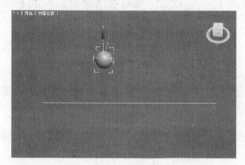
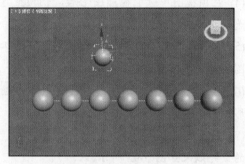

图 5-87　打开模型　　　　　　　图 5-88　间距间隔复制效果

 提示

利用间隔复制工具复制对象时，只有当拾取对象为二维样条线时才可以被拾取，勾选【跟随】复选框，可以将分布物体的轴点与样条线的切线对齐。

⑤.6　上机练习

本章的上机练习将通过实例，介绍在 3ds Max 2012 中修改与复制模型对象的具体方法，帮助用户进一步掌握三维建模的相关知识。

⑤.6.1　制作乒乓球拍

下面将通过实例介绍使用【椭圆】、【矩形】和【长方体】等工具，制作乒乓球拍的方法。

(1) 在 3ds Max 2012 中新建一个场景后，切换至【创建】命令面板，然后单击【图形】按钮，并在【对象类型】栏中单击【椭圆】按钮。

(2) 将鼠标光标移动至顶视图中，创建一个如图 5-89 所示的椭圆，然后展开【参数】栏设置其参数。

(3) 单击【对象类型】栏中的【矩形】按钮，然后在顶视图中创建一个如同 5-90 所示的矩形，并展开【参数】栏设置其参数。

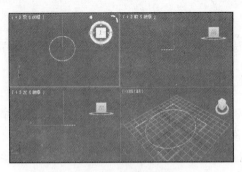
图 5-89　创建椭圆

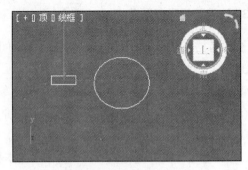
图 5-90　创建矩形

(4) 在顶视图中选中椭圆图形后，切换至【修改】命令面板，然后在【修改器列表】下拉列表中选择【编辑样条线】选项。

(5) 在【编辑样条线】修改器中单击【附加】按钮，然后选中场景中的矩形图形，场景中的椭圆图形与矩形图形合并成一个图形。

(6) 在【选择】栏中单击【样条线】按钮，然后使用【选择并移动】工具移动顶视图中的矩形图形，效果如图 5-91 所示。

(7) 在【几何体】栏中单击【修剪】按钮，并在顶视图中单击需要去掉的样条线，使场景中图形的最终效果如图 5-92 所示。

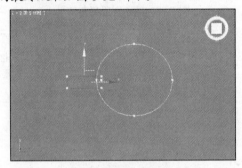
图 5-91　移动矩形

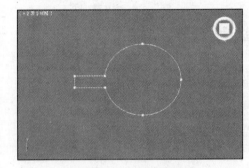
图 5-92　修剪样条线

(8) 在【选择】栏中单击【顶点】按钮，然后选择顶视图中一组相交的顶点，单击【几何体】栏中的【焊接】按钮，合并两个顶点。

(9) 使用相同的操作方法，将场景中图形另一边相交的顶点合并，合并完成后再次单击【选择】栏中的【顶点】按钮。

(10) 在【修改】命令面板的【修改器列表】下拉列表中，执行【倒角】命令，然后在【倒角】修改器的【倒角值】栏中，设置【级别1】选项区域中的【高度】和【轮廓】参数。

(11) 勾选【级别2】复选框，然后设置该选项区域中的【高度】和【轮廓】参数，如图 5-93 所示，完成以上设置后，即可制作出球拍效果，如图 5-94 所示。

(12) 使用【椭圆】工具，在顶视图中创建如图 5-95 所示的椭圆对象，然后在【创建】命令面板中取消【对象类型】栏中【开始新图形】复选框的选中状态，并单击【矩形】按钮，在顶视图中创建一个矩形，效果如图 5-96 所示。

图 5-93　【倒角值】栏

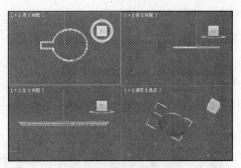

图 5-94　倒角建模

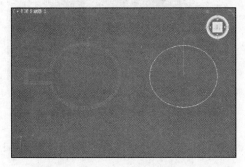

图 5-95　创建椭圆

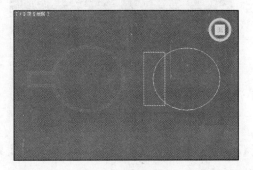

图 5-96　创建矩形

计算机 基础与实训教材系列

(13) 在【选择】栏中单击【样条线】按钮，然后在顶视图中选中创建的椭圆图形，并在【几何体】栏中单击【差集】按钮，最后单击【布尔】按钮。

(14) 将鼠标光标移动至场景中的矩形图形上，当鼠标光标变为后，单击鼠标，应用差集布尔运算方式，创建如图 5-97 所示的图形效果。

(15) 单击工具栏中的【对齐】按钮，然后单击球拍模型，打开【对齐当前选择】对话框。

(16) 在【打开当前选择】对话框中设置两个图形对象对齐，设置完成后的效果如图 5-98 所示。

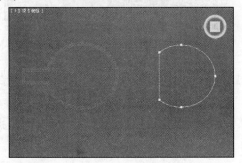

图 5-97　创建新图形

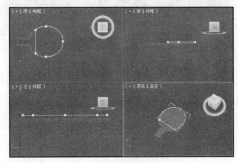

图 5-98　对齐图形

(17) 选中步骤(14)创建的图形后，切换至【修改】命令面板，然后在该面板的【修改器列表】下拉列表中选择【挤出】选项，并在展开的【参数】栏中设置【数量】文本框中的参数为 3，操作完成后场景中的图形效果如图 5-99 所示。

(18) 使用工具栏中的【选择并移动】工具，在前视图中选中步骤(17)制作的球拍橡胶垫对象，然后按住 Shift 键，沿 Y 轴向上拖动其至合适的位置，释放鼠标左键和 Shift 键，打开【克隆选项】对话框。

(19) 在【克隆选项】对话框中选中【复制】单选按钮后，单击【确定】按钮，复制一个球拍橡胶垫对象，如图 5-99 所示。

(20) 使用工具栏中的【选择并移动】工具 调整球拍和两个橡胶垫的位置后，球拍效果如图 5-100 所示。

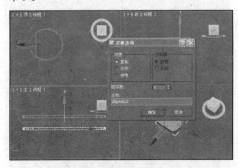
图 5-99 制作球拍橡胶垫

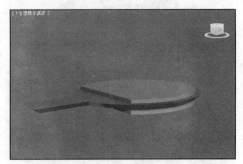
图 5-100 添加橡胶垫后的球拍效果

(21) 切换至【创建】命令面板，然后使用【圆柱体】工具在前视图中创建一个如图 5-101 所示的圆柱体对象。

(22) 使用【长方体】工具，在视图中创建一个如图 5-102 所示的长方体对象。

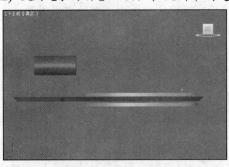
图 5-101 创建圆柱体

图 5-102 创建长方体

(23) 选中创建的圆柱体对象，然后在【创建】命令面板中单击【几何体】按钮 ，并在【标准基本体】下拉列表中选择【复合对象】选项。

(24) 单击【对象类型】选项区域中的【布尔】按钮，然后在展开的【拾取布尔】栏中单击【拾取操作对象 B】按钮，并在【参数】栏的【操作】选项区域中选中【差集(A-B)】单选按钮，如图 5-103 所示。

(25) 接下来，在前视图中单击场景中的长方体对象，创建出球拍手柄上的木片部分。

(26) 选择工具栏中的【选择并移动】工具 ，在前视图中按住 Shift 键拖动步骤(25)创建的木片模型，在打开的【克隆选项】对话框中选中【复制】单选按钮后，单击【确定】按钮，即可复制创建出新的球拍木柄模型，效果如图 5-104 所示。

图 5-103　创建圆柱体

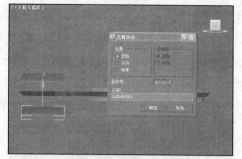

图 5-104　复制创建新的手柄模型

(27) 使用【选择并移动】工具 ，调整场景中两个球拍手柄模型的位置，如图 5-105 所示。

(28) 完成以上操作后，单击工具栏中的【渲染产品】按钮，得到的最终球拍效果如图 5-106 所示。

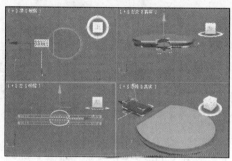

图 5-105　创建圆柱体

图 5-106　球拍效果

5.6.2　制作象棋棋子

下面将使用【线】工具和【车削】修改器，创建一个国际象棋的棋子。

(1) 创建一个新的场景后，切换至【创建】命令面板，然后使用【线】工具在前视图中创建一个如图 5-107 所示的样条线。

(2) 切换至【修改】命令面板，然后在【修改器堆栈】中展开 Line 选项并选择【顶点】选项，如图 5-108 所示。

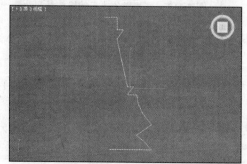

图 5-107　创建样条线

图 5-108　选择【顶点】选项

(3) 使用工具栏中的【选择并移动】工具 调整样条线的第 2 顶点与第 1 顶点平行(由上往下排列),使其之间的线段为直线,然后调整第 2 顶点与第 3 顶点、第 3 顶点与第 4 顶点、第 6 顶点与第 7 顶点、第 8 顶点与第 9 顶点等各个顶点之间的线段,使其最终效果如图 5-109 所示。

(4) 在样条线的第 11 顶点和第 12 顶点上单击鼠标右键,在弹出的菜单中执行【Bezier 角点】命令,然后改变该点两边的线段弧度,使其效果如图 5-110 所示。

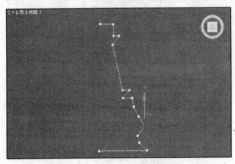
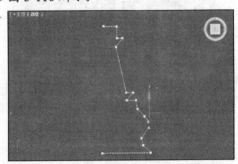

图 5-109　调整样条线　　　　　　　　图 5-110　圆化处理样条线

(5) 使用和步骤(4)相同的方法,调整其他需要调整的样条线效果。

(6) 在【修改】命令面板中的【修改器堆栈】栏中选择【顶点】选项后,在【修改器列表】下拉列表框中选择【车削】选项,即可创建象棋的底座模型。

(7) 在【修改】命令面板的【参数】栏中,单击【对齐】选项区域中的【最小】按钮,调整象棋的底座,效果如图 5-111 所示。

(8) 在【修改】命令面板的【修改器堆栈】栏中,展开 Line 选项并选中【顶点】选项,然后使用【选择并移动】工具 调整样条线上顶点的位置,使其效果如图 5-112 所示。

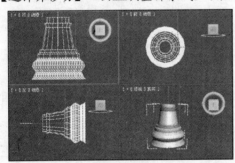

图 5-111　象棋底座　　　　　　　　　图 5-112　调整样条线后的模型效果

(9) 切换至【创建】命令面板,然后使用【圆柱体】工具,在顶视图中创建一个圆柱体对象,并在【参数】栏中设置其各项参数。

(10) 使用【选择并旋转】工具 和【选择并移动】工具 调整圆柱体对象的位置,使其效果如图 5-113 所示。

(11) 在场景中的圆柱体对象上单击鼠标右键,在弹出的菜单中选择【转换为】|【转换为可编辑网络】命令,转换圆柱体为可编辑网络对象。

(12) 在顶视图中选中圆柱体对象,然后单击工具栏中的【对齐】按钮 ,再单击象棋棋子的底座对象，在打开的【对齐当前选择】对话框中的【对齐位置】选项区域中勾选【X】和【Y】复选框，选中【当前对象】和【目标对象】选项区域中的【中心】单选按钮。完成设置后，单击【确定】按钮，对齐圆柱体与国际象棋的底座模型中心。

(13) 在左视图中选中圆柱体对象，然后单击工具栏中的【对齐】按钮 ，并单击象棋棋子底座对象，在打开的【对齐当前选择】对话框中的【对齐位置】选项区域中勾选【Y】复选框，在【当前】选项区域中选中【最小】单选按钮，在【目标对象】选项区域中选择【最大】单选按钮，完成以上设置后，单击【确定】按钮，在 Y 轴方向对齐选中的两个对象。

(14) 选中场景中的圆柱体对象，切换至【修改】命令面板，然后在【修改器堆栈】中展开【可编辑网络】选项，并选择【多边形】选项。

(15) 在【选择】栏中勾选【忽略背面】复选框。如此，在选中面操作时，不会选中模型对象背面的多边形。

(16) 在顶视图中，按住 Ctrl 键并按照选择的间隔面的要求，选中圆柱体顶部中靠近边缘的面和顶部的面，如图 5-114 所示。

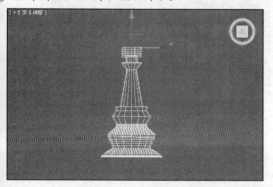
图 5-113　调整圆柱体位置

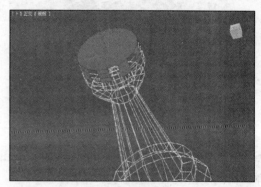
图 5-114　调整样条线

(17) 在【可编辑网格】修改器的【编辑几何体】栏中，单击【挤出】按钮并设置其文本框中的数值为-15。接下来在【修改】命令面板的【修改器堆栈】中单击【可编辑网格】选项，取消【多边形】选项的选中状态，编辑后的模型效果如图 5-115 所示。

(18) 最后将象棋顶部对象与底部对象组合，得到的象棋其效果如图 5-116 所示。

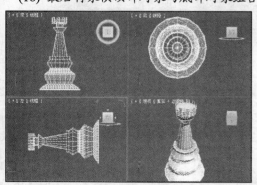
图 5-115　模型效果

图 5-116　象棋效果

5.6.3 制作水池模型

下面将在 3ds Max 2012 中通过对长方体和圆柱体对象使用【编辑多边形】和【面挤出】修改器，制作水池和水龙头模型。

(1) 新建一个场景文件后，切换至【创建】命令面板，然后使用【长方体】工具在透视图中创建一个如图 5-117 所示的长方体对象。

(2) 切换至【修改】命令面板，在【修改器列表】下拉列表中选择【编辑网格】选项，然后单击【选择】栏中的【多边形】按钮 ▣，并按 Ctrl 键，在透视图中参考图 5-118 所示选中长方体顶部的多边形。

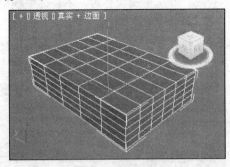
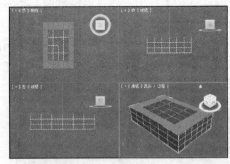

图 5-117 创建长方体　　　　图 5-118 选中长方体顶部多边形

(3) 在【修改器列表】下拉列表中，选择【面挤出】选项，在【面挤出】修改器的【参数】栏中设置【数量】文本框内的参数为 30，如图 5-119 所示。如此，就将选择的多边形挤出 40 个单位的高度，效果如图 5-120 所示。

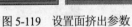
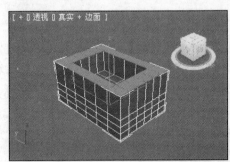

图 5-119 设置面挤出参数　　　　图 5-120 挤出选中的多边形效果

(4) 在【修改器列表】下拉列表中选择【编辑网格】选项，然后单击【选择】栏中的【多边形】按钮，在透视视图中选中边界上的多边形，如图 5-121 所示。

(5) 在【修改器列表】下拉列表中选择【面挤出】选项，然后在【面挤出】修改器的【参数】栏中设置【数量】文本框内的参数为 30，再挤出一层多边形，效果如图 5-122 所示。

(6) 在【修改器列表】下拉列表中执行【编辑网格】命令，然后单击【选择】栏中的【顶点】按钮 ⣿，在顶视图中编辑对象顶点位置，使其效果如图 5-123 所示。

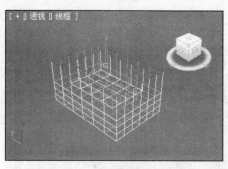
图 5-121　选中边界上的多边形

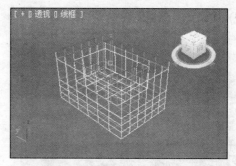
图 5-122　再挤出一层多边形

(7) 在左视图中编辑顶点位置，使其效果如图 5-124 所示。

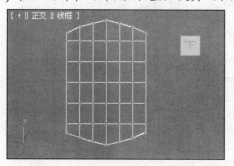
图 5-123　顶视图编辑顶点位置效果

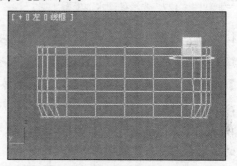
图 5-124　左视图编辑顶点位置效果

(8) 在前视图中编辑顶点位置，使其效果如图 5-125 所示。

(9) 单击【选择】栏中的【多边形】按钮□，在透视视图中选择边界上的多边形，然后在【修改器】下拉列表中选择【面挤出】选项。

(10) 在【面挤出】修改器【参数】栏的【数量】文本框中输入参数 10，挤出一层多边形，效果如图 5-126 所示。

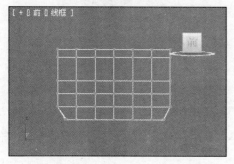
图 5-125　并视图编辑顶点位置效果

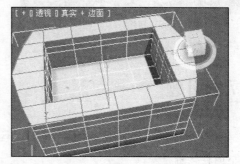
图 5-126　挤出一层多边形

(11) 在【修改器列表】下拉列表中选择【编辑网格】选项，然后在【选择】栏中单击【顶点】按钮□，在顶视图中选择编辑的顶点，进一步对顶点进行调整，制作出水池表面完全细节的效果。

(12) 在【修改器列表】下拉列表中选择【网格平滑】选项，然后在【网格平滑】修改器的【细分量】栏中设置【迭代次数】为 2，光滑处理水池，使其效果如图 5-127 所示。

(13) 切换至【创建】命令面板，然后在左视图中使用【圆柱体】工具创建如图 5-128 所示的圆柱体对象。

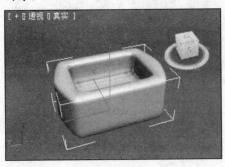

图 5-127　光滑处理水池模型

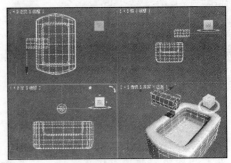

图 5-128　创建圆柱体

(14) 切换至【修改】命令面板，在【修改器列表】下拉列表中选择【编辑网格】选项，然后在【选择】栏中单击【多边形】按钮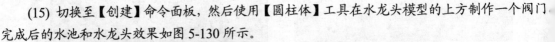，选中场景中的圆柱体对象中前端的多边形，配合【选择并移动】工具和【选择并旋转】工具，将圆柱体对象调整为如图 5-129 所示的效果，制作出水龙头模型。

(15) 切换至【创建】命令面板，然后使用【圆柱体】工具在水龙头模型的上方制作一个阀门，完成后的水池和水龙头效果如图 5-130 所示。

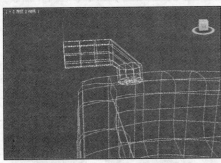

图 5-129　制作水龙头模型

图 5-130　水池和小龙头效果

⑤.7 习题

1. 在场景中绘制多个长短、粗细不一的圆柱体，然后使用【弯曲】、【倾斜】和【锥化】令对每个圆柱体进行修改。

2. 使用【车削】修改器创建一个花坛模型。

第6章 复合建模

复合建模是 3ds Max 中重要的建模方式之一，使用复合建模可以将简单的三维模型通过演变、变形或组合等方式形成各式各样复杂的三维模型。其中，放样建模方式是最常用的，用户通过利用放样建模，可以将单个或多个二维基本参数模型创建为三维模型，还能够对创建的放样模型进行编辑与加工。本章将重点介绍复合建模的基本知识和创建方法。

本章重点

◉ 初步了解复合建模
◉ 变形建模
◉ 散布建模
◉ 一致建模

6.1 复合建模简介

复合建模指的是将两个或多个单独物体组合起来，从而形成一个新的物体。用户在【创建】命令面板的【几何体】下拉列表中选择【复合对象】选项后，即可显示复合对象的创建选项，其中不同的工具(包括变形工具、散布工具、一致工具、连接工具、水滴网格工具、放样工具、地形工具以及布尔工具等 12 种工具)可以创建出不同的复合建模模型。

6.2 变形建模

采用变形建模可以合并两个或多个对象，具体方法是插补第一个对象的顶点，使顶点与另一个对象的顶点位置相符，并随时执行这项插补操作，生成变形动画。

⑥.2.1 创建变形效果

变形是一种与 2D 动画类似的动画技术。目标对象只要与种子对象的顶点数相同的网格，就可以将各种对象用作变形目标对象，包括动画对象和其他变形对象。

【练习 6-1】在 3ds Max 中对模型对象创建变形效果。

(1) 创建两个圆柱体对象(如图 6-1 所示)并选中右侧的圆柱体，然后在【创建】命令面板中单击【几何体】下拉列表按钮，在弹出的下拉列表中选择【复合对象】选项，如图 6-2 左图所示。再单击【对象类型】栏中的【变形】按钮，然后在【拾取目标】栏中选中【移动】单选按钮，并单击【拾取目标】按钮，如图 6-2 右图所示。

(2) 将时间滑块移动至第 60 帧的位置上，然后将鼠标光标移动至视图中，单击左侧的圆柱体拾取该对象。这时，左侧圆柱体将消失，而右侧的圆柱体对象则变成左侧的圆柱体对象。

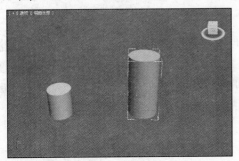

图 6-1　创建两个圆柱体

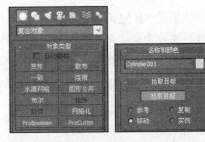

图 6-2　【复合对象】选项和【拾取目标】按钮

(3) 完成以上操作后，即可创建模型对象的变形效果。

⑥.2.2 观看动画效果

变形是一种动画技术，用户在进行创建变形效果操作后，单击 3ds Max 右下角的【播放动画】按钮▶，即可观看两种对象的变化过程，如图 6-3 所示为第 10 帧动画效果、图 6-4 所示为第 50 帧的动画效果。

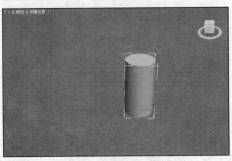

图 6-3　第 10 帧动画效果

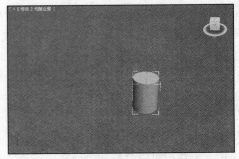

图 6-4　第 50 帧动画效果

6.3 散布建模

散布是符合对象的一种形式，其允许用户将所选的源对象散布为阵列或散布到分布对象的表面。本节将重点介绍散布建模的相关知识与基本操作方法。

6.3.1 创建散布效果

使用散布建模，用户不仅可以在屏幕周围随机散布源对象，还可以选定一个散布以定义散布对象分布的方式或表面。

【练习6-2】在模型对象上创建散布效果。

(1) 打开如图6-5所示的模型对象后，选中椭圆形对象，然后在【创建】命令面板中单击【几何体】下拉列表按钮，在弹出的下拉列表中单击【复合对象】按钮。再单击【对象类型】栏中的【散布】按钮，然后单击【拾取分布对象】栏中的【拾取分布对象】按钮，并选中【实例】单选按钮，如图6-6所示。

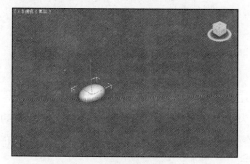

图6-5 打开模型

图6-6 【拾取分布对象】栏

(2) 在【源对象参数】栏中的【重复数】文本框中输入参数5，如图6-7所示，然后单击拾取视图中的平面对象，即可创建散布，效果如图6-8所示。

图6-7 【源对象参数】栏

图6-8 散布效果

(3) 用户在如图6-7所示的【重复数】文本框中可以随意更改散布源对象的重复数目(其默认情况下参数设置为1)。

6.3.2 设置旋转平移

旋转平移指的是设置随机的旋转偏移，以【练习 6-2】创建的实例为例，若用户勾选【变换】栏中【旋转】选项区域内的【使用最大范围】复选框，则只允许调节变换量为最大的参数，另外两个参数的值将自动与最大变化量相匹配。在如图 6-9 所示的【变换】栏中调整图 6-8 所示散布效果的旋转平移参数后，得到的旋转平移效果如图 6-10 所示。

图 6-9 【变换】栏

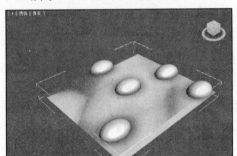

图 6-10 旋转平移效果

6.3.3 设置局部平移

局部平移指的是重复项沿着局部轴平移。若用户勾选【变换】栏中【局部平移】选项区域内的【使用最大范围】复选框，则只能调节变换量为最大的参数，而其他两个参数的值将自动与最大变化量相匹配。用户在如图 6-11 所示的【局部平移】选项区域中调整如图 6-8 所示的散布效果局部平移参数，得到的局部平移效果如图 6-12 所示。

图 6-11 【局部平移】选项区域

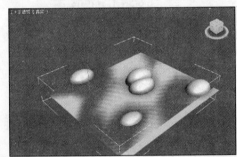

图 6-12 局部平移效果

6.3.4 设置在面上平移

在上面平移指的是设置沿分布对象的重心面坐标平移。若不使用分布对象，则其设置不起作用。如图 6-13 所示，A、B 两项参数用于设置指定面的表面上的重心坐标，而 N 设置则指定沿面法线的偏移。用户若勾选【变换】栏中【在面上平移】选项区域内的【使用最大范围】复选框，则只允许调节变换量为最大的参数，其他两个参数的值将自动与最大变化量相匹配。以【练习6-2】创建的实例效果为例，选中对象后，在【变换】栏的【在面上平移】选项区域中设置 A、B、N 参数后，得到的在面上平移效果如图6-14所示。

图6-13 【在面上平移】选项区域

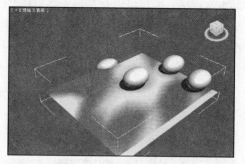

图6-14 在面上平移效果

6.3.5 设置重复项比例

设置重复项比例用于指定重复项沿局部轴的缩放效果。用户若勾选【变换】栏中【比例】选项区域内的【使用最大范围】复选框，将只能够调节变换量最大的参数，另外两个参数将自动与最大变化量相匹配；若勾选【锁定纵横比】复选框，则保留源对象的原始纵横比，通常这为重复项提供统一的缩放。以【练习6-2】创建的实例为例，若用户选中场景中的重复项，在如图6-15所示的【比例】选项区域中设置X、Y、Z参数后，得到的设置重复项比例效果如图6-16所示。

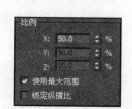

图6-15 【比例】选项区域

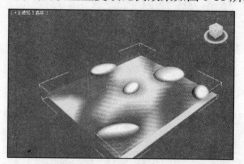

图6-16 设置重复项比例效果

6.4 水滴网格建模

在3ds Max中，水滴网格复合对象可以通过几何体或粒子创建一组球体，还能够将球体连接起来，就像球体对象是由液态的物质构成的一样。本节将通过实例详细介绍水滴网格建模的相关知识和具体操作方法。

6.4.1 创建水滴网格

水滴网格复合对象可以根据场景中的指定对象生成变形球。这些变形球会形成一种网格效果，即水滴网格。用户可以参考以下实例所介绍的方法，创建水滴网格。

【练习6-3】在场景中的对象上创建水滴网格。

(1) 打开一个模型后，单击【对象类型】栏中的【水滴网格】按钮，并移动鼠标光标至前视图中，然后单击鼠标即可创建水滴网格。

(2) 在如图 6-17 左图所示的【参数】栏中设置水滴网格的参数后，按 Enter 键确定，并为对象赋予材质，渲染后的效果如图 6-18 所示。

图 6-17　【参数】栏和【水滴对象】选项区域　　　　图 6-18　水滴网格效果

6.4.2 拾取水滴对象

用户在创建水滴网格后，需要拾取水滴对象使水滴网格跟随变形，让水滴的外观和形态更加真实。选择水滴网格，在图 6-17 右图的【水滴对象】选项区域中单击【拾取】按钮，然后单击场景中的对象，水滴网格将跟随变形，效果如图 6-19 所示。

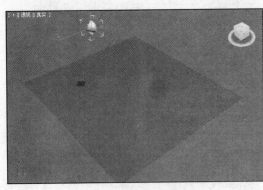
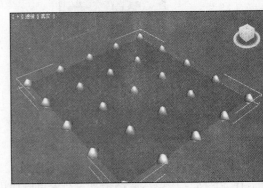

(1) 选中水滴网格　　　　　　　　　　　　　　(2) 拾取水滴对象

图 6-19　水滴网络效果

6.5 一致建模

通过一致建模，用户可以在一个对象表面创建另一个对象，所创建的对象将会像水流一样流向第一个对象。本节将通过实例操作，详细介绍一致建模的相关知识和操作方法。

6.5.1 创建一致对象

用户若需要创建一致对象，应首先定位两个对象其中一个为"包裹器"，另一个为"包裹对象"，具体如下。

【练习6-4】在如图6-20所示的壁灯模型上创建一致对象。

(1) 打开一个模型后，选中模型中的灯罩对象，单击【对象类型】栏中的【一致】按钮，然后在【拾取包裹到对象】栏中单击【拾取包裹对象】按钮，如图6-20所示。

(2) 移动鼠标光标至视图中，单击场景中的灯座对象，即可包裹灯座对象，一致建模效果如图6-21所示。

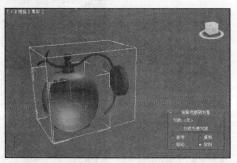

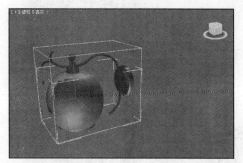

图6-20　打开对象　　　　　　　　　　图6-21　　一致建模效果

6.5.2 设置包裹器参数

在【参数】栏(如图6-22所示)中的【包裹器参数】选项区域中，用户可以设置一致建模投影距离与间隔距离。投影距离指的是包裹器对象中的顶点，在未与包裹对象相交的情况下，距离原始位置的距离。间隔距离指的是包裹器与包裹对象之间的距离。

图6-22　【参数】栏

6.6 放样建模

放样建模是 3ds Max 2012 中功能强大的建模方法，使用放样建模用户可以创建出多种模型效果。放样建模可以将一个二维图形作为剖面沿某个路径移动，从而形成复杂的三维对象，并可以对其进行缩放、旋转或倾斜等变形操作。本节将重点介绍放样建模的相关知识和具体操作方法。

6.6.1 放样简介

放样建模是通过建立一条放样路径，在路径中插入各种截面而形成立体图形的一种合成方式，它是二维图形转化为三维模型的常用工具。放样时用户需要建立两个二维图形，一个作为路径，另一个则作为截面在【对象类型】栏中单击【放样】按钮，可以展开如图 6-23 所示的放样参数栏，其各自的功能如下。

| (1)【创建方法】栏和【曲面参数】栏 | (2)【路径参数】栏和【蒙皮参数】栏 |

图 6-23　放样参数栏

1. 【创建方法】栏

【创建方法】栏(如图 6-23(1)的左图所示)用于指定图形或路径以创建放样对象，该栏中各选项及其功能如下。

- ◉ 【获取路径】按钮：单击该按钮，可将路径指定给选定图形或更改当前指定的路径。
- ◉ 【获取图形】按钮：单击该按钮，可将图形指定给选定路径或更改当前指定的图形。
- ◉ 【移动】、【复制】和【实例】单选按钮：用于决定放样路径或截面是否复制及复制的方式。

2. 【曲面参数】栏

【曲面参数】栏(如图 6-23(1)的右图所示)用于设置放样对象表面光滑的程度及贴图坐标，该栏中各选项及其功能如下。

- ◉ 【平滑长度】复选框：用于在路径方向上光滑放样对象表面。
- ◉ 【平滑宽度】复选框：用于在截面圆周方向上光滑放样对象表面。
- ◉ 【应用贴图】复选框：勾选该复选框，系统会根据放样对象的形状自动指定贴图坐标。
- ◉ 【长度重复】文本框：用于指定贴图在放样对象路径方向上的重复次数。
- ◉ 【宽度重复】文本框：用于指定贴图在方向对象截面方向上的重复次数。
- ◉ 【规范化】复选框：勾选该复选框，贴图将在长度与截面图形上均匀分布。

3. 【路径参数】栏

【路径参数】栏(如图6-23(2)的左图所示)用于设置路径的位置，该栏中各选项及其功能如下。

- ◉ 【路径】文本框：用于输入数值或拖曳微调设置路径的级别。
- ◉ 【捕捉】文本框：用于设置沿路径各图形之间的恒定距离。
- ◉ 【百分比】单选按钮：选中该单选按钮，将路径级别表示为路径总长度的百分比。
- ◉ 【距离】单选按钮：选中该单选按钮，则将路径级别表示为距离路径第一个顶点的绝对距离。
- ◉ 【路径步数】单选按钮：选中该单选按钮，则将图形设置于路径步数和顶点上，而不是作为沿路径的一个百分比或距离。

4. 【蒙皮参数】栏

【蒙皮参数】栏(如图6-23(2)的右图所示)用于设置放样对象的段数及表皮结构，该栏中各选项以及功能如下。

- ◉ 【封口始端】和【封口末端】复选框：用于设置放样对象两端顶盖是否封闭。
- ◉ 【变形】单选按钮：使生成放样对象的两端保持端面数不变。
- ◉ 【栅格】单选按钮：使生成放样对象两端的端面产生网格状结构。
- ◉ 【图形步数】文本框：用于设置截面点与点之间的步数，数值越大，截面圆周方向上段数越多，表面越光滑。
- ◉ 【路径步数】文本框：用于设置路径点与点之间的步数，数值越大，路径方向上的段数越多，表面就越光滑。
- ◉ 【优化图形】复选框：勾选该复选框，自动将截面直线段的步数设置为0，从而优化图形，减少放样对象的点面数。
- ◉ 【轮廓】复选框：勾选该复选框，则使每个图形都遵循路径的曲率。
- ◉ 【倾斜】复选框：勾选该按钮，则使图形围绕路径旋转。

⑥.6.2 创建放样模型

用户在创建放样建模前，需要选择一个图形作为截面、一个图形作为路径。若用户先选择路径，则会在路径位置创建放样模型；若先选择放样模型，则会在图形的位置创建放样对象。下面将以一个简单的实例为例，详细介绍创建放样模型的具体操作方法。

计算机 基础与实训教材系列

【练习6-5】通过放样创建一个模型。

(1) 使用【线】和【星形】工具，在场景中绘制两条如图6-24所示的样条线。

(2) 选中场景中绘制的星形样条线，然后在【对象类型】栏中单击【放样】按钮，并在【创建方法】栏中单击【获取路径】按钮。

(3) 移动鼠标光标至视图中，单击绘制的"线"样条线，即可使图形放样，效果如图6-25所示。

图6-24　绘制样条线　　　　　　　　　　图6-25　放样建模效果

(4) 进入【修改】命令面板，展开【变形】栏后单击【缩放】按钮，打开【缩放变形】对话框。

(5) 在【缩放变形】对话框中单击【插入角点】按钮和【移动控制点】按钮，缩放曲线调节如图6-26所示。

(6) 单击【扭曲】按钮，打开【扭曲变形】对话框，然后单击【插入角点】按钮和【移动控制点】按钮，调节扭曲曲线。

(7) 完成以上操作后，即可将放样的对象进行变形，得到的缩放扭曲效果如图6-27所示。

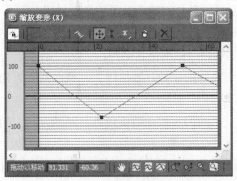

图6-26　【缩放变形】对话框　　　　　　图6-27　缩放扭曲后的效果

⑥.7　布尔建模

布尔建模可以通过几何体空间位置的运算生成新的三维模型对象，使用布尔运算生成的对象称为布尔对象，每个参与布尔运算的对象则称为操作对象。本节将通过实例操作，详细介绍布尔建模的相关知识具体操作方法。

6.7.1　布尔运算简介

"布尔运算"是通过对两个以上的物体进行相交、相减或合并的计算，从而使两者成为一个物体(通常参与布尔运算的两个对象应具有相交的部分)。通过布尔运算，可以生成以下 3 种类型的对象：

- ⊙ 两个几何体总体的对象；
- ⊙ 从一个对象上删除与另一个对象相交部分的对象；
- ⊙ 两个对象相交部分的对象。

在运用布尔运算时，先选择的物体通常被称为操作对象 A，单击【布尔】按钮，【创建】命令面板将展开如图 6-28 所示的布尔参数栏，其中比较重要的选项及其功能如下。

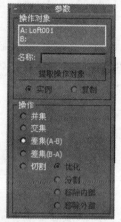

(1)【拾取布尔】栏和【参数】栏　　　　　　　(2)【显示/更新】栏

图 6-28　布尔参数栏

- ⊙ 【拾取操作对象 B】按钮：单击该按钮，在视图中选择用于完成布尔运算的第二个对象。
- ⊙ 【参考】单选按钮：选中该单选按钮，可以使对原始对象所进行的更改与操作对象 B 同步。
- ⊙ 【移动】单选按钮：选中该单选按钮，则进行布尔运算后，操作对象 B 被删除。
- ⊙ 【复制】单选按钮：选中该单选按钮，则进行布尔运算后，操作对象 B 可以重复使用。
- ⊙ 【实例】单选按钮：选中该单选按钮，可以使对布尔对象所进行的更改与操作对象 B 同步。
- ⊙ 【操作对象】选项区域：列出所有的操作对象，供布尔运算时选择使用。
- ⊙ 【名称】文本框：在该文本框中，可以更改操作对象的名称。
- ⊙ 【提取操作对象】按钮：该按钮仅在【修改】命令面板中可用，用于提取所选操作对象的副本或实例，包括【实例】和【复制】两种类型。
- ⊙ 【并集】单选按钮：将两个对象合并，相交的部分将被删除，运算完成后两个物体将合并为一个物体。
- ⊙ 【交集】单选按钮：将两个对象相交的部分保留，删除不相交的部分。
- ⊙ 【差集(A-B)】单选按钮：从操作对象 A 中减去操作对象 B 相交部分的体积。

- ⊙ 【切割】单选按钮：使用操作对象 B 切割操作对象 A，但不给操作对象 B 的网格中添加任何对象。
- ⊙ 【结果】单选按钮：用于显示布尔操作的结果，即布尔对象。
- ⊙ 【操作对象】单选按钮：用于显示操作对象，而不是布尔结果。
- ⊙ 【结果+隐藏的操作对象】单选按钮：选择最好的结果和运算中去掉的部分，取消的部分呈线框显示。
- ⊙ 【始终】单选按钮：更改操作对象时立即更新布尔对象。
- ⊙ 【渲染时】单选按钮：仅在渲染场景或单击【更新】按钮时才更新布尔对象。
- ⊙ 【手动】单选按钮：单击该按钮可以观看场景中模型的最新效果。
- ⊙ 【更新】按钮：更新布尔对象。

6.7.2 创建布尔建模

布尔运算是通过对两个或两个以上的物体进行加或减的运算，从而得到新的物体形态。用户可以参考以下实例所介绍的方法，创建布尔建模对象。

【练习6-6】创建一个布尔建模对象。

(1) 使用【长方体】和【球体】工具，在视图中创建如图 6-29 所示的模型，然后选中场景中的长方体对象，并在如图 6-2 所示的【对象类型】栏中单击【布尔】按钮。

(2) 在展开的【拾取布尔】栏中单击【拾取操作对象 B】按钮，并选中【操作】选项区域中的【差集(A-B)】单选按钮。

(3) 移动鼠标光标至视图中，单击球形对象，即可进行布尔差集运算，完成后的模型效果如图 6-30 所示。

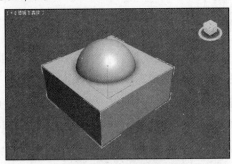 

图 6-29 创建模型　　　　　　　　图 6-30 布尔建模效果

6.8 连接建模

在 3ds Max 中，利用连接工具可以将两个网格对象的断面自然地连接在一起，从而形成一个整体。本节将通过实例操作，详细介绍连接建模的相关知识与操作方法。

6.8.1 创建连接对象

连接建模首先需要创建需要连接的对象，并将对象转换为"可编辑网络"对象，用户需要单击【面】按钮，删除对象连接处的网格，才能进行连接对象的相应操作。下面将通过一个简单的实例，介绍创建连接对象的具体方法。

【练习6-7】使用连接建模方式，连接场景中对象。

(1) 打开如图6-31所示的模型后，选中茶壶把手对象，并单击【对象类型】栏中的【连接】按钮，展开【拾取操作对象】栏。

(2) 在【拾取操作对象】栏中单击【拾取操作对象】按钮，然后移动鼠标光标至视图中，拾取茶壶对象，即可建立把手与茶壶之间的连接，效果如图6-32所示。

图6-31 打开模型

图6-32 连接对象效果

 提示

连接的对象必须为可编辑网格状态对象，并需要将连接的面转换为开放的面，否则【对象类型】栏中的【连接】按钮将不会被显示为激活状态。

6.8.2 设置模型段数

模型的段数指的是连接桥中的分段数目，其数值越大，桥的两端就越光滑。用户可以以【练习6-7】所创建的实例效果为例，按下F3键将茶壶模型转换为线框模式，并局部显示连接区域，然后选择茶壶对象，在【拾取操作对象】栏的【插值】选项区域中设置分段后，得到的效果如图6-33右图所示。

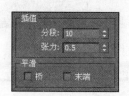
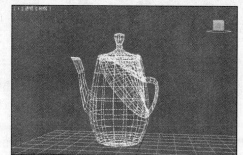
图6-33 设置分段效果

6.8.3 设置模型张力

模型张力指的是控制连接桥的曲率，当其值为 0 时表示无曲率，值越高，匹配连接桥两端的表面法线的曲线越平滑，当分段数设置为 0 时，微调器将无明显作用。以【练习 6-7】创建的实例为例，用户在【张力】文本框中输入参数 0 和 1 后，完成模型张力的设置，得到的效果分别如图 6-34 所示。

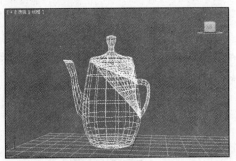 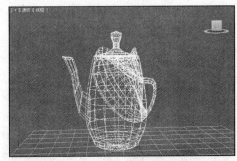

(1) 张力设置为 0   (2) 张力设置为 1

图 6-34 设置张力效果对比

6.9 地形建模

使用地形建模工具可以制作出逼真的地形效果，例如山坡、山峰等。在创建地形之前，用户首先需要创建等高线，即使用【样条线】工具绘制等高线，"地形"对象可以使用任何样条线对象作为操作对象。

【练习 6-8】使用地形建模工具制作地形模型效果。

(1) 使用【线】工具在顶视图中创建如图 6-35 所示的封闭样条线后，在左视图中一次调整各样条线的位置，效果如图 6-36 所示。

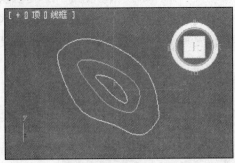 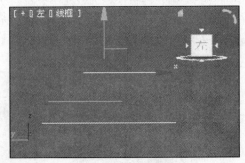

图 6-35 绘制封闭样条线   图 6-36 调整样条线

(2) 选择最外侧的样条线后，单击【对象类型】栏中的【地形】按钮，然后在【拾取操作对象】栏中单击【拾取操作对象】按钮，如图 6-37 所示。

(3) 移动鼠标光标至顶视图中，由外至内一次单击各样条线，拾取操作对象，完成后的地形效果如图 6-38 所示。

图 6-37 拾取操作对象

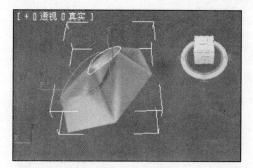

图 6-38 地形效果

6.10 上机练习

本章的上机练习将通过实例介绍复合建模的相关知识与具体建模手法，帮助用户进一步掌握应用 3ds Max 建模的操作方法。

6.10.1 制作落地灯模型

下面将通过绘制圆形和直线，创建【放样】复合模型，然后使用【缩放】编辑器和【倾斜】编辑器调整【放样】复合模型，从而制作出落地灯的灯模型。

(1) 新建一个场景后，在前视图中创建一条如图 6-39 所示的直线。

(2) 使用【圆】工具，在顶视图中创建一个如图 6-40 所示的圆形。

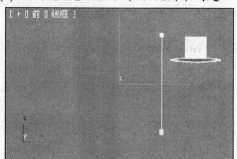

图 6-39 绘制直线

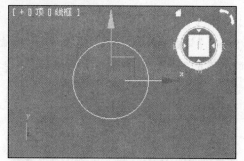

图 6-40 绘制圆形

(3) 选中场景中创建的直线后，切换至【创建】命令面板，然后选择该面板中的【几何体】栏，并在【标准基本体】下拉列表中选择【复合对象】选项。

(4) 单击【对象类型】栏中的【放样】按钮，然后在展开的【创建方法】栏中选中【移动】单选按钮，并单击【获取图形】按钮，如图 6-41 所示。

(5) 将鼠标光标移动至场景中的圆上，当鼠标光标变为 ⊕ 后，单击鼠标，创建如图 6-42 所示的灯罩。

图 6-41　【放样】按钮和【获取图形】按钮

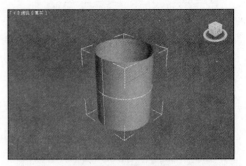

图 6-42　绘制灯罩

(6) 切换至【修改】命令面板，单击【变形】栏中的【缩放】按钮，打开【缩放变形】窗口，然后在该窗口的工具栏中单击【显示 X 轴】按钮。默认状态下，该按钮为选中状态。

(7) 在【缩放变形】窗口中单击【插入角点】按钮，然后在变形曲线(红色线)上单击添加一个控制点。使用相同的方法，在变形曲线上添加两个控制点，如图 6-43 所示。

(8) 在【缩放变形】窗口中单击【缩放控制点】按钮，然后选择创建的控制点，上下移动调整缩放参数，调整后的效果如图 6-44 所示。将创建的圆柱体编辑成落地灯的灯罩，效果如图 6-45 所示。

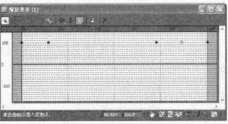

图 6-43　添加两个控制点　　　　　　　　　　图 6-44　调整控制点

(9) 在【缩放变形】窗口中单击【移动控制点】按钮，然后在控制点上单击鼠标右键，在弹出的菜单中选择【Bezier-平滑】命令，调整控制点的控制柄，制作出如图 6-46 所示的灯罩效果。

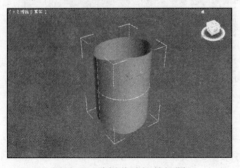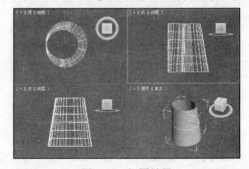

图 6-45　编辑落地灯的灯罩　　　　　　　　　图 6-46　灯罩效果

(10) 使用【线】工具，在前视图中创建一条样条线，使用【圆】工具，在顶视图中创建一个圆，效果如图 6-47 所示。

(11) 选中创建的直线，在【创建】命令面板中单击【几何体】按钮 ⚪，然后在【标准基本体】下拉列表中选择【复合对象】选项，并在【对象类型】栏中单击【放样】按钮。

(12) 展开【创建方法】栏后，在该栏中选中【移动】单选按钮，然后单击【获取图形】按钮。

(13) 将鼠标光标移动至视图中步骤(10)绘制的圆上，单击鼠标，创建落地灯的灯杆，效果如图 6-48 所示。

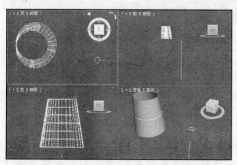
图 6-47　创建直线和圆

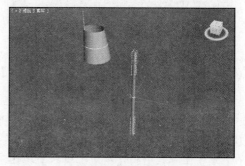
图 6-48　制作灯杆

(14) 使用【选择并移动】工具 ✥ 和【选择并旋转】工具 ⟳ 调整灯罩与灯杆的位置，使其效果如图 6-49 所示。

(15) 完成以上操作后，即完成落地灯的制作，用户还可以在如图 6-50 所示的【变形】栏中通过单击【倾斜】按钮，打开【倾斜变形】对话框，进一步调整落地灯灯罩和灯杆的效果。

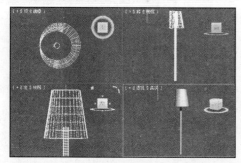
图 6-49　制作落地灯

图 6-50　【变形】栏

6.10.2　制作岩石模型

下面将通实例，介绍制作一个岩石模型的具体操作方法。

(1) 新建一个场景后，切换至【创建】命令面板，然后使用【球体】工具在场景中创建如图 6-51 所示的球体对象。

(2) 在【参数】栏中设置球体的半径、分段和名称等参数。

(3) 切换至【修改】命令面板，选择【噪波】修改器，展开【参数】栏，将【强度】选项区域中的 X、Y、Z 值参照如图 6-52 所示进行设置。

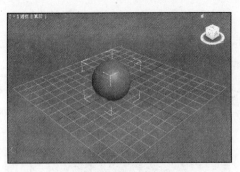

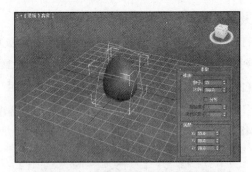

图 6-51　创建球体　　　　　　　　　　图 6-52　　设置【噪波】修改器参数

(4) 接下来，在修改器列表中选择【细化】修改器，对岩石对象的表面进行细化处理。

(5) 再次为岩石对象添加【噪波】修改器，并在【参数】栏中勾选【噪波】选项区域中的【分形】复选框，并分别设置【粗糙度】和【迭代次数】参数，完成后岩石效果如图 6-53 所示。

(6) 再次为岩石模型添加【细化】修改器，对其表面进行细化。

(7) 单击工具栏中的【材质编辑器】按钮，打开【材质编辑器】对话框为岩石对象赋予材质后，快速渲染对象，最终的岩石效果如图 6-54 所示。

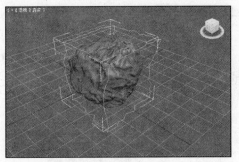

图 6-53　再次设置【噪波】修改器参数后的岩石效果　　　　图 6-54　　最终的岩石效果

6.11　习题

1. 绘制一个圆球，并在其表面散布立方体。

2. 绘制球体和立方体，将它们重叠，并通过【布尔】命令，分别求出(A-B)和(B-A)的结果。

第7章

高级建模技法

学习目标

在 3ds Max 2012 中，用户可以通过两种方法创建模型，一种方法是直接利用系统提供的简单三维模型和平面建模，并使用修改器对模型进行调整；另一种方法则是借助高级建模，例如网格建模、面片建模、多边形建模以及 NURBS 建模，进行模型创建。本章将重点介绍高级建模的相关知识与应用技法。

本章重点

- ◉ 编辑网格建模
- ◉ 编辑面片建模
- ◉ 编辑多边形建模
- ◉ NURBS 建模

7.1 编辑网格建模

网格模型由点、线、面和元素组成，编辑网格对象是通过对相应对象进行精细加工而得到所需的模型。本节将重点介绍网格建模的基础知识和操作方法。

7.1.1 转化模型为可编辑网格

用户在编辑网格建模之前，首先应将模型转化为可编辑的网格，才能进行编辑网格的相关建模操作，具体如下。

【练习7-1】在 3ds Max 中将模型转化为可编辑网格。

(1) 打开如图7-1所示的模型后，选中场景中的模型，并单击【修改】命令面板中【修改器列表】下拉列表按钮，在弹出的下拉列表中选择【编辑网格】选项，如图7-2所示。

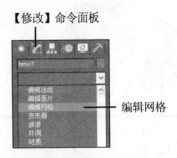

图 7-1　打开模型　　　　　　　　　　图 7-2　选择【编辑网格】选项

(2) 完成以上操作后，即可将模型对象转化为可编辑网格。

⑦.1.2　可编辑网格的相关设置

用户完成【练习 7-1】的操作后，将显示如图 7-3 所示的【编辑网格】修改器。在【编辑网格】修改器中，用户可以对选定对象的不同子对象进行显示、编辑等操作，可以像对普通对象那样对物体的顶点、边、面多边形和元素进行变换操作，其包含的 3 个主要参数栏如图 7-4 所示。

　　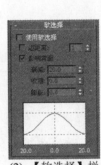　　

(1)【选择】栏　　(2)【软选择】栏　　(3)【编辑几何体】栏

图 7-3　【编辑网格】修改器　　　　　图 7-4　【编辑网格】各参数栏

- 　【选择】栏：【选择】栏用于选择编辑对象的方式，只有选择编辑对象的方式，有些按钮才呈可用状态。
- 　【软选择】栏：【软选择】栏中的参数可以影响对象移动、旋转和缩放的操作。
- 　【编辑几何体】栏：当选择编辑对象的方式后，才可以在【编辑几何体】栏中对对象进行编辑，编辑网格的主要操作都是在此栏中，如果按钮呈灰色显示，则表示此按钮在当前子对象层级不可用。

⑦.1.3　通过"边"模式创建切角

用户可以在 3ds Max 中通过选择不同的编辑对象的方法，在【编辑几何体】栏中编辑所选方式模型，具体如下。

【练习 7-2】在 3ds Max 中通过"边"模式创建切角。

(1) 打开如图 7-5 所示的模型后，选中场景中的模型(选择线框显示模式)，然后在如图 7-4 左图所示的【选择】栏中单击【边】按钮 ，

(2) 选择线框内的四条边，使边呈红色显示，然后在【编辑几何体】栏中单击【切角】按钮，并在其右侧的文本框中输入参数，最后按 Enter 键确定，即可对选中的对象进行切角，切角效果如图 7-6 所示。

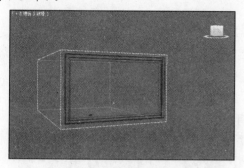

图 7-5　打开模型

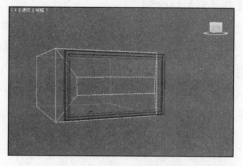

图 7-6　切角效果

7.1.4　挤出多边形

挤出多边形是将所选的面挤出厚度，用户可以通过拖曳鼠标左键或使用【挤出】文本框应用挤出多边形的效果。

【练习 7-3】在 3ds Max 中挤出多边形。

(1) 使用【平面】工具在场景中绘制一个平面，然后选中场景中的模型，并在如图 7-4 左图所示的【选择】栏中单击【多边形】按钮 。

(2) 选中平面中的区域(如图 7-7 所示)后，单击【编辑几何体】栏中的【挤出】按钮。

(3) 将鼠标光标移至视图中选中的平面上，当鼠标光标变为 时，单击并按住鼠标左键拖动即可对选中的多边形进行挤出操作。

(4) 按 Enter 键确定后，得到的挤出效果如图 7-8 所示。

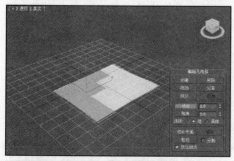

图 7-7　选中多边形

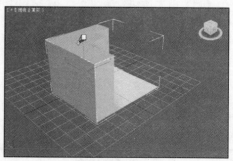

图 7-8　挤出效果

⑦.1.5 倒角多边形

倒角多边形可以使对象的面实现倒角效果，用户可以通过拖曳鼠标左键或使用【倒角】文本框应用倒角多边形效果。

【练习 7-4】以【练习 7-3】创建的平面为例，设置倒角多边形效果。

(1) 使用【平面】工具在场景中绘制一个平面，然后选中场景中的模型，并在【选择】栏中单击【多边形】按钮 ▣。

(2) 选中平面中的区域后，单击【编辑几何体】栏中的【倒角】按钮。

(3) 在【倒角】按钮右侧的文本框中输入参数 10 后，按 Enter 键，即可实现倒角多边形，效果如图 7-9 所示。

(4) 将鼠标光标移动至场景中被选中的部分，当鼠标光标变为 ⊥ 时，单击并按住鼠标左键拖曳，然后释放鼠标左键，并移动鼠标光标，可以调整倒角多边形，效果如图 7-10 所示。

图 7-9　倒角效果

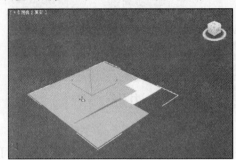

图 7-10　调整倒角多边形

⑦.1.6 设置细化元素

用户可以根据"边"或"面中心"来细化所选定的面，以【练习 7-3】所实现的挤出多边形效果为例，用户选中场景中的模型对象，在【选择】栏中单击【元素】按钮，然后选中场景中挤出多边形后的平面对象，在【编辑几何体】栏中单击【细化】按钮，并在其右侧的文本框中输入细化参数，选中【边】单选按钮，如图 7-11 所示，即可设置细化元素，细化元素后的效果如图 7-12 所示。

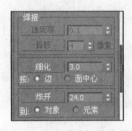

图 7-11　选中【边】单选按钮

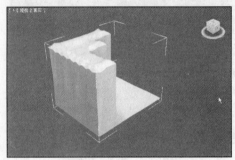

图 7-12　细化元素效果

7.2 编辑面片建模

编辑面片修改器包括顶点、边、面片、元素以及控制柄等 5 种子对象层级。下面将重点介绍面片建模的相关知识和操作方法。

7.2.1 创建四边形面片

在 3ds Max 中用户通过执行【四边形面片】命令，可以创建矩形面的平面栅格。

【练习 7-5】在场景中创建四边形面片。

(1) 新建一个场景，在【创建】命令面板中单击【标准几何体】下拉列表按钮，在弹出的下拉列表中选择【面片栅格】选项，显示【面片栅格】栏，如图 7-13 所示。

(2) 单击【对象类型】栏中的【四边形面片】按钮，将鼠标光标移动至场景中合适的位置后，单击并按住鼠标左键拖曳即可创建四边形面片，效果如图 7-14 所示。

图 7-13 【面片栅格】栏

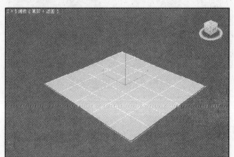

图 7-14 四边形面片

7.2.2 创建三角形面片

三角形面片可以创建三角形面的平面栅格，不必考虑面片大小，当增加栅格大小时，面会变大以填充该区域。用户在【对象类型】栏中单击【三角形面片】按钮，然后将鼠标光标移至场景中合适的位置，再单击并按住鼠标左键拖曳，即可创建三角形面片，如图 7-15 所示。

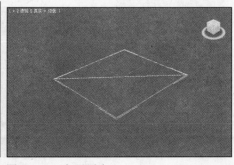

图 7-15 三角形面片

⑦.2.3　转化几何体为可编辑面片

在 3ds Max 中，用户可以将几何体转化为可编辑面片(与【编辑网格】修改器一样)，以便选择相应的子对象层级进行编辑。

【练习 7-6】将几何体转化为可编辑面片。

(1) 使用【几何球体】工具，在场景中创建一个如图 7-16 所示的球体对象。

(2) 选中场景中的球体对象，在【修改】命令面板的【修改器列表】下拉列表中选择【编辑面片】选项，即可将对象转化为可编辑面片，【编辑面片】修改器显示在修改列表窗口中，如图 7-17 所示。

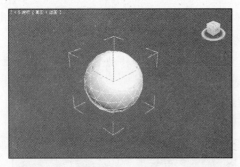　

图 7-16　创建球体　　　　　　　　　图 7-17　【编辑面片】修改器

⑦.2.4　倒角面片

用户可以通过单击【几何体】栏中的【倒角】按钮，拖曳一个面片(或元素)，在场景中的对象上执行交互式的挤出操作，对挤出元素执行倒角操作。

【练习 7-7】对挤出元素执行倒角操作。

(1) 使用【长方体】工具在场景中创建一个长方体对象，然后选中场景中的长方体对象并在该对象上单击鼠标右键，在弹出的菜单中选择【转换为】|【转换为可编辑面片】命令。

(2) 在【选择】栏中单击【面片】按钮◆，如图 7-18 左图所示，然后选中场景中长方体的一个面，使其呈红色显示，如图 7-18 右图所示。

　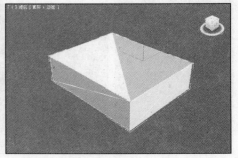

图 7-18　选中面

(3) 在【几何体】栏中单击【倒角】按钮，然后在【挤出】文本框和【轮廓】文本框中分别输入参数，如图 7-19 所示。

(4) 按 Enter 键确定后，即可将选中的面片进行倒角，效果如图 7-20 所示。

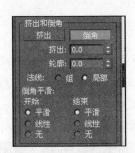

图 7-19　【挤出和倒角】栏

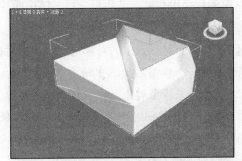

图 7-20　倒角效果

 提示

　　面片建模的优点是用于编辑的顶点少，类似于 NURBS 曲面建模，但是没有 NURBS 曲面建模严格，只要是三角形或四边形面片，都可以自由地拼接在一起。

⑦.2.5　细分面片

　　细分面片操作和编辑网络建模中的细化元素类似，细分面片操作最大的特点是在同一表面上拥有不同的细分层级，在精度要求低的地方可以使用较少的细分，在精度要求高的地方可以使用较多的细分。

　　【练习 7-8】对【练习 7-7】所创建的实例执行细分操作。

　　(1) 继续【练习 7-7】的操作，选中场景中的对象，在【修改】命令面板的【修改器列表】下拉列表中选择【编辑面片】选项。

　　(2) 在【选择】栏中单击【面片】按钮◆，然后选中场景中的对象，使对象呈红色显示，效果如图 7-21 所示。

　　(3) 在【几何体】栏中单击【细分】按钮，即可将对象进行细分，效果如图 7-22 所示。

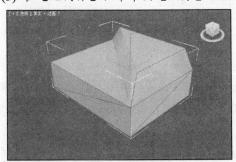

图 7-21　选中对象

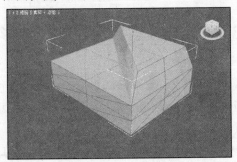

图 7-22　细分效果

⑦.2.6 挤出面片

挤出面片操作与挤出多边形一样，挤出面片可以拖曳任何边、面片或元素，进行交互式的挤出操作，使面片具有一定的厚度。

【练习7-9】对场景中的对象进行挤出面片操作。

(1) 打开一个模型后，选中场景中的模型，在【选择】栏中单击【面片】按钮◆。

(2) 选中苹果模型对象，使其被选中的部分呈红色显示，如图7-23所示，然后在【几何体】栏中单击【挤出】按钮，并在【挤出】按钮右侧的文本框中输入参数。

(3) 按Enter键确定后，即可对选中的面片进行挤出操作，效果如图7-24所示。

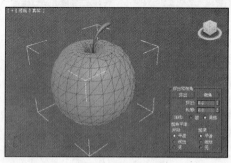

图7-23　选中对象

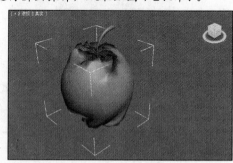

图7-24　挤出效果

提示------------------------------

面片是面片对象的一个区域，由3个或4个围绕的边和顶点组成。

⑦.3　编辑多边形建模

多边形建模的修改器为编辑网格与编辑多边形，它们在功能及使用上大致相同，不同的是编辑网格是由三角形面构成的框架结构，而编辑多边形可以是三角形网格模型，也可以是四边形或多边形。本节将重点介绍编辑多边形建模的相关知识。

⑦.3.1　转化模型为可编辑多边形

模型的转化为可编辑多边形方式与编辑网格相同。一般情况下，用户在创建简单几何体后，将几何体转化为可编辑的网格或多边形，通过点、线和面的深入修改，可以创建出各种模型效果。

【练习7-10】将模型转换为可编辑多边形。

(1) 新建一个场景，使用【长方体】工具在场景中创建一个如图7-25所示的长方体对象。

(2) 在【修改】命令面板的【修改器列表】下拉列表中选择【编辑多边形】选项，如图7-26

所示，即可展开【编辑多边形】修改器将模型转化为可编辑多边形。

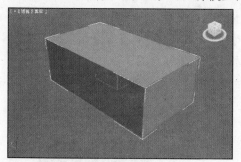

图 7-25　创建长方体对象

图 7-26　【编辑多边形】修改器

 提示

在如图 7-26 所示的【编辑多边形】修改器中，各分栏的选项功能大部分与【编辑网格】修改器类似。【选择】栏中的按钮也为选择对象的方式。

7.3.2　通过边模式切角对象

切角是将对象进行切角处理，进行切角的可以是对象的顶点，也可以是对象的边。用户可以参考以下实例所介绍的方法通过边模式切角对象。

【练习 7-11】以【练习 7-10】创建的模型为例，通过边模式切角长方体对象。

(1) 继续【练习 7-10】的操作，在【编辑多边形】修改器的【选择】栏中单击【边】按钮■，然后选中长方体上方的边，使边呈红色，效果如图 7-27 所示。

(2) 在【编辑边】栏中单击【切角】按钮，然后单击该按钮右侧的按钮■，并在场景中显示的选项区域中单击【确定】按钮，即可对选中的边进行切角，效果如图 7-28 所示。

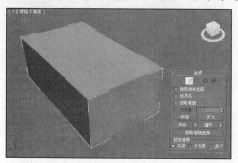

图 7-27　选中对象

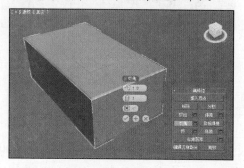

图 7-28　切角效果

7.3.3　设置附加对象

附加对象可以将模型对象合并在一起，用户可以通过单击的形式将对象附加，也可以在附加对象列表中选择对象进行附加。

【练习7-12】通过附加对象将场景中多个物体合并在一起。

(1) 打开如图7-29所示的对象后，选择灯罩对象，然后在【修改】命令面板的【修改器列表】下拉列表中选择【编辑多边形】选项，显示【编辑多边形】修改器。

(2) 在【编辑几何体】栏中单击【附加】按钮右侧的【附加列表】按钮，如图7-30所示，打开【附加列表】对话框。

计算机 基础与实训教材系列

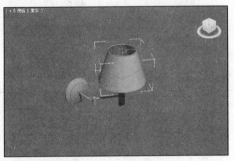

图7-29　打开对象

图7-30　【编辑几何体】栏

(3) 在【附加列表】对话框中选中对象，如图7-31所示，然后单击【附加】按钮，则所选对象将组成一个新的对象，效果如图7-32所示。

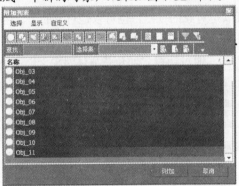

图7-31　【附加列表】对话框

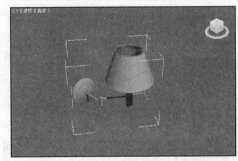

图7-32　附加对象

7.4　NURBS 建模

NURBS 建模是目前创建生物有机体模型的最有效的方法之一，可以通过较少的控制点来调节模型表面的曲度，自动计算出光滑的曲面。本节将重点介绍 UBRBS 建模的相关知识。

7.4.1　NURBS 建模简介

NURBS 是曲线和曲面的一种数字描述，是由空间的一组线条构成的曲面，并且这个曲面远是完整光滑的四边面，无论如何扭曲或旋转，都不会破损或穿孔。

在 3ds Max 中，NURBS 建模可以归纳为以下两种流程：

- ⊙ 绘制曲线(可以使用二维样条线，也可以自行绘制曲线，再对曲线形态进行编辑修改)，然后将曲线转化为 NURBS 对象，或使用曲面造型工具将曲线转化为曲面，最后使用编辑工具对曲面进行编辑加工，完成曲面的最终创建。
- ⊙ 将标准基本体、放样对象(或面片对象)等模型对象直接转化为 NURBS 对象，然后使用曲面编辑工具进行编辑加工，完成曲面的最终创建。

(7).4.2 转化模型为 NURBS

在 3ds Max 中，将模型对象转化为 NURBS 的具体操作方法非常简单，用户只需要在确认要转化的对象处于选中状态后在对象上单击鼠标右键，在弹出的菜单中选择【转换为】|【转换为 NURBS】命令即可，如图 7-33 所示。随后，【NURBS 曲面】修改器将显示在修改器列表窗口中，如图 7-34 所示。

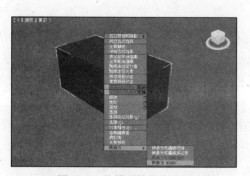

图 7-33　将模型转化为 NURBS　　　　图 7-34　【NURBS 曲面】修改器

(7).4.3 NURBS 点

除了点曲面和点曲线对象构成部分的点之外，用户还可以创建 NURBS 点，通过单击"曲线拟合"按钮来帮助构建点曲线，或者使用从属点来修剪曲线。当用户修改 NURBS 时，可以将单独的点创建为 NURBS 子对象，以创建单独的点。单击【常规】栏中的【NURBS 工具箱】按钮，单出如图 7-35 所示的【NURBS】对话框。另外，用户还可以展开如图 7-36 所示的【创建点】栏，进行点的创建。

【NURBS】对话框中【点】选项区域内各选项的功能如下。

- ⊙ 【创建点】按钮：可以创建独立的点。
- ⊙ 【创建偏移点】按钮：可以创建与现有点重合的从属点。
- ⊙ 【创建曲线点】按钮：用于创建依赖于曲线或曲线相关的从属点。

⊙ 【创建曲线-曲线相交点】按钮：用于在两条曲线的相交处创建从属点。

⊙ 【创建曲面点】按钮：用于创建依赖于曲面或与曲面相关的从属点。

⊙ 【创建曲面-曲线相交点】按钮：用于在一个曲面和一条曲线的相交处创建从属点。

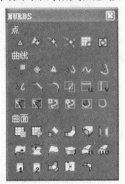

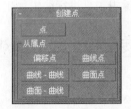

图 7-35　【NURBS】对话框　　　　　　　　　　图 7-36　【创建点】栏

7.4.4　NURBS 曲线

　　NURBS 曲线是一种图形对象，用户在绘制样条线时可以使用 NURBS 曲线，其包括 CV 曲线和点曲线两种类型，其余的线都是从属的曲线，用户在【常规】栏中单击【NURBS 工具箱】按钮，打开【NURBS】对话框。该对话框的【曲线】选项区域中比较重要的选项及其功能如下。

⊙ 【创建 CV 曲线】按钮：CV 曲线是由控制顶点(CV)控制的 NURBS 曲线，CV 不位于曲线上，由晶格控制，每一个 CV 具有一个权重，可以通过调整其值来更改曲线，效果如图 7-37 所示。

⊙ 【创建点曲线】按钮：点曲线由点控制，始终位于曲线上，效果如图 7-38 所示。

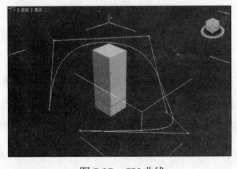

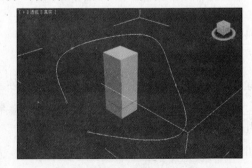

图 7-37　CV 曲线　　　　　　　　　　　　　　图 7-38　点曲线

7.4.5　NURBS 曲面

　　NURBS 曲面对象是 NURBS 建模的基础，NURBS 曲面包括两种类型，分别是 CV 曲面和点曲面。用户在图 7-34 右图所示的【常规】栏中单击【NURBS 工具箱】按钮![img]，打开如图 7-35 所示的【NURBS】对话框，该对话框中【曲面】选项区域中比较重要的选项及其功能如下。

- ◉ 【创建 CV 曲面】按钮![img]：CV 曲面是由控制顶点(CV)控制的 NURBS 曲线，CV 不位于曲面上，由晶格控制，每一个 CV 具有一个权重，用户可以通过调整其值来更改曲面，效果如图 7-39 所示。

- ◉ 【创建点曲面】按钮![img]：点曲面是 NURBS 曲面，其中的点被约束在曲面上，效果如图 7-40 所示。

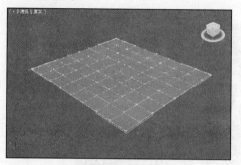
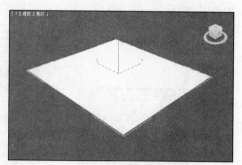

图 7-39 CV 曲面　　　　　　　　图 7-40 点曲面

7.4.6 设置 U 向线数

U 向线数是视口中用于近似 NURBS 曲面的线条数，其沿着曲面的局部 U 向维度。减少 U 向线数的参数值会加快曲面的显示速度，但是却会降低曲面显示的精确性；增大参数值会提高曲面显示精确性，但会减缓曲面的显示速度。

【练习 7-13】通过附加对象将场景中多个物体合并在一起。

(1) 使用【茶壶】工具创建一个茶壶，然后选中场景中的茶壶对象并单击鼠标右键，在弹出的菜单中选择【转换为】|【转换为 NURBS】命令，展开【显示线参数】栏，如图 7-41 所示。

(2) 在【显示线参数】栏中设置【U 向线数】文本框中的参数后(例如输入 30)，茶壶的效果如图 7-42 所示。

图 7-41 【显示线参数】栏　　　　图 7-42 设置 U 向线数参数后的茶壶效果

7.4.7 设置 V 向线数

V 向线数是视口中用于近似 NURBS 曲面的线条数,其沿着曲面的局部 V 向维度。与 U 向线数一样,减少 U 向线数的参数值会加快曲面的显示速度,但是却会降低显示的精确性;增大参数值会提高显示的精确性,但降低显示速度。用户可以参考【练习 7-13】所介绍的步骤,在【显示参数】栏中的【V 向线数】文本框中设置 V 向线数,如图 7-43 左图所示,完成设置后的茶壶效果如图 7-43 右图所示。

图 7-43 设置 V 向线数后的茶壶效果

7.4.8 车削曲面

车削曲面通过曲线生成,与【车削】修改器类似,但【车削曲面】的优点在于车削的子对象是 NURBS 模型的一部分,因此可以使用它来构造曲面和曲面子对象。

【练习 7-14】通过【创建车削曲面】按钮车削 NURBS 曲线。

(1) 新建一个新的场景,然后选择【创建】|NURBS|【点曲线】命令,在前视图中绘制一条如图 7-44 所示的点曲线。

(2) 选中创建的点曲线,切换至【修改】命令面板,然后单击【常规】栏中的【NURBS 工具箱】按钮,打开【NURBS】对话框。

(3) 在【NURBS】对话框中单击【创建车削曲面】按钮,然后在视图中拾取曲线,即可得到如图 7-45 所示车削曲面效果。

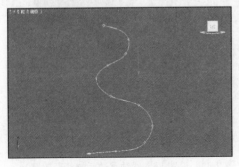

图 7-44 创建点曲线   图 7-45 车削曲面效果

7.4.9 规则曲面

规则曲面是由两条曲线子对象生成的，两条曲线是形成规则曲面的边线。用户可以参考以下实例所介绍的方法创建规则曲面效果。

【练习 7-15】通过【创建规则曲面】按钮创建规则曲面效果。

(1) 新建一个新的场景，然后选择【创建】|【NURBS】|【点曲线】命令，在视图中绘制一条如图 7-46 所示的点曲线。

(2) 选中创建的一条曲线，切换至【修改】命令面板，并单击【常规】栏中的【NURBS 工具箱】按钮，打开【NURBS】对话框。

(3) 在【NURBS】对话框中单击【创建规则曲面】按钮，在视图中单击选择选中的一条曲线，然后移动鼠标光标至第 2 条点曲线处单击，即可创建规则曲面，效果如图 7-47 所示。

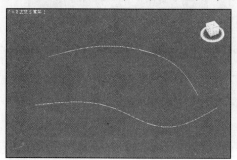
图 7-46 创建点曲线

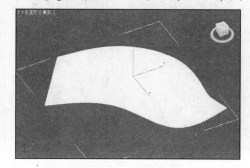
图 7-47 规则曲面效果

7.5 上机练习

本章的上机练习将通过实例操作，详细介绍制作鲜花模型方法，帮助用户进一步掌握复杂物本建模的方法。

(1) 新建一个场景，切换至【创建】命令面板，然后单击【图形】按钮，并在【样条线】下拉列表中选择【NURBS 曲线】选项。

(2) 单击【对象类型】栏中的【点曲线】按钮，然后在顶视图中创建一条 CV 曲线，效果如图 7-48 所示。

(3) 切换至前视图，然后在【修改器】命令面板的【修改器堆栈】中选择【点】选项，并使用工具栏中的【选择并移动】工具调整场景中曲线控制点的位置，使其不在一个平面上，效果如图 7-49 所示。

(4) 在视图中绘制第 2 条点曲线，然后再创建多条点曲线，其数量的多少通常由所绘制的物本表面的复杂程度决定，注意曲线由上至下形状的变化，各条点曲线都需要进行仔细的调整，而下端的几条线条是花枝部分，截面尺寸较小，需要仔细处理。

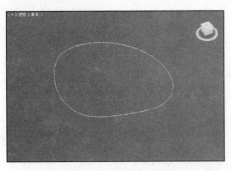

图 7-48　创建 CV 曲线

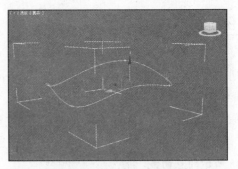

图 7-49　调整点曲线控制点

(5) 接下来，调整点曲线的位置使其效果如图 7-50 所示。选中一条点曲线，单击【NURBS】对话框中的【创建 U 向放样曲面】按钮 ，然后从上至下依次单击创建的 6 条点曲线即可创建如图 7-51 所示的鲜花模型。

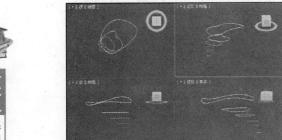

图 7-50　调整曲线位置

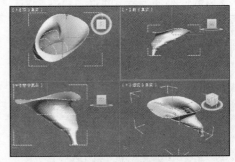

图 7-51　创建鲜花模型

(6) 采用相同的方法创建如图 7-52 所示的花蕊模型，并将其移动至鲜花模型上合适的位置，最终的鲜花模型效果如图 7-53 所示。

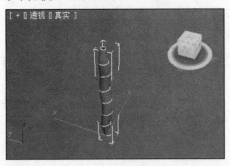

图 7-52　制作花蕊

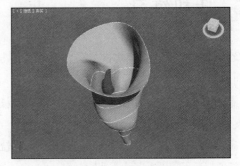

图 7-53　鲜花模型效果

7.6　习题

1. 创建 CV 曲面，选择与指定的点位于同一行的所有点作为控制点，然后设置选择的曲面上的节点在移动和编辑时，对周围节点产生影响，并将曲面设置为可渲染对象。

2. 简述 NURBS 建模的一般流程。

第8章

应用材质与贴图

学习目标

在 3ds Max 中，材质和贴图主要用于描述对象表面的物质状态，构造真实世界自然物质表面的视觉表象。不同材质与贴图能够给人带来不同的视觉感受，它们在 3ds Max 中是营造客观事物真实效果的最佳手段之一。材质用于指定物体的表面或数个面的特性，它决定这些平面在着色时的特性，例如颜色、发光程度等，而指定到材质上的图形则被称为贴图。本章将重点介绍应用材质与贴图的相关知识。

本章重点

- ◉ 材质的概念及功能
- ◉ 设定材质的参数选项
- ◉ 贴图的概念及作用
- ◉ 使用 3D 贴图

8.1 材质简介

在 3ds Max 中，材质是模拟显示世界的一种重要手段，其不仅是模拟显示世界的一个关键的环节，也是相当复杂的一个步骤。设计者通常利用各种材质与贴图的组合运用来模拟复杂的现实世界。本节将主要介绍材质的相关知识。

8.1.1 材质的概念

在现实世界中，所有物体都有其自身的质感、颜色与属性，3ds Max 中的材质就是指定对象表面的一种信息，这种信息可以使对象的外观属性，与现实中物体的属性无限接近，并决定对象的面在着色时以何种方式出现，如颜色、发光程度、高光以及不透明度等。

8.1.2 材质的功能

3ds Max 中对象材质的构成不仅包含其表面的纹理，还包括对象对光的感应属性，例如反光强度、反光方向、反光区域、透明度、折射率以及物体表面凹凸起伏程度等一系列属性。如图 8-1 所示为使用玻璃和金属材质的模型效果。

(1) 玻璃材质   (2) 金属材质

图 8-1 玻璃材质和金属材质模型对比效果

> **提示**
>
> 从广义上讲，贴图属于材质，但材质不同于贴图，不能混为一谈。材质用于模拟现实中对象表面的自发光性、反光性等特性，而贴图则用于模拟对象的纹理特征，是材质的进一步丰富和深化的过程。

8.2 使用材质编辑器

材质编辑器是 3ds Max 中非常重要的功能模块，它可以给场景中的对象创建各种各样的颜色和纹理等表面效果。本节将重点介绍材质编辑器的相关知识与操作方法。

8.2.1 材质编辑器简介

3ds Max 中，材质编辑器以浮动窗口的形式存在，用户可以根据需要将窗口移动至屏幕的所需位置，单击工具栏中的【材质编辑器】按钮，即可打开如图 8-2 所示的材质编辑器。材质编辑器分为上、下两部分，其中上部分包括菜单栏、示例窗、工具栏以及材质类型名称区域，下半部分则为参数栏。

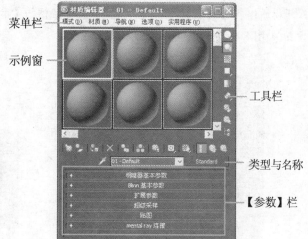

菜单栏
示例窗
工具栏
类型与名称
【材质编辑器】按钮——
【参数】栏

(1) 【材质编辑器】按钮　　　　　　(2) 【材质编辑器】窗口

图 8-2　材质编辑器

提示

除了使用以上方法打开【材质编辑器】窗口以外，用户还可以通过按下 M 键或选择【渲染】|【材质编辑器】命令，打开【材质编辑器】窗口。

1. 查看材质示例窗

材质编辑器的示例窗口位于材质编辑器的上部，在该窗口中用户可以预览材质效果。若材质上显示白色的边框，则表示该当前正处于被选中状态，如图 8-3 所示。用户预览材质时还可以最大化查看材质示例窗。在【材质编辑器】栏中双击材质球，将可以打开如图 8-4 所示的【材质球】对话框。

图 8-3　材质示例窗口　　　　　　图 8-4　【材质球】对话框

2. 更改示例窗显示方式

在新建的 3ds Max 场景中，示例窗口中的材质都是系统预设的，用户实际工作中可以根据需要更改示例窗的个数、形状以及背景。

【练习 8-1】更改材质示例窗口中材质球的显示个数、显示形状以及背景颜色。

(1) 在 3ds Max 中打开【材质编辑器】窗口后，单击【垂直】工具栏中的【选项】按钮，

计算机 基础与实训教材系列

打开【材质编辑器选项】对话框，然后在该对话框的【示例窗口数目】选项区域中选中【6x4】单选按钮(如图 8-5 所示)，再单击【确定】按钮。

(2) 成功修改示例窗口中材质球的数目后，【材质编辑器】窗口如图 8-6 所示。

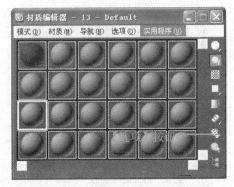

图 8-5　修改示例窗口数目　　　　　　　　　图 8-6　【材质编辑器】窗口

(3) 在示例窗口中选中一个材质球后，单击垂直工具栏中的【采样类型】按钮 ，并按住鼠标左键展开采样按钮组，效果如图 8-7 所示。

(4) 在展开的采样按钮组中选中所需的形状(包括球体、圆柱体和长方体)即可更改示例窗口中选中的材质球形状，效果如图 8-8 所示。

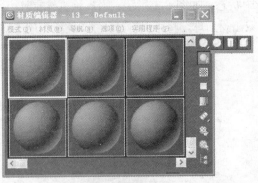

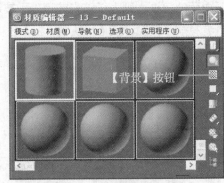

图 8-7　展开采样按钮组　　　　　　　　　　图 8-8　修改材质球形状

(5) 在示例窗口中选中一个材质球后，单击【垂直】工具栏中的【背景】按钮 ，即可更改示例窗口的背景。

3. 示例窗口指示器

示例窗口可以提供材质的可视化表示法，用于表明材质编辑器每一个材质的状态。3ds Max 场景越复杂，指示器就越重要。当用户给场景中的某个对象指定材质后，示例窗口的各角将显示出白色或灰色的三角形，表示该材质已经被当前场景使用，但不同的指示器也表示了不同的含义，如图 8-9 所示。

(1) 白色三角　　　　　　　(2) 灰色三角　　　　　　　(3) 无三角

图 8-9　示例窗口指示器

示例窗口中各种指示器及其含义如下：

- ⊙　若三角形为白色，则表示材质已经被指定给场景当前选择的对象，此材质为热材质。
- ⊙　若三角形为灰色，则表明材质已经被指定给场景中未被选择的对象，此材质为热材质。
- ⊙　若没有三角形标志，则表明材质还未被使用，此材质为冷材质。

4. 材质编辑器工具栏

利用材质便器工具栏中的按钮(如图 8-10 所示)，可以快捷方便地对对象的材质进行设定，其中各按钮及其含义如下。

- ⊙　【获取材质】按钮：为选定的材质打开如图 8-11 所示的【材质/贴图浏览器】对话框。

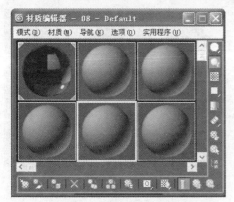　　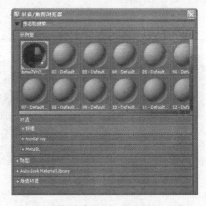

图 8-10　材质编辑器工具栏　　　　　　图 8-11　【材质/贴图浏览器】对话框

- ⊙　【将材质放入场景】按钮：在编辑好材质后，单击该按钮可以更新已应用于对象的材质。
- ⊙　【将爱之指定给选定的对象】按钮：在场景中选择对象后，将材质赋予选定对象。
- ⊙　【重贴材质/材质为默认设置】按钮：删除修改对象的所有属性，将其属性恢复为默认值。
- ⊙　【生成材质副本】按钮：在选定的实例窗口中创建当前材质的副本。
- ⊙　【使唯一】按钮：将实例化的材质设置为独立的材质。
- ⊙　【放入库】按钮：重新命名材质并将其保存到当前打开的库中。
- ⊙　【材质 ID 通道】按钮：为应用后期制作效果设置唯一的通道 ID。

- 【视口中显示明暗处理材质】按钮███：在视口对象上显示材质的明暗处理。
- 【显示最终结果】按钮██：在实例图中显示材质以及应用的使用层次。
- 【转到父对象】按钮██：将当前材质上移一级。
- 【转到下一个同级项】按钮██：选定同一层级的下一贴图或材质。
- 【背光】按钮██：打开或关闭选定示例窗口中的背景灯光。
- 【采样 UV 平铺】按钮██：为示例窗口中的贴图设置 UV 平铺显示。
- 【视频检查颜色】按钮██：检查当前材质中 NTSC 和 PAL 制式不支持的颜色。
- 【生成预览】按钮██：用于产生、浏览和保存材质预览渲染。
- 【按材质选择】按钮██：选定使用当前材质的对象。
- 【材质/贴图导航器】按钮██：单击该按钮，将打开【材质/贴图导航器】对话框，在该对话框中将显示当前材质的使用层次。

5. 明暗器基本参数栏

材质最重要的参数是明暗，在标准材质中，用户可以在如图 8-12 所示的【明暗器基本参数】栏中选择明暗方式，每一个明暗器的参数并非完全一样，并且还可以选择明暗器类型。

- 【各向异性】选项：用于创建表面呈非圆形高光的材质，常用于模拟光亮金属表面，如图 8-13 所示。

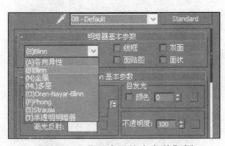

图 8-12　【明暗器基本参数】栏

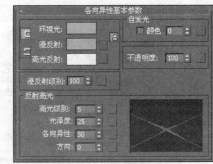

图 8-13　【各向异性基本参数】栏

- 【Blinn】选项：以光滑的方式来渲染物体的表面，是默认的明暗器。
- 【金属】选项：适用于金属表面，它能够提供金属所需的强烈反光。
- 【多层】选项：与【各向异性】明暗器非常相似，但"多层"明暗器可以控制两个高亮区，可以分别进行调整，创建复杂的表面，例如丝绸、油漆等。
- 【Oren-Nayer-Blinn】选项：具有 Blinn 风格的高光，但更柔和，通常用于模拟布、纤维等。
- 【Phong】选项：可以平滑面与面的边缘，也可以真实渲染有光泽和规则曲面的高光，适应于高强度的表面和具有圆形高光的表面。
- 【Strauss】选项：用于创建金属或有光泽的非金属材质表面，如光泽的油漆以及光泽的金属等。
- 【半透明明暗器】选项：用于创建薄物体，如窗帘、投影屏幕等。

6. 扩展参数栏

【扩展参数】栏对于标准材质的所有明暗器类型都是相同的，该栏用于控制与材质的透明、反射相关的参数，如图 8-14 所示，其中主要选项及其功能如下。

- 【衰减】选项区域：用于选择在内部或外部进行衰减，以及衰减的程度。选中【内】单选按钮，可以向内部增加不透明度；选中【外】单选按钮，可以向外部增加不透明度。
- 【数量】文本框：用于指定最内或最外不透明度的数量。
- 【类型】选项区域：用于设置如何应用不透明度，包括过滤、相加和相减等 3 种方式。
- 【应用】复选框：勾选该复选框后，即可应用反射暗淡效果。

7. 贴图栏

用户在设置贴图时，展开如图 8-15 所示的【贴图】栏就会显示所有的贴图通道，包括反射、折射、不透明度等通道。通过贴图通道，设计者可以对材质进行纹理的设置，从而使材质显示更加真实的效果。

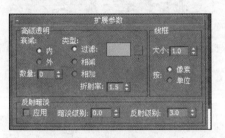

图 8-14 【扩展参数】栏

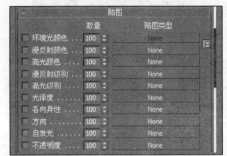

图 8-15 【贴图】栏

8.2.2 复制材质

用户在材质编辑器中可以非常方便地复制材质球。在材质示例窗口中可以通过采用拖曳一个材质球到另一个材质球的方法进行复制，如图 8-16 所示。

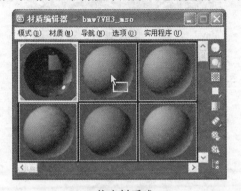

(1) 拖曳材质球

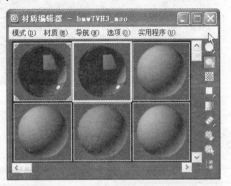

(2) 完成复制

图 8-16 复制材质球

(8).2.3　赋予材质

3ds Max 材质编辑器除了可以创建材质以外，还可以将材质应用在各种各样的对象场景对象之上。该软件提供了几种将材质应用于场景中对象的方法，用户可以在某一个对象被选中的情况下单击【材质编辑器】工具栏中的【将材质指定给选定对象】按钮，或者将材质球拖曳至当前场景中的单个对象(或多个对象)上，赋予对象材质，如图8-17所示。

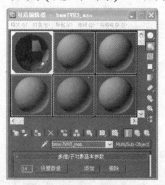

(1) 单击【将材质指定给选定对象】按钮　　　　　　　(2) 拖曳材质球

图 8-17　赋予对象材质

(8).2.4　获取材质

用户在对场景中已有模型的材质进行修改时，经常会单击【从对象拾取材质】按钮来拾取对象材质。单击【从对象拾取材质】按钮，然后在视图中拾取对象，如图8-18所示，材质编辑器的实例窗口中将显示所获取的材质，如图8-19所示。

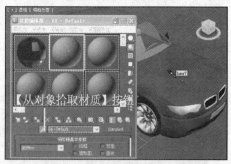
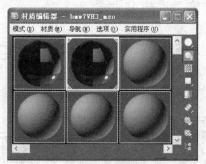

图 8-18　拾取材质　　　　　　　　　　　　　图 8-19　获取材质

(8).2.5　保存材质

在 3ds Max 中，用户可以通过保存材质来保存各种材质，累积自己的材质库，从而弥补软件提供材质不足的问题。下面将以一个简单的实例，详细介绍在 3ds Max 中保存材质的具体操作方法。

【练习 8-2】在 3ds Max 中保存材质。

(1) 打开一个如图 8-20 所示的模型，按下 M 键打开【材质编辑器】窗口，然后选中具有材质的材质球，如图 8-21 所示。

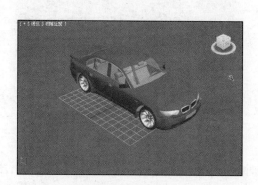

图 8-20　打开模型

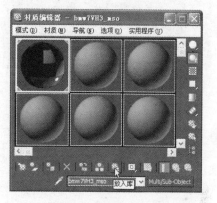

图 8-21　选择材质球

(2) 单击【材质编辑器】窗口工具栏中的【放入库】按钮，打开【放置到库】对话框，然后在【名称】文本框中输入材质名称(如图 8-22 所示)后，单击【确定】按钮即可保存材质，效果如图 8-23 所示。

图 8-22　【放置到库】对话框

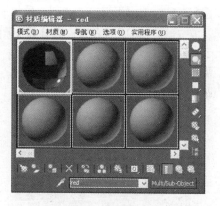

图 8-23　保存材质

8.2.6　删除材质

当用户不需要某种材质时，可以将材质编辑器和场景中的材质删除，或仅将材质编辑器中的才质删除，而保留场景中对象的材质。用户在【材质编辑器】窗口中单击【重置贴图/材质为默认设置】按钮 ☒ 删除冷材质时，软件将弹出如图 8-24 所示的【材质编辑器】对话框，提示是否删除才质，单击【是】按钮即可将材质实例窗口中的材质球删除；删除热材质时，软件将弹出如图 8-25

所示的【重置材质/贴图参数】对话框，提示用户在删除材质时是否影响场景中对象上的材质。这时，若用户选择第二个单选按钮(仅影响编辑器示例窗中的材质/贴图)，将删除材质球上的材质，对场景中的对象则无任何影响。

图 8-24　【材质编辑器】对话框

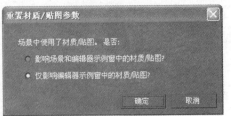

图 8-25　【重置材质/贴图参数】对话框

8.3　使用材质/贴图浏览器

在 3ds Max 中，材质/贴图浏览器是设置材质时的一个非常重要的工具，一般与材质编辑器配合使用，本节将主要介绍材质/贴图浏览器的具体操作方法。

8.3.1　打开材质/贴图浏览器

在 3ds Max 默认状态下，有 16 种材质类型，不同的材质由于性能不同，其应用范围也不一样，例如"建筑"材质适合为室内外效果图场景添加材质，"多维/子对象"材质适合用于为一个模型不同的面赋予不同的材质。用户在材质编辑器中单击【Standard】按钮，即可在打开的【材质/贴图浏览器】对话框中显示 3ds Max 所有的材质类型，如图 8-26 所示。

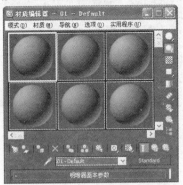

图 8-26　【材质编辑器】对话框和【材质/贴图浏览器】对话框

8.3.2　设置材质列表的显示方式

在【材质/贴图浏览器】对话框中，用户可以通过在材质选项上单击鼠标右键，设置材质列表的显示方式，具体如下。

- 以文本形式查看材质列表：在【材质/贴图浏览器】对话框中，用户可以更改查看列表的方式，在该对话框中的【材质】选项上单击鼠标右键，在弹出的菜单中选择【将组(和子组)显示为】|【文本】命令，即可以文本形式查看列表，如图8-27所示。

图 8-27 以文本形式查看材质列表

- 以小图标的形式查看材质列表：在【材质/贴图浏览器】对话框中的【材质】选项上单击鼠标右键，在弹出的菜单中选择【将组(和子组)显示为】|【小图标】命令，即可以小图标形式查看列表，效果如图8-28所示。

- 以大图标的形式查看材质列表：在【材质/贴图浏览器】对话框中的【材质】选项上单击鼠标右键，在弹出的菜单中选择【将组(和子组)显示为】|【大图标】命令，即可以大图标形式查看列表，效果如图8-29所示。

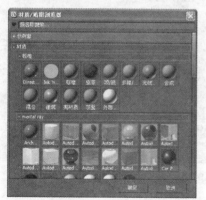
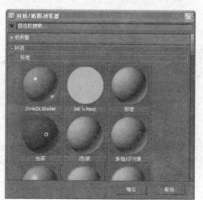

图 8-28 查看小图标　　　　　　　图 8-29 查看大图标

8.4 设置材质属性

在 3ds Max 中，用户可以通过调整包括环境光、漫反射光以及高光等材质的属性，获得不同材质效果。本节将重点介绍设置材质属性的具体操作方法。

8.4.1 环境光

环境光指的是材质阴影区域的颜色，默认情况下，锁定【环境光】和【漫反射】按钮会锁定环境光和漫反射光，使它们同时调整，用户也可以解除【环境光】按钮的锁定状态，单独调整环境光。

【练习8-3】在 3ds Max 材质编辑器中设置材质环境光。

(1) 打开如图 8-30 所示模型后，按下 M 键打开【材质编辑器】对话框，然后单击该对话框中的【从对象拾取材质】按钮，并将鼠标光标移至视图对象上并单击，拾取对象材质。

(2) 在【Phong 基本参数】栏中单击【环境光】选项右侧的颜色色块，如图 8-31 所示。

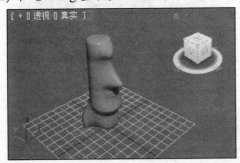
图 8-30 打开模型

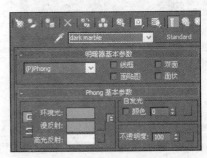
图 8-31 单击【环境光】颜色色块

(3) 在打开的如图 8-32 所示的【颜色选择器】对话框中设置环境光颜色，然后单击【确定】按钮即可设置环境光。

(4) 完成环境光设置后，场景中的模型对象效果如图 8-33 所示。

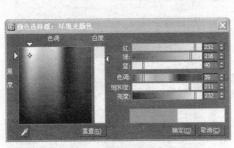
图 8-32 【颜色选择器】对话框

图 8-33 设置环境光后的模型对象效果

8.4.2 漫反射

漫反射光用于设置材质漫反射区域的颜色，漫反射是位于直射光中的颜色，也可以视为是物台的固有色。用户可以参考以下实例，设置漫反射光。

【练习8-4】在 3ds Max 材质编辑器中设置材质漫反射光。

(1) 打开如图 8-34 所示模型后，按下 M 键打开【材质编辑器】对话框，然后单击该对话框为【从对象拾取材质】按钮 ，并将鼠标光标移至视图对象上并单击，拾取对象材质。

(2) 在【Phong 基本参数】栏中单击【漫反射】选项右侧的颜色色块，如图 8-31 所示。

(3) 在打开的【颜色选择器】对话框中设置环境光颜色，然后单击【确定】按钮即可设置环境光，效果如图 8-35 所示。

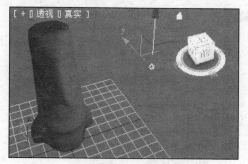

图 8-34 打开模型

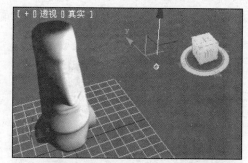

图 8-35 设置漫反射后的模型对象效果

8.4.3 高光

高光是对象上接受光线区域的最高部分，设置高光效果可以使对象物体更有立体感和光泽。用户可以参考以下实例，设置高光。

【练习 8-5】在 3ds Max 材质编辑器中设置材质高光效果。

(1) 打开如图 8-30 所示模型后，按下 M 键打开【材质编辑器】对话框，然后单击该对话框中【从对象拾取材质】按钮 ，并将鼠标光标移至视图对象上并单击，拾取对象材质。

(2) 在【Phong 基本参数】栏中的【高光级别】、【光泽度】文本框中输入参数(如图 8-36)后可在对象上设置高光效果，设置完成后的对象效果如图 8-37 所示。

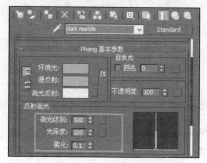

图 8-36 设置高光参数

图 8-37 高光效果

8.4.4 材质自发光

使用自发光，可以使材质具有自身发光的效果，从而创建出白炽灯效果。用户可以参考以下列所介绍的方法，设置材质自发光。

【练习8-6】在3ds Max材质编辑器中设置材质自发光效果。

(1) 打开如图8-38所示的模型后，按下M键打开【材质编辑器】对话框，然后单击该对话框中第1个材质球，并在【Blinn】栏中勾选【自发光】选项区域中的【颜色】复选框。

(2) 勾选【颜色】复选框后面的颜色色块，然后在打开的【颜色选择器】对话框中设置材质自发光的颜色，再单击【确定】按钮返回【材质编辑器】对话框，如图8-39所示。

图8-38　打开模型

图8-39　【材质编辑器】对话框

(3) 将材质赋予模型对象，效果如图8-40所示，设置后的自发光效果如图8-41所示。

图8-40　赋予对象材质

图8-41　材质自发光效果

8.4.5　材质不透明度

设置材质的【不透明度】文本框(调整数值)，可以创建出透明、半透明以及不透明的物体效果。用户可以参考下例所介绍的方法，设置材质的不透明度。

【练习8-7】在3ds Max材质编辑器中设置材质的不透明度。

(1) 打开如图8-38所示的模型后，按下M键打开【材质编辑器】对话框，然后单击该对话框中第1个材质球，并在【Blinn】栏中勾选【自发光】选项区域中的【颜色】复选框。

(2) 勾选【颜色】复选框后面的颜色色块，然后在打开的【颜色选择器】对话框中设置材质自发光的颜色，再单击【确定】按钮返回【材质编辑器】对话框。

(3) 接下来，在【自发光】选项区域中的【不透明度】文本框中输入参数，即可设置材质的不透明度，如图8-42所示。设置后的材质不透明度效果如图8-43所示。

计算机 基础与实训教材系列

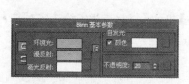

图 8-42 设置材质不透明度

图 8-43 设置后的材质不发光效果

提示

【不透明度】文本框用于设置材质的不透明度，其默认参数为 100，即不透明，用户若将其参数减小，材质的透明度将会逐渐增加。

8.5 常用材质类型

在【材质/贴图浏览器】对话框中列出了几十种材质类型，应用不同的材质类型，用户可以创建出不同的效果。本节将重点介绍设置常用材质类型的相关知识和具体操作方法。

8.5.1 标准材质

标准材质是 3ds Max 中默认的材质类型，标准材质的参数栏包括明暗器基本参数、Blinn 基本参数、扩展参数、超级采用、贴图、动力学属性、DriectX 管理器和 mental ray 连接等，可以为模型的表面材质提供非常直观的显示方式。

【练习 8-8】在三维模型上使用标准材质。

(1) 打开如图 8-44 所示的模型后，单击 M 键打开【材质编辑器】对话框，再单击【获取材质】按钮 ，打开【材质/贴图浏览器】对话框，并双击该对话框中【材质】栏下的【标准】选项，如图 8-45 所示。

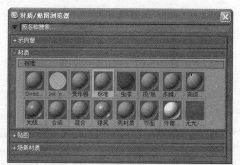

图 8-44 打开模型

图 8-45 【材质/贴图浏览器】对话框

(2) 在【材质编辑器】对话框的【Blinn 基本参数】栏中单击【漫反射】右侧的按钮■，在打开的【材质/贴图浏览器】对话框中选择【位图】选项，打开【选中位图图像文件】对话框。

(3) 在【选中位图图像文件】对话框中选中相应的素材(如图 8-46 所示)，然后单击【打开】按钮，返回【材质编辑器】对话框。

(4) 选中场景中的的台灯对象后，单击【材质编辑器】中的【将材质指定给选定对象】按钮■，为对象赋予材质，使用标准材质后的效果如图 8-45 所示。

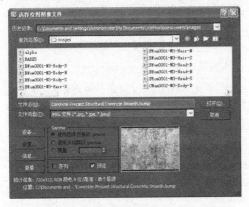

图 8-46　【选中位图图像文件】对话框

图 8-47　使用标准材质后的效果

⑧.5.2　虫漆材质

虫漆材质是通过把一种材质(或颜色)叠加到另一种材质(或颜色)上产生的效果，叠加材质中的颜色被添加到基本材质的颜色中。用户可以参考【练习 8-8】的操作打开【材质/贴图浏览器】对话框(如图 8-45 所示)，然后选择【虫漆】选项，打开【替换材质】对话框(如图 8-48 所示)，单击【确定】按钮后，即可根据需要选择材质，材质球将变为红色，并显示【虫漆基本参数】栏，如图 8-49 所示。

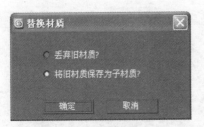

图 8-48　【替换材质】对话框

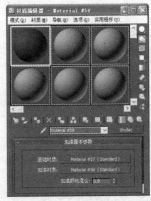

图 8-49　设置虫漆基本参数

【虫漆基本参数】栏中各选项及其功能如下。

- ⊙ 【基础材质】选项：用于设置最基本的材质或颜色，即被叠加的材质，单击其右侧的按钮，可以设置颜色或材质。
- ⊙ 【虫漆材质】选项：用于设置叠加到基础材质的颜色或材质。
- ⊙ 【虫漆颜色混合】文本框：用于设置混合颜色的数量，当其值为 0 时，虫漆材质没有效果。

8.5.3　顶/底材质

使用顶/底材质类型可以为对象的顶部和底部分别赋予两种不同类型的材质，并可以将这两种材质混合为一种材质。用户可以参考【练习 8-8】的操作方法打开【材质/贴图浏览器】对话框，然后选择【顶/底材质】选项，打开【替换材质】对话框，单击【确定】按钮后，即可创建顶/底材质(如图 8-50 所示)，并显示【顶/底基本参数】栏，如图 8-51 所示。

图 8-50　顶/底材质

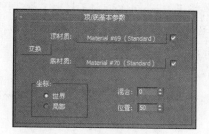

图 8-51　【顶/底基本参数】栏

【顶/底基本参数】栏中各选项及其含义如下。
- ⊙ 【顶材质】选项：用于设置对象顶部的材质。
- ⊙ 【底材质】选项：用于设置对象底部的材质。
- ⊙ 【交换】按钮：用于设置对象顶材质与底材质的交换。
- ⊙ 【世界】单选按钮：以对象的全局坐标轴为标准混合顶底两个材质。
- ⊙ 【局部】单选按钮：以对象的局部坐标轴为标准混合顶底两个材质。
- ⊙ 【混合】文本框：用于设置顶底两个材质边界区域的混合程度(数值越大，混合效果越好)。
- ⊙ 【位置】文本框：用于设置顶底两个材质的边界位置(数值越大，边界越靠近顶部)。

8.5.4　多维/子对象材质

使用多维/子对象材质能够使一个模型同时拥有多种材质，并且模型的每一种材质都有一个不同的 ID 号。

【练习 8-9】在三维模型上使用多维/子对象材质。

(1) 打开如图 8-52 所示的模型后，按下 M 键打开【材质编辑器】对话框，然后单击【获取材质】按钮，打开【材质/贴图浏览器】对话框，并双击该对话框中【材质】栏下的【多维/子对象】选项，在【材质编辑器】对话框中展开【多维/子对象基本参数】栏，如图 8-53 所示。

(2) 单击【多维/子对象基本参数】栏中设置材质 ID 为 1 的【子材质】按钮，在打开的【材质/贴图浏览器】对话框中双击【标准】选项，在【材质编辑器】对话框中显示【Blinn 基本参数】栏。

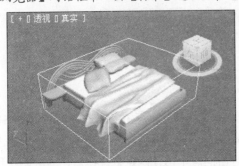

图 8-52　打开模型　　　　　　　　　图 8-53　【多维/子对象基本参数】栏

(3) 单击【Blinn 基本参数】栏中【漫反射】选项右侧的▇按钮，然后在打开的【材质/贴图浏览器】中选中并双击【位图】选项，打开【选中位图图像文件】对话框。

(4) 在【选择位图图像文件】对话框中选中相应的素材文件后，单击【打开】按钮，添加贴图，如图 8-54 所示。

(5) 选中场景中的床对象后，单击【将材质指定给选定对象】按钮▇，然后单击【在视口中显示明暗处理材质】按钮▇，即可为 ID 为 1 的对象赋予材质贴图。

(6) 在【材质编辑器】对话框中连续单击两次【转到父对象】按钮▇，返回如图 8-53 所示的【多维/对象基本参数】栏，然后参考步骤(2)~(5)的操作，为 ID 为 2、3、4 的对象添加相应的贴图，并将贴图赋予场景中的床对象，渲染后的效果如图 8-55 所示。

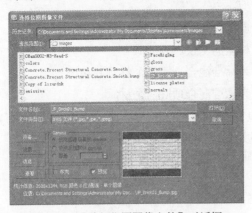

图 8-54　【选择位图图像文件】对话框　　　　　图 8-55　多维/子对象材质效果

⑧.5.5　混合材质

混合材质也成为融合材质，是将两种不同的材质混合在一起使用。混合材质的参数设置比较简单，其【混合基本参数】栏如图 8-56 所示。如图 8-57 所示为混合材质的效果。

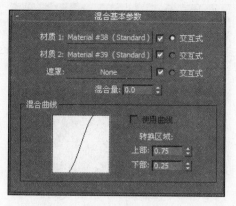

图 8-56 【混合基本参数】栏

图 8-57 混合材质效果

【混合基本参数】栏中比较重要的选项及其含义如下。

◉ 【材质1】按钮：单击【材质1】按钮后，将打开第1种材质的材质编辑器，可以设置第1种材质的贴图、参数等。

◉ 【材质2】按钮：单击【材质2】按钮后，将打开第2种材质的材质编辑器，可以设置第2种材质的贴图、参数等。

◉ 【遮罩】按钮：单击【遮罩】按钮后，将打开【材质/贴图浏览器】对话框，可以选择或创建用作蒙版的贴图。

◉ 【交互式】单选按钮：在材质1和材质2中选择一种材质展现在对象表面，主要在以实休着色方式进行交互式渲染时使用。

◉ 【混合量】文本框：用于调整两种材质的混合百分比。

◉ 【使用曲线】复选框：以曲线的方式设置材质混合的开关。

◉ 【转换区域】选项区域：该选项区域中允许用户调整【上部】和【下部】文本框中的数值，达到控制混合曲线的目的。

8.5.6 光线跟踪材质

光线跟踪是一种高级的材质类型，不仅包括标准材质具备的全部特征，还可以创建真实的反和折射效果，并支持雾、颜色的浓度和荧光灯其他特殊效果。

【练习8-10】在三维模型上使用光线跟踪材质。

(1) 打开一个模型(如图8-58所示)对象后，按下M键打开【材质编辑器】对话框，并单击【获材质】按钮，打开【材质/贴图浏览器】对话框。

(2) 在【材质/贴图浏览器】对话框中单击【光线跟踪】按钮，然后双击【确定】按钮展开【光跟踪基本参数】栏，如图8-59所示。

(3) 单击【反射】按钮后的 ![] 按钮，打开【材质/贴图浏览器】对话框，然后双击【衰减】选展开【衰减参数】栏，如图8-60所示。

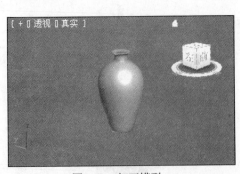

图 8-58　打开模型

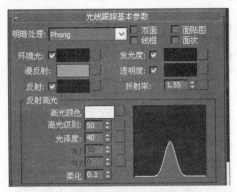

图 8-59　【光线跟踪基本参数】栏

(4) 单击【衰减类型】下拉列表按钮，在弹出的下拉列表中选择【Fresnel】选项后，如图 8-60 所示，单击【转到父对象】按钮返回到【光线跟踪基本参数】栏。

(5) 单击【透明度】按钮后的■按钮，打开【材质/贴图浏览器】对话框，然后选中【位图】选项，打开【选择位图图像文件】对话框并在该对话框中选择相应的位图文件，再单击【打开】按钮，添加贴图。

(6) 单击【转到父对象】按钮返回到【光线跟踪基本参数】栏，设置【高光级别】、【光泽度】等参数后，选中场景中的对象并单击【将材质指定给选定对象】按钮。

(7) 完成以上操作后，光线跟踪材质的效果如图 8-61 所示。

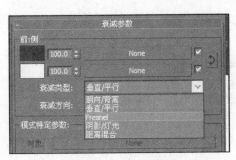

图 8-60　【衰减参数】栏

图 8-61　光线跟踪材质效果

⑧.6　编辑材质

用户在创建材质类型后，可以对材质进行编辑，包括显示线框、显示双面以及显示面贴图等。通过对材质进行编辑，可以使材质达到最佳的效果，从而使模型效果更加真实。本节将重点介绍编辑材质的相关知识和操作方法。

⑧.6.1　显示线框材质

显示线框材质指的是将材质赋予相应的模型后，视图中的模型将以线框的模式显示。用户以参考以下实例所介绍的方法设置显示线框材质。

【练习 8-11】设置模型对象显示线框材质。

(1) 打开一个模型对象(如图 8-62 所示)后,按下 M 键打开【材质编辑器】对话框,并在【明暗器基本参数】栏中勾选【线框】复选框,如图 8-63 所示。

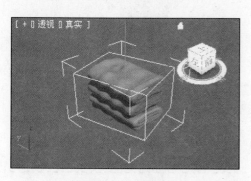

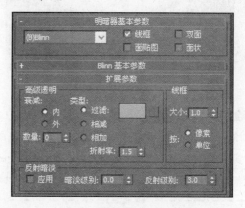

图 8-62 打开模型   图 8-63 渲染后的自发光效果

(2) 在【扩展参数】栏的【线框】选项区域中设置【大小】参数后,按 Enter 键确定,即可在见图中显示线框,显示线框材质后的效果如图 8-64 所示。

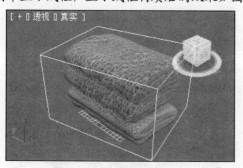

(1) 视图效果   (2) 显示线框材质后的效果

图 8-64 显示线框材质效果

8.6.2 显示面贴图材质

面贴图材质是将材质赋予模型中的所有面之后,模型的每一个面都会显示一个贴图材质。用可以参考以下实例所介绍的方法设置显示面贴图材质。

【练习 8-12】设置模型显示面贴图材质效果。

(1) 打开一个模型对象(如图 8-65 所示)后,按下 M 键打开【材质编辑器】对话框,并在【明基本参数】栏中勾选【面贴图】复选框。

(2) 完成以上操作后,显示面贴图材质的效果如图 8-66 所示。

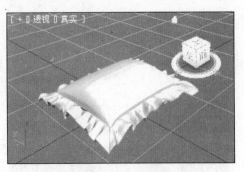

图 8-65 打开模型

图 8-66 显示面贴图材质效果

提示

除了以上介绍的两种贴图材质显示方式以外，用户还可以在图 8-63 中设置显示双面材质和面状材质，其中显示双面材质可以使一些没有厚度的模型在渲染时渲染对象的双面，而显示面状材质则可以将赋予材质的模型的所有表面都显示为平面(具体设置方法可以参考【练习 8-12】)。

8.7 贴图的概念及作用

用户在 3ds Max 中使用材质的过程中，为了使对象表面更加逼真，除了可以为对象赋予材质以外，还应为材质赋予某种图像，即贴图。贴图就是为材质赋予图像，对象被赋予贴图后，颜色、不透明度以及光亮等属性都会发生变化，贴图与材质往往结合使用，材质描述模型的内在物理属性，而贴图则描述模型的表面属性，如图 8-67 所示。

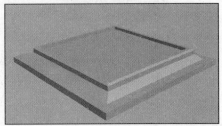

图 8-67 贴图

在 3ds Max 中，贴图主要分为两类，其中一类是纹理贴图，另一类是程序贴图。这两类贴图的区别在于，纹理贴图本身具备纹理，并利用其自身的纹理直线控制材质的属性；而程序贴图本身没有纹理，但是可以对场景中获得材质的一些信息进行判断、选择操作，并利用获取的信息控制材质的属性或贴图的表现。

8.8 常用 2D 贴图

2D 贴图属于二维图像，通常应用于带几何对象的表面，或用作环境贴图来创建背景。本章将重点介绍使用 2D 贴图的相关知识和操作方法。

8.8.1　渐变贴图

渐变贴图是从一种颜色过渡到另外一种颜色的贴图效果，一般需要使用 2～3 种颜色设置渐变效果。用户可以参考下例所介绍的方法在 3ds Max 中使用渐变贴图效果。

【练习 8-13】在模型上使用渐变贴图。

(1) 打开一个模型(如图 8-68 所示)后，按下 M 键打开【材质编辑器】对话框，并在【Blinn 基本参数】栏中单击【漫反射】按钮右侧的 ▇ 按钮，打开【材质/贴图浏览器】对话框。

(2) 在如图 8-69 所示的【材质/贴图浏览器】对话框中选择【渐变】选项后，单击【确定】按钮，展开【渐变参数】栏。

图 8-68　打开模型

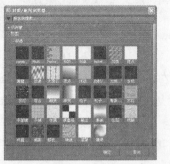

图 8-69　【材质/贴图浏览器】对话框

(3) 在【渐变参数】栏中设置【颜色#1】、【颜色#2】、【颜色#3】的 RGB 值以及【颜色 2 位置】的值，如图 8-70 所示。

(4) 选中场景中的对象，单击【将材质指定给选定对象】按钮 ▇，然后渲染对象，得到的渐变贴图效果如图 8-71 所示。

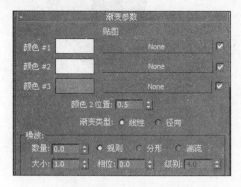

图 8-70　【渐变参数】栏

图 8-71　渐变贴图效果

8.8.2　位图贴图

位图贴图是材质贴图中最常用的贴图类型，也是最基本的贴图类型，用户选择位图贴图的同时将会自动打开贴图路径，从而不必亲自寻找图像的路径。

【练习 8-14】在模型上使用位图贴图。

(1) 打开一个模型(如图 8-72 所示)后，按下 M 键打开【材质编辑器】对话框，并在【Blinn 基本参数】栏中单击【漫反射】按钮右侧的▇按钮，打开【材质/贴图浏览器】对话框。

图 8-72　打开模型

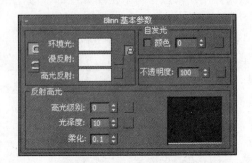

图 8-73　【Blinn 基本参数】栏

(2) 在【材质/贴图浏览器】对话框中选择【位图】选项，打开【选中位图图像文件】对话框，并在该对话框中选中相应的素材，如图 8-74 所示。

(3) 单击【打开】按钮，添加贴图，然后选中杯子对象，并单击【将材质指定给选定对象】按钮▇，接下来渲染对象，得到的位图贴图效果如图 8-75 所示。

图 8-74　【选中位图图像文件】对话框

图 8-75　位图贴图效果

8.8.3　棋盘格贴图

棋盘格贴图可以产生两种色块相互交错的图案，默认状态下由黑白两种颜色组成，常用于模拟地板或墙面等具有方格纹理的材质效果。

【练习 8-15】在模型上使用棋盘格贴图。

(1) 打开一个模型(如图 8-76 所示)后，按下 M 键打开【材质编辑器】对话框，并在【Blinn 基本参数】栏中单击【漫反射】按钮右侧的▇按钮，打开【材质/贴图浏览器】对话框。

(2) 在【材质/贴图浏览器】对话框中选中【棋盘格】选项后，单击【确定】按钮，展开【坐标】栏。

(3) 在【坐标】栏中设置【瓷砖】文本框中的棋盘格瓷砖参数后，选中棋盘对象，并单击【将材质指定给选定对象】按钮 。渲染模型后效果如图 8-77 所示。

图 8-76 打开模型

图 8-77 棋盘格贴图效果

提示

默认状态下，棋盘格贴图由黑、白两种颜色相间组成，用户可以根据模型对象的设计需要，设置改变棋盘格的颜色。

8.8.4 平铺贴图

在 3ds Max 中，使用平铺贴图可以创建砖、彩色瓷砖等材质效果，该软件提供了许多建筑砖块图案供用户使用，用户也可以根据设计需要自定义一些图案。

【练习 8-16】在模型上使用平铺贴图。

(1) 打开一个模型后，按下 M 键打开【材质编辑器】对话框，并在【Blinn 基本参数】栏中单击【漫反射】按钮右侧的■按钮，打开【材质/贴图浏览器】对话框。

(2) 在【材质/贴图浏览器】对话框中选择【平铺】选项后，单击【确定】按钮，展开【高级控制】栏设置位图文件、砖缝粗细等参数，如图 8-78 所示。

(3) 选中场景中的对象并单击【将材质指定给选定对象】按钮 ，渲染后模型效果如图 8-79 所示。

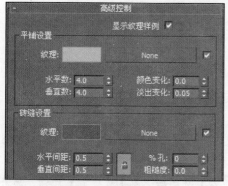

图 8-78 【高级控制】栏

图 8-79 平铺贴图效果

⑧.8.5　漩涡贴图

使用漩涡贴图可以产生两种颜色的混合漩涡效果，能够制作出水流漩涡、木材纹理等物体效果。用户可以参考以下实例所介绍的方法使用漩涡贴图。

【练习 8-17】在模型上使用漩涡贴图。

(1) 打开一个模型后，按下 M 键打开【材质编辑器】对话框，并在【Blinn 基本参数】栏中单击【漫反射】按钮右侧的▇按钮，打开【材质/贴图浏览器】对话框。

(2) 在【材质/贴图浏览器】对话框中选择【漩涡】选项后，单击【确定】按钮，展开【漩涡参数】栏，如图 8-80 所示。

(3) 在【漩涡参数】栏中设置漩涡的对比度、强度、漩涡量等参数后，选中场景中的对象并单击【将材质指定给选定对象】按钮▣。渲染后效果如图 8-81 所示。

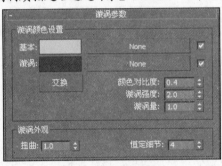

图 8-80　【漩涡参数】栏

图 8-81　漩涡贴图效果

⑧.9　常用 3D 贴图

3D 贴图又称为三维贴图，是在三维空间中产生的一种程序图案。3D 贴图的纹理有其自身三维结构，不会依靠模型的表面，与模型贴图轴无关。本节将重点介绍 3D 贴图的操作方法。

⑧.9.1　大理石贴图

大理石贴图也针对彩色背景生成带有彩色纹理的大理石曲面，将自动生成第三种颜色。用户可以参考以下实例所介绍的方法，在模型上使用大理石贴图。

【练习 8-18】在模型上使用大理石贴图。

(1) 打开一个模型(如图8-82 所示)后，按下 M 键打开【材质编辑器】对话框，并在【Blinn 基本参数】栏中单击【漫反射】按钮右侧的▇按钮，打开【材质/贴图浏览器】对话框。

(2) 在【材质/贴图浏览器】对话框中选择【大理石】选项后，单击【确定】按钮，展开【大理石参数】栏。

(3) 在【大理石参数】栏中设置各项大理石参数后，选中场景中的对象，并单击【将材质指定给选定对象】按钮，再单击【视口中显示明暗处理材质】按钮，得到的大理石贴图效果如图 8-83 所示。

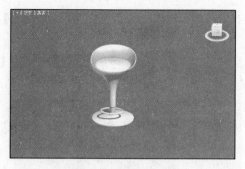
图 8-82　打开模型

图 8-83　大理石贴图效果

8.9.2　斑点贴图

斑点贴图通过两种贴图对比混合，可以表现出一种斑驳的效果。斑点贴图的参数栏与大理石贴图类似，用户可以参考以下实例所介绍的方法在模型上使用斑点贴图。

【练习 8-19】在模型上使用斑点贴图。

(1) 打开一个模型(见图 8-82)后，按下 M 键打开【材质编辑器】对话框，并在【Blinn 基本参数】栏中单击【漫反射】按钮右侧的▇按钮，打开【材质/贴图浏览器】对话框。

(2) 在【材质/贴图浏览器】对话框中选择【斑点】选项后，单击【确定】按钮，展开【斑点参数】栏，并设置参数，如图 8-84 所示。

(3) 完成以上操作后，选中场景中的对象并单击【将材质指定给选定对象】按钮，得到的斑点贴图效果如图 8-85 所示。

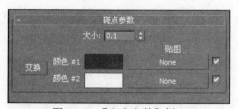
图 8-84　【斑点参数】栏

图 8-85　斑点贴图效果

8.9.3　凹痕贴图

凹痕贴图可以根据分形噪波产生随机图案，图案的效果取决于贴图的类型。凹痕贴图的参数栏与斑点贴图的参数栏类似，用户可以参考以下实例所介绍的方法在模型上使用凹痕贴图。

计算机　基础与实训教材系列

【练习 8-20】在模型上使用斑点贴图。

(1) 打开一个模型(见图 8-82)后，按下 M 键打开【材质编辑器】对话框，并在【Blinn 基本参数】栏中单击【漫反射】按钮右侧的■按钮，打开【材质/贴图浏览器】对话框。

(2) 在【材质/贴图浏览器】对话框中选择【凹痕】选项后，单击【确定】按钮，展开【凹痕参数】栏，并设置参数，如图 8-86 所示。

(3) 完成以上操作后，选中场景中的对象并单击【将材质指定给选定对象】按钮■。单击【视口中显示明暗处理材质】按钮■，得到的凹痕贴图效果如图 8-87 所示。

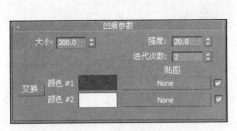

图 8-86　【凹痕参数】栏　　　　　　　　图 8-87　凹痕贴图效果

8.9.4　木材贴图

木材贴图常用于过滤色贴图，它可以使对象的表面产生木质纹理。用户在使用木材贴图时，可以更改木纹的颜色，或者添加新的贴图。

【练习 8-21】在模型上使用木材贴图。

(1) 打开一个模型后，按下 M 键打开【材质编辑器】对话框，并在【Blinn 基本参数】栏中单击【漫反射】按钮右侧的■按钮，打开【材质/贴图浏览器】对话框。

(2) 在【材质/贴图浏览器】对话框中选择【木材】选项后，单击【确定】按钮，展开【木材参数】栏，并设置参数，如图 8-88 所示。

(3) 完成以上操作后，选中场景中的对象并单击【将材质指定给选定对象】按钮■，然后单击【视口中显示明暗处理材质】按钮■，得到的木材贴图效果如图 8-89 所示。

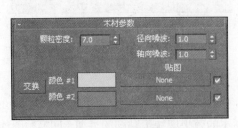

图 8-88　【木材参数】栏　　　　　　　　图 8-89　木材贴图效果

8.9.5　噪波贴图

噪波贴图可以将两种不同颜色的贴图混合在一起，从而产生一种噪波的贴图效果。用户可以参考以下实例所介绍的方法，在模型上使用噪波贴图。

【练习 8-22】在模型上使用木材贴图。

(1) 打开一个模型(如图 8-90 所示)后，按下 M 键打开【材质编辑器】对话框，在【贴图】栏中勾选【漫反射颜色】和【凹凸】复选框，如图 8-91 所示。

图 8-90　打开模型

图 8-91　【贴图】栏

(2) 在【Blinn 基本参数】栏中单击【漫反射】按钮右侧的 ▊ 按钮，打开【材质/贴图浏览器】对话框。

(3) 在【材质/贴图浏览器】对话框中选择【噪波】选项，展开【噪波参数】栏，然后选中【湍流】单选按钮，并在【大小】文本框中输入参数 10.0，如图 8-92 所示。

(4) 选中场景中的对象并单击【将材质指定给选定对象】按钮 ▨，然后单击【视口中显示明暗处理材质】按钮 ▨，得到的噪波贴图效果如图 8-93 所示。

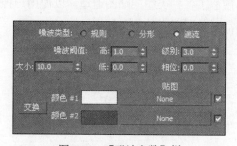

图 8-92　【噪波参数】栏

图 8-93　噪波贴图效果

8.9.6　泼溅贴图

泼溅贴图以一种颜色作为底色，另一种颜色以斑点或色块的形式随机分布在底色上的贴图效果，用户可以参考以下实例所介绍的方法，在对象上使用泼溅贴图。

【练习 8-23】在模型上使用泼溅贴图。

(1) 打开一个模型(见图 8-90)后，按下 M 键打开【材质编辑器】对话框，并在【Blinn 基本参数】栏中单击【漫反射】按钮右侧的 ■ 按钮，打开【材质/贴图浏览器】对话框。

(2) 在【材质/贴图浏览器】对话框中选择【泼溅】选项后，单击【确定】按钮，展开【泼溅参数】栏，并设置参数，如图 8-94 所示。

(4) 选中场景中的对象并单击【将材质指定给选定对象】按钮 ■，然后单击【视口中显示明暗处理材质】按钮 ■，得到的泼溅贴图效果如图 8-95 所示。

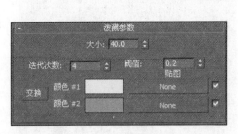

图 8-94 【泼溅参数】栏

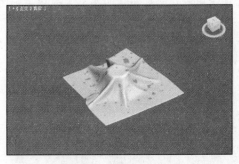

图 8-95 泼溅贴图效果

 提示

【泼溅参数】栏中的【阈值】文本框内的参数用于设置两种颜色或材质的混合量，当值为 0 时，仅显示【颜色#1】；当值为 1 时，仅显示【颜色#2】。

(8).10 设置贴图通道

贴图通道是材质的重要组成部分，每个材质都预留了各种类型的贴图通道，以便用户控制材质各部分的色彩效果和基本属性。本节将重点介绍常用贴图通道的相关知识。

(8).10.1 不透明度贴图通道

不透明贴图利用图像的明暗度在对象的表面产生透明效果，使纯黑色的区域完全透明，纯白色的区域完全不透明，是一种常用的贴图方式。

【练习 8-24】在模型上使用不透明度贴图通道。

(1) 打开一个模型(如图 8-96 所示)后，按下 M 键打开【材质编辑器】对话框，在【贴图】栏中勾选【不透明度】复选框，如图 8-97 所示。

(2) 单击【不透明度】文本框右侧的【None】按钮，打开【材质/贴图浏览器】对话框，然后选择【位图】选项，并单击【确定】按钮，打开【选择位图图像文件】对话框，如图 8-98 所示。

(3) 在【选择位图图像文件】对话框中选择相应的位图文件后，单击【打开】按钮，然后选中场景中的对象并单击【将材质指定给选定对象】按钮 。

(4) 渲染后，对象使用不透明度贴图通道的效果如图 8-99 所示。

图 8-96　打开模型

图 8-97　【贴图】栏

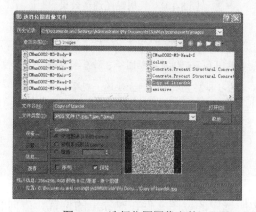

图 8-98　选择位图图像文件

图 8-99　使用不透明度贴图通道的效果

提示

当用户使用.png 格式的图片作为位图图像时，不透明贴图与漫反射贴图一起使用，是贴图类型中最常用的组合方式。

8.10.2　反射贴图通道

反射贴图是一种非常重要的贴图方式，主要用于表现玻璃、金属和镜面等材质的反光效果。用户可以参考以下实例所介绍方法，在模型上使用反射贴图通道。

【练习 8-25】在模型上使用反射贴图通道。

(1) 打开一个模型对象(如图 8-100 所示)后，按下 M 键打开【材质编辑器】对话框，并在该话框中选中一个材质球。

(2) 在【贴图】栏中勾选【反射】复选框后，单击其右侧的【None】按钮，打开【材质/贴图浏览器】对话框。

(3) 在【材质/贴图浏览器】对话框中选择【位图】选项，并单击【确定】按钮，打开【选择位图图像文件】对话框，选择相应的位图贴图。

(4) 单击【打开】按钮，添加贴图后，选中场景中的对象，单击【转到父对象】按钮▣，设置反射"数量"参数。最后赋予对象材质，使用反射贴图通道后的效果如图 8-101 所示。

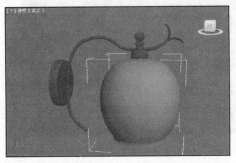
图 8-100　打开模型

图 8-101　反射贴图通道效果

> **提示**
>
> 在 3ds Max 中用户可以创建基本反射贴图、自动反射贴图和平面镜反射贴图等 3 种反射贴图，这 3 种反射贴图能够实现 3 种不同的贴图效果，用户可以参考【练习 8-25】所介绍的方法逐一观察其特点。

⑧.11　设置贴图坐标

贴图坐标用于为被赋予材质的场景对象指定所选定的位图文件在对象上的位置、方向和比例。本节将主要介绍设置贴图坐标的相关知识。

⑧.11.1　贴图坐标简介

动画设计者在赋予材质中的任何一种贴图时，对象都必须基于贴图坐标，这个坐标确定贴图以何种方式映射在对象上，它不同于场景中的 X、Y、Z 坐标系，而使用的是 UV 或 UVW 坐标系。每个对象自身属性中都具有【贴图坐标】选项，可使对象在渲染效果中看到贴图。对于球体、长方体或圆柱体这样的简单几何体，3ds Max 会自动为对象指定默认的贴图坐标，即内置的贴图坐标，但对于一些复杂的几何体不会自动生成贴图坐标，在对这些复杂对象进行贴图时，用户必须手动设置贴图坐标。

⑧.11.2　调整贴图坐标

在 3ds Max 中，贴图坐标的调整是相对的，例如平移或反转等，所有调整都需要改变贴图坐标，用户展开【材质编辑器】对话框中的【坐标】栏，如图 8-102 所示。

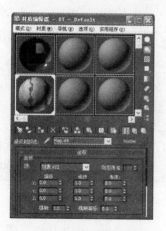

(1)【材质编辑器】对话框

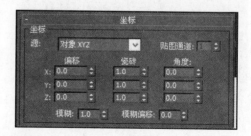

(2)【坐标】栏

图 8-102　贴图坐标

【坐标】栏中各选项及其含义如下。

- ◉ 【偏移】选项区域：用于设置贴图起始点的坐标，其中，X 表示横坐标、Y 表示纵坐标、Z 表示空间垂直坐标。
- ◉ 【瓷砖】选项区域：用于设置贴图在各个方向上的重复次数。
- ◉ 【角度】选项区域：用于设置贴图相对于对象在各个方向上的平移角度。
- ◉ 【模糊】文本框和【模糊偏移】文本框：用于设置贴图的模糊程度。

⑧.11.3　使用 UVW 贴图修改器

使用材质编辑器中的【坐标】栏调整贴图位置时，调整的结果将影响到所有场景的对象，用户若要对场景中的某个对象单独设置贴图坐标，则需要用到 UVW 贴图修改器。用户在场景中选中对象后，在【修改】命令面板的【修改器列表】下拉列表框中选中【UVW 贴图】选项，可以展开如图 8-103 所示的【参数】栏。

在如图 8-103 所示的【参数】栏中提供了 7 种贴图方式，并且允许用户对贴图的大小和平铺参数进行设置，具体如下。

- ◉ 【平面】选项区域：采用平面贴图方式面，可以将一张贴图投影到对象的表面，通过设置长、宽参数可以调节贴图框的大小，适用于平面对象，效果如图 8-104 所示。
- ◉ 【柱形】选项区域：虽然对圆柱进行贴图时用户也可以使用平面贴图方式，但柱形贴图方式更加适合圆柱对象的贴图。柱形贴图坐标框能够将贴图进行卷曲，使图片如图圆筒一样套在对象表面，效果如

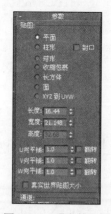

图 8-103　【参数】栏

图 8-105 所示。

图 8-104　平面方式贴图

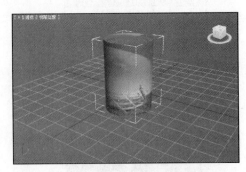

图 8-105　圆柱体方式贴图

- ◉ 【球形】单选按钮：用于将贴图以球面方式环绕在对象表面，产生接缝，适用于造型类似于球体的模型对象，效果如图 8-106 所示。
- ◉ 【收缩包裹】单选按钮：此类贴图方式与球体贴图方式类似，但收缩包裹贴图的所有边都聚集在球体的一点，效果如图 8-107 所示。

图 8-106　球形方式贴图

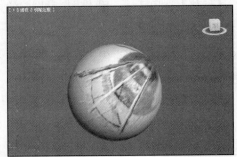

图 8-107　收缩包裹方式贴图

- ◉ 【长方体】单选按钮：从长方体的侧面投影贴图，每个侧面投影为一个平面贴图，并且其表面效果取决于曲面法线。
- ◉ 【面】单选按钮：此类方式不考虑对象自身的形状，而是强制以对象表面的每个几何面为单位进行投射贴图。
- ◉ 【XYZ 到 UVW】单选按钮：采用这种贴图方式，X、Y、Z 轴会自动适配对象模型表面的 U、V、W 方向，适用于不规则对象。
- ◉ 【U 向平铺】、【V 向平铺】、【W 向平铺】文本框：用于设置贴图在 U、V、W 方向上重复的次数。

⑧.12　上机练习

本章的上机练习将通过实例，介绍在模型上应用材质与贴图的具体操作方法，帮助用户进一步掌握材质和贴图的相关知识。

(1) 新建一个场景，然后使用【长方体】工具在场景中创建一个如图 8-108 所示的长方体对象，并在【参数】栏中设置长方体的长度、宽度和高度参数。

(2) 选中场景中的长方体对象，然后切换至【修改】命令面板，单击【修改器列表】下拉列表按钮，在弹出的下拉列表中选择【编辑网格】选项。

(3) 在【选择】栏中单击选中【多边形】按钮，然后按 Ctrl 键同时选择前视图和后视图中的两个多边形，在【曲面属性】栏中，将【材质】选项区域中的【设置 ID】设置为 1。

(4) 接下来，按 Ctrl 键同时选择左视图和右视图中的两个多边形，然后在【曲面属性】栏中将【设置 ID】设置为 2，如图 8-109 所示。

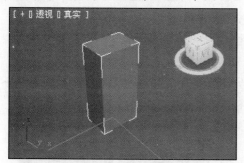

图 8-108　创建长方体

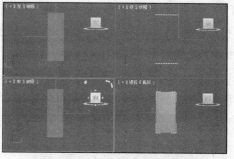

图 8-109　选中矩形的两个面

(5) 选中场景中矩形对象，然后单击工具栏中的【材质编辑器】按钮，打开【材质编辑器】窗口，选中一个新的样本球，再单击 Standard 按钮，打开【材质/贴图浏览器】对话框，如图 8-110 所示。

(6) 在如图 8-111 所示的【材质/贴图浏览器】对话框中选择【多维/子对象】材质后单击【确定】按钮。

图 8-110　【材质编辑器】窗口

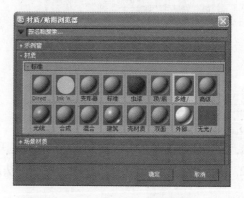

图 8-111　【材质/贴图浏览器】对话框

(7) 在【多维/子对象基本参数】栏中单击【设置数量】按钮，打开【设置材质数量】对话框，将【材质数量】设置为 3，设置完成后单击【确定】按钮。

(8) 单击【ID1】材质后面的【子材质】按钮，进入材质(1)面板，接下来，设置【环境光】和【漫反射】以及【自发光】选项区域中的选项参数。

(9) 展开【贴图】栏，单击【漫反射颜色】选项后面的【None】按钮，打开【材质/贴图浏览器】对话框，然后在该对话框中双击【位图】选项，在打开的对话框中为其设置如图 8-112 所示的贴图文件作为贴图。

(10) 返回【父级材质】面板，打开【贴图】栏，将【漫反射颜色】的贴图类型拖曳至【凹凸】选项后面的【None】按钮上，并在打开的对话框中选中【复制】单选按钮后单击【确定】按钮。

(11) 单击【转到父对象】按钮 ，返回上一级材质面板，选中 【ID2】材质后面的【子材质】按钮，进入材质(2)面板，分别设置【环境光】、【漫反射】以及【高光级别】等参数。

(12) 打开【贴图】栏，单击【漫反射颜色】选项后面的【None】按钮，打开【材质/贴图浏览器】对话框，然后双击【位图】选项，在打开对话框中设置合适的贴图文件。

(13) 参考步骤(10)介绍的方法，返回【父级材质】面板，将【漫反射颜色】的贴图类型拖曳至【凹凸】选项后面的【None】选项上。

(14) 返回【父级材质】面板，单击 ID3 材质后面的【子材质】按钮，然后参考步骤(11)～(13)所介绍的方法设置其参数与贴图文件，完成后，将设置的材质指定给场景中的长方体对象。

(15) 选择【渲染】|【渲染】命令后得到对象模型，效果如图 8-113 所示。

图 8-112　选择位图图像

图 8-113　酒盒效果

8.13　习题

1. 简述【明暗器基本参数】栏中的主要选项及其功能。
2. 参考本章 8.12 节实例所介绍的操作方法，制作一个 iPhone 4 手机模型。

第9章

设置灯光与摄影机

学习目标

灯光与摄影机是构成场景的重要组成部分，其中，灯光是创建真实世界视觉感受最有效的手段之一，场景中对象的材质效果也往往依赖于环境布光；而摄影机可以模拟真实摄影机拍摄三维场景，从而使得设计者可以方便地观察场景的角度和远近。本章将重点介绍在 3ds Max 中设置灯光与摄影机的基础知识和相关操作方法。

本章重点

- ◉ 灯光的功能
- ◉ 使用标准灯光
- ◉ 使用光度学灯光
- ◉ 设置摄影机拍摄范围

9.1 灯光简介

在 3ds Max 中灯光用于模拟显示世界中的各种光源，当场景中没有灯光时，该软件会使用默认的灯光渲染场景，当创建一个灯光后，默认灯光会自动停止显示状态。与现实世界中一样，3ds Max 中的灯光通过位置的变换可以影响周围对象表面的亮度、色彩和光泽，增强场景的清晰度和三维效果，使场景中的对象更加逼真。

9.1.1 灯光的功能

3ds Max 中的灯光用于模拟现实中的真实灯光效果，同时也添加了一定的人为艺术效果。灯光是视觉画面的一部分，不同的灯光效果所营造的视觉感受各不相同，其主要功能有以下几点：

- ◉ 灯光为场景提供完整的空间气氛，展现出实体效果，使空间更加真实。

- ⊙ 灯光为画面着色，以塑造空间和形式。
- ⊙ 灯光可以使人对画面或场景集中注意力。

在 3ds Max 中，用户可以通过调节灯光的颜色、高度、穿透性以及投射阴影，使 3D 作品产生明暗、色调、质感和构图方面的变化，从而表现效果图中有变化的光影层次、光线强度和色调深浅等要素，使效果图显得更加生动，如图 9-1 所示为两个灯光效果场景。

图 9-1 灯光效果

9.1.2 灯光的类型

3ds Max 中提供标准灯光和光度学灯光两种类型的灯光(另外还有一些 mental ray 专用灯光)，其所有类型在视口中均显示为灯光对象，共享某些参数。

1. 标准灯光

标准灯光是基于计算机的模拟灯光对象，包括聚光灯、泛光灯、平行光以及天光等，可用于模拟各种灯光设备，如表 9-1 所示。

表 9-1 常用标准灯光

灯 光 类 型	定义与功能
聚光灯	有方向的灯，像闪电灯一样投射聚焦的光束，分为目标聚光灯和自由聚光灯
平行光	模拟太阳光，其光线呈圆柱形或矩形棱柱，分为目标平行光和自由平行光
泛光灯	系统默认光源相当于点光源，向各个方向投射光线，可以透着阴影和投影
天光	用于建立日光模拟，可设置天空颜色或天空指定贴图，与光线跟踪器一起使用
区域灯光	分为区域聚光灯和区域泛光灯两种。其中，区域聚光灯从矩形或蝶形区域发射光线，而区域泛光灯从球体或圆柱体区域发射光线

2. 光度学灯光

光度学灯光通过光度学值可以精确定义灯光，就像真实世界一样，可以设置它们的分布、强度色温以及其他属性，也可以导入照明制造商的特定光度学文件以便设计基于商用灯光的照明。通常将光度学灯光与光能传递解决方案结合起来，可以进行物理精确地渲染或执行照明分析。光度学灯光包含有光度学点灯光、线灯光、区域灯光、IES(照明工程协会)大阳光和 IES 天光，它们的意义与用法和标准灯光有些相似，如表 9-2 所示。

表 9-2　常用光度学灯光

灯 光 类 型		定义与功能
点灯光		与泛光灯一样从几何体点发射光线，分为目标点灯光和自由点灯光两种，有灯箱分布，聚光灯分布和 Web 分布 3 种分布方式
线灯光		从直线发射光线，像荧光灯管一样，分为目标线灯光和自由线灯光两种，有聚光灯分布和 Web 分布两种分布方式
区域灯光		像天光一样从矩形区域发射光线，可以设置灯光分布，有漫反射分布类型和 Web 分布两种分布类型。区域灯光也分为目标区域灯光和自由区域灯光两种
IES 灯光	太阳光	基于物理的模拟太阳光，与日光系统配合，根据地理位置、时间和日期自动设置 IES 太阳的光值
	天光	与日光系统结合使用，模拟天光的大气效果

⑨.2 标准灯光

在 3ds Max 2012 三维场景中，标准灯光主要用于计算直射光。由于标准灯光不能计算其他对象的反射光源，因此在渲染时效果会比较生硬。木节将重点介绍使用标准灯光的相关知识和操作方法。

⑨.2.1 设置公用参数

用户在【创建】命令面板中单击【灯光】按钮，然后在【光度学】下拉列表中选择【标准】选项，即可显示标准灯光的【对象类型】栏，其中包括目标聚光灯、Free Spot、目标平行光、自由平行光、泛光灯以及天光等 8 种基本灯光对象，如图 9-2 所示。在这些基本灯光中，除了天光以外，所有灯光对象都有共同的控制参数，如图 9-3 所示。

图 9-2　【对象类型】栏　　　　　图 9-3　【常规参数】栏

1. 常规参数栏

【常规参数】栏中的参数用于控制灯光、阴影的开关以及灯光排除设置，如图 9-3 所示。其中主要的选项及其功能如下。

- ◉ 【启用】复选框：勾选【阴影】选项区域中的【启用】复选框，即可开启阴影，可渲染出阴影效果。
- ◉ 【使用全局设置】复选框：用户勾选【使用全局设置】复选框，即可把当前灯光的阴影应用到场景中所有投影功能的灯光上。
- ◉ 【排除】按钮：单击该按钮，将打开【排除/包括】对话框，用户可以在该对话框中指定物体不受灯光的照射影响。

2. 强度/颜色/衰减栏

【强度/颜色/衰减】栏中的参数用于控制灯光的强度、颜色以及衰减，如图 9-4 所示。其中，主要的选项及其功能如下。

- ◉ 【倍增】文本框：用于对灯光的强度进行倍增控制，其默认值为 1，若设置"倍增"值为 2，则光的强度将增加一倍；若设置为负值，将产生吸收光线的效果。
- ◉ 【颜色块】按钮：单击该按钮将打开如图 9-5 所示的【颜色选择器：灯光颜色】对话框，用户可以在该对话框中设置灯光的颜色。

图 9-4　【强度/颜色/衰减】栏

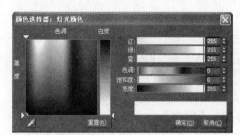

图 9-5　【颜色选择器：灯光颜色】对话框

- ◉ 【衰退】选项区域：该选项区域中的选项用于设置衰减的计算类型和衰减范围。
- ◉ 【近距衰减】选项区域：该选项区域中的选项用于设置灯光近距离衰减的范围。
- ◉ 【远距衰减】选项区域：该选项区域中的选项用于设置灯光远距离衰减的范围。

3. 聚光灯参数栏

【聚光灯参数】栏中的选项用于调整聚光灯的光源区域与衰减的大小比例以及光源区域的形状，如图 9-6 所示。其中，【光锥】选项区域中的主要选项及其功能如下：

- ◉ 【显示光锥】复选框：勾选该复选框，系统将用线框将光源的照射作用范围在场景中显示出来。
- ◉ 【泛光化】复选框：勾选该复选框，光线将向四面八方散射。
- ◉ 【聚光区/光束】文本框：用于设定光源中央亮点区域的投射范围。

- 【衰减区/区域】文本框：用于设定光源衰减区域的投射区域大小，衰减区域应包含聚光区。
- 【圆】和【矩形】单选按钮：分别代表光照区域为圆形或矩形。
- 【纵横比】文本框：用于设置矩形光源的长宽比，不同的比值决定光照范围的大小和形状。
- 【位图拟合】按钮：单击该按钮将打开如图 9-7 所示的【选择图像文件以适配】对话框，在该对话框中，用户可以选择图片作为光源的长宽比。

图 9-6 【聚光灯参数】栏

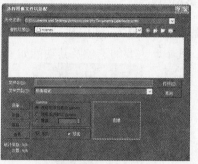

图 9-7 【选择图像文件以适配】对话框

4. 高级效果栏

【高级效果】栏(如图 9-8 所示)中的参数主要用于调整在灯光的影响下，对象表面产生的效果和阴影贴图。其中，主要的选项及其功能如下。

- 【对比度】文本框：用于调节对象表面高光区与过渡区之间的明暗对比度。
- 【柔化漫反射边】文本框：用于柔化对象表面过渡区与阴影区之间的边缘，避免在渲染时产生过硬的明暗分界。
- 【投影贴图】选项区域：用于设置灯光的阴影贴图(单击其中的【无】按钮，可以打开【材质/贴图浏览器】对话框，如图 9-9 所示)。

图 9-8 【高级效果】栏

图 9-9 【材质/贴图浏览器】对话框

5. 阴影参数栏

在【阴影参数】栏中，用户可以对阴影进行设置与调整，包括颜色、密度以及阴影贴图等，如图 9-10 所示。其中，主要的选项及其功能如下。

- ⊙ 【颜色】色块：用于设置阴影的颜色(单击该按钮将打开【阴影颜色】对话框)。
- ⊙ 【密度】文本框：用于设置阴影的密度。
- ⊙ 【贴图】选项：用于设置为对象的阴影投射图像。
- ⊙ 【灯光影响阴影颜色】复选框：勾选该复选框，将场景中的灯光影响到阴影的颜色。
- ⊙ 【大气阴影】选项区域：用于设置让大气效果投射阴影。

6. 阴影贴图参数栏

【阴影贴图参数】栏(如图 9-11 所示)主要用于对阴影的大小、采样范围以及贴图偏移等选项进行设置。其中，主要的选项及其功能如下。

图 9-10　【阴影参数】栏　　　　　图 9-11　【阴影贴图参数】对话框

- ⊙ 【偏移】文本框：用于设置面向或背离阴影投射对象移动阴影。
- ⊙ 【大小】文本框：用于设置计算机灯光阴影贴图的大小。
- ⊙ 【采样范围】文本框：用于设置阴影中边缘区域的模糊程度，其值越高，阴影边界越模糊。

9.2.2　目标聚光灯

目标聚光灯的光源来自一个发光点，其可以产生一个锥形的照明区域，从而影响光束里的对象，产生灯光效果。用户单击【创建】命令面板中的【灯光】按钮◄后，在【光度学】下拉列表框中选择【标准】选项，在【对象类型】栏中单击【目标聚光灯】按钮，然后移动鼠标光标至前视图中，单击鼠标并沿着 X 轴拖曳至对象的中心位置，释放鼠标左键后即可创建目标聚光灯，效果如图 9-12 所示。

图 9-12　目标聚光灯效果

9.2.3 自由聚光灯

Free Spot 也称自由聚光灯，其可以产生锥形的照射区域，但是没有目标点，效果如图 9-13 所示。自由聚光灯包含目标聚光灯的所有功能，用户可以在【修改】命令面板中的【常规参数】栏如图 9-14 所示中调整目标距离。

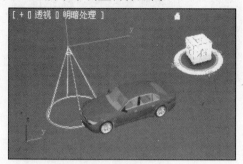

图 9-13 自由聚光灯

图 9-14 【常规参数】栏

💡 **提示**

Free Spot 的照射效果和目标聚光灯的照射效果相同，此类灯光通常与其他对象相连，以子对象的方式出现，或者直接用于路径上，其主要用于动画的制作。

9.2.4 目标平行光

目标平行光可以产生圆柱形的平行照射区域，类似于激光的光束，具有大小相等的发光点和照射点，常用于模拟太阳光、探照灯和激光光束等特殊灯光效果。

【练习9-1】在三维对象上设置目标平行光。

(1) 打开如图 9-15 所示的模型后，单击【创建】命令面板中的【灯光】按钮，然后在【光度学】下拉列表中选择【标准】选项。

(2) 单击【目标平行光】按钮，然后移动鼠标光标至左视图中，在对象右侧的中心位置处单击并按住鼠标左键拖曳至合适的位置，释放鼠标左键后即可创建目标平行光，效果如图 9-16 所示。

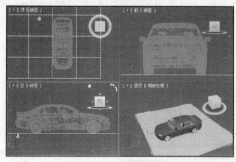

图 9-15 打开模型

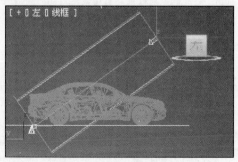

图 9-16 设置目标平行光

(3) 在【平行光参数】栏中设置【聚光区/光束】和【衰减区/区域】参数，如图 9-17 所示。

(4) 按 Enter 键确定，渲染后的目标平行光效果如图 9-18 所示。

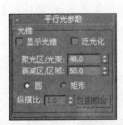

图 9-17　设置【聚光区/光束】和【衰减区/区域】参数

图 9-18　目标平行光效果

⑨.2.5　自由平行光

自由平行光与自由聚光灯相似，是一种没有目标点的平行光束，其产生圆柱形的照射区域，它的投射点和目标点不能分别进行调整，所以只能进行整体的旋转或移动，但用户可以在【常规参数】栏中设置目标的距离，如图 9-19 所示。

(1)　【常规参数】栏

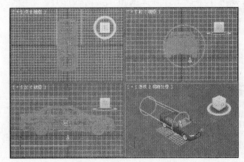

(2)　设置自由平行光

图 9-19　自由平行光

提示

　　自由平行光的照射效果与自由聚光灯的照射效果相同，用户可以参考【练习 9-1】所介绍的方法在 3ds Max 中设置自由平行光。

⑨.2.6　泛光灯

泛光灯是一种点光源，使用泛光灯时，光会均匀地照亮所有面对它的对象，为场景提供均匀的照明，它没有方向性。

【练习 9-2】在三维对象上设置泛光灯。

(1) 打开如图 9-20 所示的模型后，单击【创建】命令面板中的【灯光】按钮，然后在【光度学】下拉列表中选择【标准】选项，如图 9-2 所示。

(2) 单击【泛光灯】按钮，然后在视图中合适的位置上单击，即可创建泛光灯，效果如图 9-21 所示。

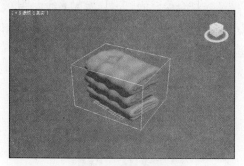
图 9-20　打开模型

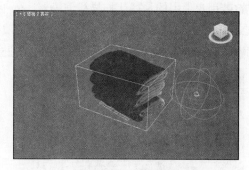
图 9-21　泛光灯效果

9.2.7　天光

天光是一种类似日光的灯光类型，它能够模拟自然光的漫射效果，一般与【光线跟踪器】结合使用，使对象产生更加生动逼真的阴影效果。用户在【对象类型】栏中单击【天光】按钮后，在视图中单击即可创建天光，效果如图 9-22 所示。天光的参数与其他灯光的参数有所不同，其只有一个【天光参数】栏，如图 9-23 所示，其中比较重要的选项及其含义如下。

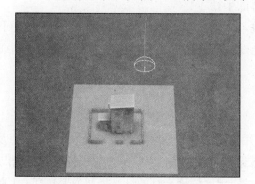
图 9-22　天光效果

图 9-23　【天光参数】栏

- ⊙ 【启用】复选框：用于设置是否开启天光。
- ⊙ 【倍增】文本框：用于设置天光的强度。
- ⊙ 【使用场景环境】单选按钮：选中该单选按钮后，可以使用场景环境的颜色作为天光的颜色。
- ⊙ 【天空颜色】单选按钮：用于设置天空的颜色。
- ⊙ 【投影阴影】复选框：用于设置天光是否投射阴影。
- ⊙ 【每采样光线数】文本框：用于计算场景中每个点的光子数量。
- ⊙ 【光线偏移】文本框：用于设置光线产生的偏移距离。

9.2.8　mr 区域泛光灯

　　mr 区域泛光灯适应于 mental ray 渲染器，用于在一个球体或圆柱体发射光线，而不是从一个点发光(若用户使用的是默认扫描线渲染器，mr 区域泛光灯会像泛光灯一样发射光线)，其效果如图 9-24 所示。mr 区域泛光灯相对于泛光灯的渲染速度要慢一些，它与泛光灯的参数基本相同，只是增加了一个【区域灯光参数】栏，如图 9-25 所示。其中的主要选项及其功能如下。

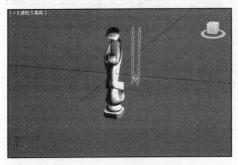
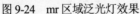

图 9-24　mr 区域泛光灯效果　　　　　　　图 9-25　【区域灯光参数】栏

- ◉　【启用】复选框：用于设置是否开启区域灯光效果。
- ◉　【在渲染器中显示图标】复选框：勾选该复选框后，mental ray 渲染器将渲染灯光位置的黑色形状。
- ◉　【类型】下拉列表：用于设置区域灯光的形状。
- ◉　【半径】文本框：用于设置球体或圆柱体的半径。
- ◉　【高度】文本框：用于设置圆柱体的高度，只有在区域灯光为"圆柱体"类型时才可用。
- ◉　【U】和【V】文本框：用于设置区域灯光投射阴影的质量，其值越大，阴影效果越精细。

9.2.9　mr 区域聚光灯

　　mr 区域聚光灯适用于 mentak ray 渲染器，可用从矩形或蝶形区域反射光线，而不是从点反射光线(若用户使用的是默认扫描线渲染器，mr 区域聚光灯会像其他默认聚光灯一样发射光线)。mr 区域聚光灯与 mr 区域泛光灯的参数非常相似，只是 mr 区域聚光灯的灯光类型为聚光灯，因此比 mr 区域泛光灯多一个【聚光灯参数】栏(该栏中的选项参数与一般的聚光灯【聚光灯参数】栏中的参数选项相同)。

9.3　使用光度学灯光

　　光度学是一种基于真实物理计算的灯光，其参数为光度学值，通过调整数值精确定义灯光，模拟现实世界中的光照效果。本节将重点介绍使用光度学灯光的相关知识和操作方法。

9.3.1 光度学灯光的照明原理

在现实世界中，光从第一个物体表面反射(或折射)后，又会被下一个物体的表面所吸收、反射或折射，这种光能传播的过程遵循一定的物理规律无限反复发生，直至光衰减为 0, 这一过程被成为光能传递，光度学就是模拟现实世界中的光的原理进行照明的。光度学本身不会进行光能传递，需要与【渲染设置】对话框(选择【渲染】|【渲染设置】命令可以打开【渲染设置】对话框)中的【光能传递】渲染技术配合使用，如图 9-26 所示。

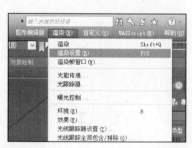

图 9-26 打开【渲染设置】对话框

提示

在如图 9-26 右图所示的【渲染设置】对话框中【光跟踪器】选项主要用于室外照明，【光能传递】选项主要用于室内照明。

9.3.2 光度学灯光的设置参数

用户单击【创建】命令面板中的【灯光】按钮 ，然后在【光度学】下拉列表框中选中【光度学】选项，即可展开如图 9-27 所示的【对象类型】栏，在该栏中包括了目标灯光、自由灯光以及 mr sky 门户 3 种光度学灯光。光度学灯光与标准灯光非常类似，其主要参数栏如图 9-28 所示。

图 9-27 【对象类型】栏　　　　　图 9-28 光度学灯光的主要参数栏

◉ 【模板】栏：通过模板栏用户可以在预设的灯光类型中进行选中。在【选择模板】下拉列表中列出了多种灯光类型，包括 40W 灯泡、60W 灯泡等。

◉ 【常规参数】栏：【常规参数】栏中的大部分参数都与标准灯光的参数类似，其中【灯光分布(类型)】选项区域用于设置灯光的光标类型，包括聚光灯、统一漫反射等几种类型。

◉ 【强度/颜色/衰减】栏：该栏主要用于设置灯光的强度、颜色以及衰减等参数。

◉ 【图形/区域阴影】栏：其中【从(图形)发射光线】下拉列表框用于选择生成阴影图形类型，包括点光源、线、矩形以及球体等几种类型。

⑨.3.3　目标灯光

使用目标灯光可以使一个目标对象发射光线，一般用于设置壁灯、射灯等具有点光源效果的灯光。用户可以参考下例所介绍的方法设置目标灯光。

【练习 9-3】在三维对象上设置目标灯光。

(1) 打开如图 9-29 所示的壁灯对象，然后单击【创建】面板上的【灯光】按钮，在【光度学】下拉列表中选择【光度学】选项。

(2) 单击【对象类型】栏中的【目标灯光】按钮，然后在打开的【创建光度学灯光】对话框中单击【是】按钮。

(3) 移动鼠标光标至前视图中的灯罩下方，单击并向下拖曳鼠标至合适的位置，释放鼠标光标后即可创建目标灯光，效果如图 9-30 所示。

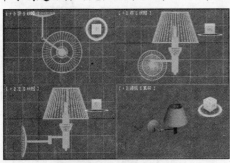
图 9-29　打开壁灯对象

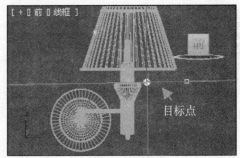
图 9-30　泛光灯效果

(4) 在【强度/颜色/衰减】栏中设置灯光的强度和颜色，然后按 Enter 键确定。

⑨.3.4　自由灯光

自由灯光与目标灯光相似，但是其没有目标对象，用户可以通过调整创建灯光发射光线的效果(目标灯光具有目标点)。在【对象类型】栏中，单击【自由灯光】按钮，然后在场景中单击鼠标，即可创建自由灯光，如图 9-31 所示。

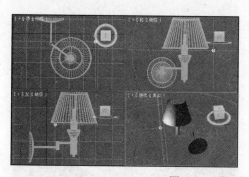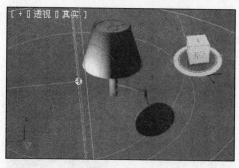

图 9-31　设置自由灯光

提示

在如图 9-28 所示的光度学灯光设置参数栏中，用户可以根据动画场景设计的需要调整自由灯光的大小、颜色、强度以及阴影等参数。

9.4　设置灯光的参数

用户在 3ds Max 中创建灯光后，应根据自己的设计需求，对灯光的参数进行调整(例如编辑阴影、设置灯光颜色以及亮度等)，使灯光效果更加符合作品的要求。本节将重点介绍设置灯光参数的相关操作方法。

9.4.1　设定灯光阴影

光线的存在必然带来阴影，在 3ds Max 场景中用户除了可以创建与设置灯光效果以外，还可以使场景具有阴影效果，从而使其视觉效果更加真实。

【练习 9-4】在场景中设置灯光阴影效果。

(1) 打开如图 9-32 所示的模型对象后，选中场景中的灯光，然后切换至【修改】命令面板，在【常规参数】栏的【阴影】选项区域中勾选【启用】复选框，并在【区域阴影】下拉列表中选择【阴影贴图】选项，如图 9-33 所示。

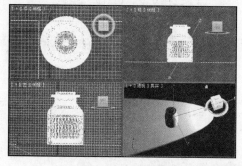

图 9-32　打开模型

图 9-33　选择【阴影贴图】选项

(2) 完成以上设置后，场景中的对象即可产生阴影效果，如图 9-34 所示。按下 F9 键快速渲染，效果如图 9-35 所示。

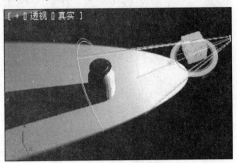
图 9-34　阴影效果

图 9-35　渲染效果

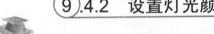

9.4.2　设置灯光颜色

在 3ds Max 中，用户可以根据场景的需要设置灯光的颜色，从而营造场景的冷暖色调(默认状态下灯光颜色为白色)。

【练习 9-5】设置场景中灯光的颜色。

(1) 打开图 9-32 所示的模型对象，然后选中场景中的灯光，并切换至【修改】命令面板。

(2) 展开【强度/颜色/衰减】栏，然后单击【倍增】文本框右侧的色块，如图 9-36 所示。

(3) 在打开的如图 9-37 所示的【颜色选择器】对话框中，用户可以根据需要设置灯光的颜色。

图 9-36　【强度/颜色/衰减】栏

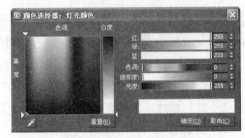
图 9-37　【颜色选择器】对话框

(4) 用户在调整灯光强度时，场景视图中会实时显示出灯光颜色的变化。完成调整后，在【颜色选择器】对话框中单击【确定】按钮即可。

9.4.3　设置灯光强度

灯光的强度指的是灯光的明暗程度，在 3ds Max 中，用户可以在如图 9-36 所示的【强度/颜色/衰减】栏中的【倍增】文本框中调整灯光的强度，其中的数值越大，灯光就越亮。如图 9-3所示为倍增 1.0 与倍增 3.0 的效果对比。

（1）倍增 1.0 效果

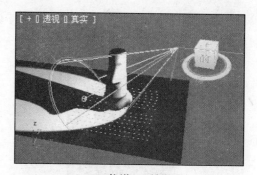

（2）倍增 3.0 效果

图 9-38　灯光强度对比

提示

将如图 9-36 所示【倍增】文本框中的参数默认值为 1.0，用户设置大于 1.0 将增加灯光亮度，小于 1.0 将减少灯光亮度，这里要注意的是灯光亮度太大会使物体颜色看起来失真。

⑨.4.4　设置阴影颜色

用户在场景中设置灯光音乐后，选择灯光并切换至【修改】命令面板，然后展开【阴影参数】栏(如图 9-39 所示)，即可通过单击【颜色】选项右侧的色块打开【颜色选择器】对话框设置阴影的颜色。如图 9-40 所示为设置颜色淡化后的阴影效果。

图 9-39　【阴影参数】栏

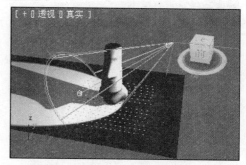

图 9-40　设置颜色淡化后的阴影效果

⑨.4.5　调整聚光区光束

聚光区是聚光灯投影光束的半径，发射角越小、光束就越窄，因此所照射的区域也就越小。用户可以参考以下实例所介绍的方法，调整聚光区光束。

【练习 9-6】调整场景中灯光聚光区的光束。

（1）打开图 9-38(1)所示的模型对象后，选中场景中的灯光，并切换至【修改】命令面板。

（2）在【聚光灯参数】栏中设置【聚光区/光束】参数，如图 9-41 所示。

(3) 完成以上设置后按 Enter 键确定，即可调整聚光区光束，效果如图 9-42 所示。

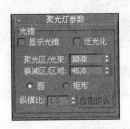

图 9-41　【聚光灯参数】栏

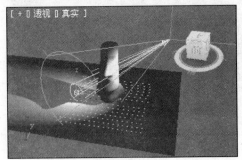

图 9-42　调整聚光灯光束效果

⑨.4.6　调整衰减区区域

衰减区时聚光灯光束向外渐暗的区域，用户可以通过输入数值设置衰减区的大小，但是数值必须等于或大于发射角的角度(当所设置的数值等于发射角的角度时，光束有清晰的边缘)。用户若在图 9-41 中的【衰减区/区域】文本框中调整衰减区区域，场景中对象的灯光效果将随之改变，效果如图 9-43 所示。

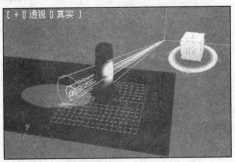

(1) 调小效果

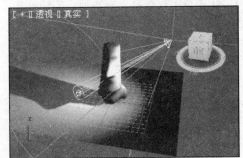

(2) 调大效果

图 9-43　调整衰减区区域

⑨.4.7　设置阴影贴图

在 3ds Max 中，用户还可以为阴影设置投射图像，从而创建更多的阴影细节，使阴影效果更加真实，并且多投射的图像不会影响阴影以外的区域。

【练习 9-7】设置场景中灯光阴影的贴图。

(1) 打开图 9-38(1)所示的模型对象，切换至【修改】命令面板，然后展开【阴影参数】栏并勾选【贴图】复选框，如图 9-44 所示。

(2) 单击【贴图】复选框右侧的【无】按钮，打开【材质/贴图浏览器】对话框，然后在该对话框的【贴图】栏中选中一个贴图，如图 9-45 所示。

图 9-44　【阴影参数】栏

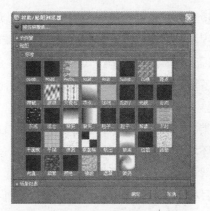

图 9-45　【材质/贴图浏览器】对话框

(3) 完成以上操作，然后单击【确定】按钮，即可为阴影设置贴图效果。

9.5　创建与调整摄影机

使用摄影机可以模拟真实世界中人们观察事物的角度，例如俯视、鸟瞰等。本节将重点介绍在 3ds Max 中创建与调整摄影机的相关知识和操作方法。

9.5.1　摄影机简介

三维场景中的摄影机比现实中的摄影机更加优越，它可以瞬间移至任何角度、更换镜头效果灯。虽然在摄影机视图中的观察效果与在视图中的观察效果相同，但是在摄影机视图中，用户可以根据场景的需要随意调整摄影机的角度与位置。用户在【创建】命令面板中单击【摄影机】按钮 ，在显示的【对象类型】栏中，可以选择目标摄影机和自由摄影机两种类型的摄影机(如图9-46 所示)，其【参数】面板大致相同，如图 9-47 所示。

图 9-46　摄影机类型

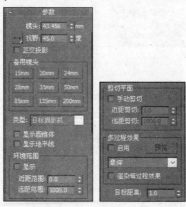

图 9-47　摄影机【参数】栏

摄影机【参数】栏中比较重要的选项及其含义如下。

- ◎ 【镜头】文本框：设置摄影机的焦距(以毫米为单位)。
- ◎ 【视野】文本框：设置摄影机查看区域的宽度视野(有水平、垂直和对角线 3 种)。
- ◎ 【正交投影】复选框：勾选该复选框，系统将把摄影机视图转换为正交投影视图。
- ◎ 【备用镜头】选项区域：该选项区域中提供了一些标准镜头，单击相应的按钮，镜头和视野文本框中的数值会自动更新。
- ◎ 【类型】下拉列表框：用于切换摄影机的类型。
- ◎ 【环境范围】选项区域：用于模拟大气环境效果，而大气的浓度由摄影机范围而定。
- ◎ 【剪切平面】选项区域：用于设置摄影机的剪切范围，范围外的场景对象不可见。
- ◎ 【目标距离】文本框：用于设置摄影机与目标点之间的距离。

⑨.5.2 创建目标摄影机

目标摄影机由摄影机和目标点两部分组成，它可以帮助用户通过在场景中有选择的确定目标点和摄影机来选择观察的角度，并围绕目标对象观察场景。目标摄影机是三维场景中常用的一种摄影机类型。

【练习 9-8】在场景中创建目标摄影机。

(1) 打开如图 9-48 所示的场景模型后，单击【创建】命令面板中的【摄影机】按钮，并在如图 9-46 所示的【对象类型】栏中单击【目标】按钮。

(2) 移动鼠标光标至左视图中单击，并按住鼠标左键沿 X 轴承拖曳至合适的位置即可创建目标摄影机，如图 9-49 所示。

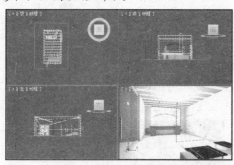
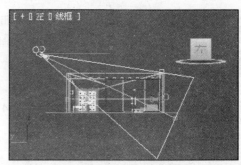

图 9-48　打开场景模型　　　　　图 9-49　创建目标摄影机

(3) 选中摄影机，在顶视图中沿 Y 轴向上拖曳，然后按下 C 键即可切换至摄影机视图。

⑨.5.3 创建自由摄影机

自由摄影机没有目标点，可以自由旋转，不受约束，但在移动时因为自由摄影机具有一定的方向性，所以镜头总是对着一个方向。

【练习 9-9】在图 9-48 所示的场景中创建自由摄影机。

(1) 打开如图 9-48 所示的场景模型后,单击【创建】命令面板中的【摄影机】按钮,并在如图 9-46 所示的【对象类型】栏中单击【自由】按钮。

(2) 在左视图中合适的位置上单击鼠标创建自由摄影机(创建的摄影机没有目标点),然后在顶视图中使用【选择并移动】工具 调整摄影机的位置,效果如图 9-50 所示。

(3) 选中需要的视图后,按下 C 键即可切换至摄影机视图,效果如图 9-51 所示。

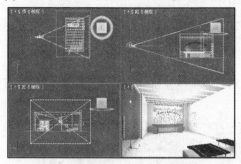

图 9-50　创建自由摄影机

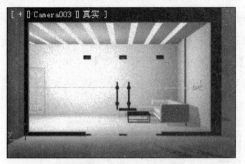

图 9-51　摄影机视图

9.5.4　调整摄影机焦距

在 3ds Max 中,摄影机的焦距以毫米为单位,焦距越小图片视野中所包含的场景就越多;焦距越大图片视野中所包含的场景也就越少,但会显示远距离对象的更多细节。用户可以在选中摄影机后,在【修改】命令面板的【参数】栏中通过调整【镜头】文本框中数值调整摄影机的焦距,如图 9-47 所示。如图 9-52 所示为【练习 9-9】创建的自由摄影机在同一场景【镜头】参数设置 20 与 80 的效果对比。

(1)【镜头】参数为 20

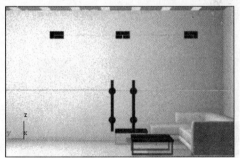

(2)【镜头】参数为 80

图 9-52　调整摄影机焦距

9.6　上机练习

本章的上机练习将通过实例操作,详细介绍在场景中设置灯光的具体操作方法,以帮助用户进一步掌握 3ds Max 灯光的相关知识。

⑨.6.1 为室外建筑创建聚光灯

下面的实例将介绍为室外建筑创建聚光灯的具体操作方法。

(1) 打开如图 9-53 所示的房屋模型后，切换至【创建】命令面板，单击【灯光】按钮。

(2) 单击【光度学】下拉列表按钮，在弹出的下拉列表中选择【标准】选项，然后在【对象类型】栏中单击【目标聚光灯】按钮。

(3) 将鼠标光标移动至顶视图中合适的位置，单击并按住鼠标左键拖曳，创建一个目标聚光灯图标，效果如图 9-54 所示。

图 9-53 打开房屋模型

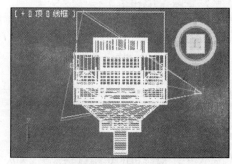
图 9-54 创建目标聚光灯

(4) 在前视图使用【选择并移动】工具 ✥ 和【选择并旋转】工具 ↻ ，调整目标聚光灯的位置，使其效果如图 9-55 所示。

(5) 切换至【修改】命令面板，然后在【常规参数】栏中勾选【阴影】选项区域中的【启用】复选框，并将阴影类型设置为【区域阴影】；在【强度/颜色/衰减】栏中将【倍增】文本框中的参数设置为 0.5，如图 9-56 所示。

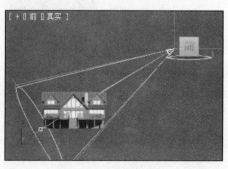
图 9-55 调整聚光灯位置

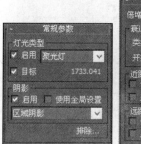

图 9-56 设置聚光灯参数

(6) 在【聚光灯参数】栏中将【聚光灯/光束】和【衰减区/区域】分别设置为 0.5 和 35；在【阴影参数】栏中设置【颜色】参数，如图 9-57 所示。

(7) 调整场景中的聚光灯图标位置，使其效果如图 9-58 所示。

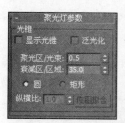

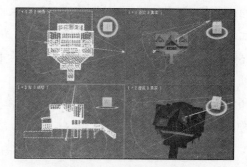

图 9-57　设置【聚光灯参数】和【阴影参数】　　　　图 9-58　调整聚光灯位置

(8) 激活透视图，然后渲染场景，效果如图 9-50 所示。

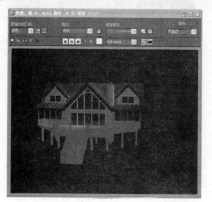

图 9-59　聚光灯效果

9.6.2　为室外场景创建天光

下面的实例将介绍为室外场景创建天光的具体操作。

(1) 打开如图 9-60 所示的模型对象后，切换至【创建】命令面板，单击【灯光】按钮。

(2) 单击【光度学】下拉列表按钮，在弹出的下拉列表中选择【标准】选项，然后在【对象类型】栏中单击【天光】按钮。

(3) 在顶视图中合适的位置单击鼠标，创建一个天光图标，效果如图 9-61 所示。

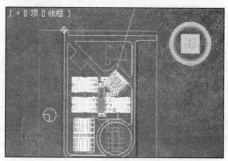

图 9-60　打开模型　　　　　　　　　图 9-61　创建天光图标效果

（4）在【天光参数】栏中设置【倍增】文本框中的参数为1，然后使用工具栏中的【选择并移动】工具，在场景中调整天光图标的位置，使其效果如图 9-62 所示。

（5）选择【渲染】|【渲染设置】命令，打开【渲染设置】对话框，然后在该对话框中选择【高级照明】选项卡。

（6）单击【高级照明】选项卡中的下拉列表按钮，在弹出的下拉列表中选择【光跟踪器】选项，如图 9-63 所示。

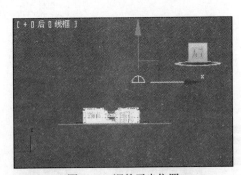

图 9-62　调整天光位置

图 9-63　选择【光跟踪器】选项

（7）激活透视图，然后渲染场景，效果如图 9-64 所示。

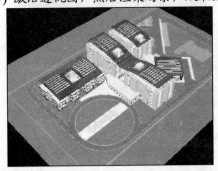 

图 9-64　天光效果

9.7　习题

1. 3ds Max 中常用的标准灯光和光度学灯光有哪些？
2. 3ds Max 中的摄影机有哪几种类型，其特点是什么？

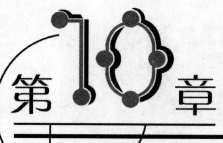

第10章

应用效果与环境特效

学习目标

在 3ds Max 2012 中创建的三维虚拟场景是绝对真空理想状态的，其空间中没有空气与灰尘的存在，从而会导致灯光的效果不真实。因此，为了达到场景的真实虚拟效果，设计者需要利用该软件提供的多种环境特效，设置一个与真实环境相似的三维场景，例如雾效、光效以及火焰效果等。本节将重点介绍在 3ds Max 中设置与应用效果与环境特效的具体操作方法。

本章重点

- ◉ 设置场景渲染环境
- ◉ 应用模拟大气效果
- ◉ 添加场景渲染效果

10.1 设置场景渲染环境

在 3ds Max 中，设计者可以任意改变渲染环境的背景颜色、图案以及环境光等设置。本节将重点介绍设置渲染环境的具体操作方法。

10.1.1 设置渲染背景颜色

用户可以通过设置渲染场景的背景颜色，达到配合场景需要的效果(默认设置下 3ds Max 背景颜色为黑色)。

【练习 10-1】在 3ds Max 中设置渲染场景背景颜色。

(1) 打开如图 10-1 所示的模型后，在 3ds Max 中选择【渲染】|【环境】命令，打开【环境和效果】对话框，如图 10-2 所示。

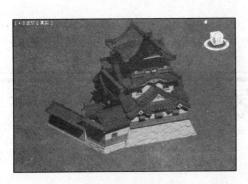

图 10-1　打开模型

图 10-2　【环境和效果】对话框

(2) 在【环境和效果】对话框中的【公用参数】栏的【背景】选项区域中单击【颜色】色块，打开如图 10-3 所示的【颜色选择器：背景色】对话框。

(3) 在【颜色选择器】对话框中设置背景颜色，然后按下 F9 键快速渲染，效果如图 10-4 所示。

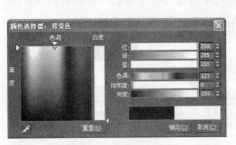

图 10-3　【颜色选择器：背景色】对话框

图 10-4　背景颜色渲染效果

 提示

> 在设置渲染背景颜色时，用户可以按下 F8 键，快速打开【环境与效果】对话框。

10.1.2　设置渲染背景贴图

用户除了可以设置渲染的背景颜色以外，还可以参考下面实例所介绍的方法，为背景设置贴图，使场景的效果更加逼真。

【练习 10-2】在 3ds Max 中设置渲染场景背景贴图。

(1) 打开如图 10-1 所示的模型后，打开如图 10-2 所示的【环境和效果】对话框，勾选该对话框中的【使用贴图】复选框。

(2) 单击【环境和效果】对话框中的【无】按钮，然后在打开的【材质/贴图浏览器】对话框顶端的文本框中输入"位图"后按 Enter 键，打开如图 10-5 所示的【选择位图图像文件】对话框。

(3) 在【选择位图图像文件】对话框中选中相应的素材文件，然后单击【打开】按钮即可设置背景贴图。

(4) 最后，按下 F9 键快速渲染模型，效果如图 10-6 所示。

图 10-5　【选择位图图像文件】对话框

图 10-6　背景贴图渲染效果

10.1.3　设置染色的颜色

染色指的是全局光照的颜色，当用户改变染色的颜色时，场景中的物体也会受到颜色的影响从而发生一定的变化。用户可以参考下面的实例设置染色的颜色。

【练习 10-3】在 3ds Max 中设置染色的颜色。

(1) 打开如图 10-7 所示的模型后，选择【渲染】|【环境】命令，打开【环境和效果】刘话框，然后在【公用参数】栏的【全局照明】选项区域中单击【染色】色块，打开【颜色选择器】对话框。

(2) 在【颜色选择器】中设置染色的颜色，然后单击【确定】按钮即可设定染色效果。再按下 F9 键盘快速渲染，效果如图 10-8 所示。

图 10-7　素材模型

图 10-8　染色渲染效果

10.1.4　设置环境光

在 3ds Max 中，用户可以通过环境光设置照亮整个场景的常规光线，此类光线具有均匀的强度，并且属于漫反射。

【练习 10-4】在 3ds Max 中设置环境光。

(1) 打开如图 10-9 所示的模型后，选择【渲染】|【环境】命令，打开【环境和效果】对话框，然后在【公用参数】栏中单击【环境光】色块，打开【颜色选择器】对话框。

(2) 在【颜色选择器】中设置环境光的颜色，然后单击【确定】按钮即可。再按下 F9 按钮快速渲染，效果如图 10-10 所示。

图 10-9 打开模型

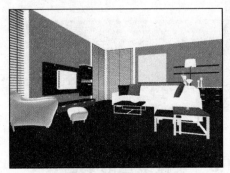

图 10-10 环境光渲染效果

计算机 基础与实训教材系列

> **提示**
>
> 除了以上场景渲染环境以外，用户还可以在【环境和效果】对话框的【曝光控制】栏中设置场景曝光效果。启用曝光效果可以为渲染图像添加动态范围，使场景更接近眼睛实际看到的效果。

⑩.2 应用模拟大气效果

3ds Max 中的大气环境效果可以用于模拟自然界中的云、雾和火等特殊效果，利用这些特殊效果可以逼真地模拟出自然界中的各种气候现象。本节将重点介绍应用大气效果的具体操作方法。

⑩.2.1 创建火焰效果

利用火焰效果，用户可以在 3ds Max 中制作出火焰、烟雾和爆炸等特殊现象的同时，不产生任何照明效果。

【练习 10-5】在 3ds Max 中设置火焰效果。

(1) 打开一个模型后，选择【创建】|【辅助对象】|【大气】|【球体】命令，打开【球体 Gizmo】命令面板，然后单击该面板中的【球体 Gizmo】按钮，创建一个如图 10-11 所示的半球辅助物体。

(2) 选择【渲染】|【环境】命令，打开【环境和效果】对话框，然后单击【大气】栏中的【添加】按钮，如图 10-12 所示。

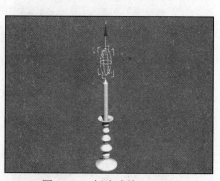

图 10-11 创建球体 Gizmo

图 10-12 【环境和效果】对话框

(3) 打开【添加大气效果】对话框，然后选中该对话框中的"火效果"选项，并单击【确定】按钮，返回【环境和效果】对话框。

(4) 在【环境和效果】对话框【火焰果参数】栏的【Gizmo】选项区域中单击【拾取 Gizmo】按钮，并单击场景中的球体 Gizmo，然后在【图形】和【特性】选项区域中设置火焰的特性，并选中【火球】单选按钮，如图 10-13 所示。

(5) 按下 F9 键快速渲染，效果如图 10-14 所示。

图 10-13 【环境和效果】对话框

图 10-14 火焰效果

10.2.2 创建雾效果

用户在 3ds Max 中使用雾效果可以创建出雾、烟雾和蒸汽等天气效果，并且还可以根据需要调整雾的显示颜色。

【练习 10-6】在 3ds Max 中设置雾效果。

(1) 打开如图 10-15 所示的模型后，选择【渲染】|【环境】命令，打开【环境和效果】对话框，然后在【大气】栏中单击【添加】按钮，打开【添加大气效果】对话框。

(2) 在【添加大气效果】对话框中选择【雾】选项，如图 10-16 所示，然后单击【确定】按钮。。

图 10-15　打开模型

图 10-16　选择【雾】选项

(3) 再在【雾】参数栏中选中【分层】单选按钮，并设置参数，完成设置后的【雾】参数栏如图 10-17 所示。

(4) 按下 F9 键快速渲染，效果如图 10-18 所示。

图 10-17　设置雾参数

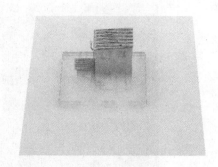

图 10-18　雾效果

10.2.3　设置体积光

体积光可以用于制作带有光束的光线透过灰尘(或烟雾)效果，利用体积光用户可以非常方便地模拟舞台灯光、雾中车灯等场景。

【练习 10-7】在 3ds Max 中设置体积光。

(1) 打开一个模型后，创建如图 10-19 所示的目标聚光灯效果。

(2) 按下 F8 键打开【环境和效果】对话框，然后在该对话框中的【大气】栏单击【添加】按钮，打开如图 10-20 所示的【添加大气效果】对话框。

(3) 在【添加大气效果】对话框中选择【体积光】选项(如图 10-20 所示)，然后单击【确定】按钮。

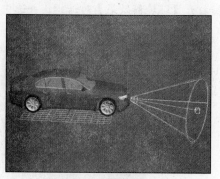

图 10-19　目标聚光灯效果

图 10-20　选择【体积光】选项

(4) 在【体积光参数】栏的【灯光】选项区域中单击【拾取灯光】按钮后，移动鼠标光标至场景视图中，然后选中步骤(1)创建的目标聚光灯，并在【体积】选项区域中设置体积光参数，如图 10-21 所示。

(5) 完成以上设置后，按下 F9 键快速渲染，效果如图 10-22 所示。

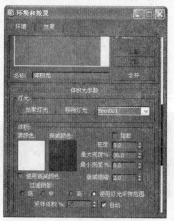

图 10-21　设置体积光参数

图 10-22　体积光效果

10.3　添加场景渲染效果

用户在 3ds Max 中使用【效果】命令面板为场景添加各种渲染效果，例如镜头效果、色彩平衡效果以及胶片颗粒效果灯。本节将主要介绍添加场景渲染效果的相关知识和操作方法。

10.3.1　镜头效果

镜头效果可用于创建真实的效果系统，例如光晕、射线、自动二级光斑、光环、手动光斑、星形和条纹等。

【练习 10-8】在 3ds Max 中设置镜头效果。

(1) 打开如图 10-23 所示的模型后，按下 F8 键打开【环境和效果】对话框，并选中该对话框中的【效果】选项卡，如图 10-24 所示。

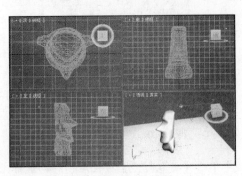

图 10-23　打开模型

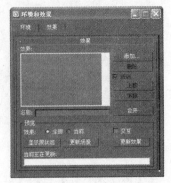

图 10-24　选中【效果】选项卡

(2) 单击【效果】对话框中的【添加】按钮，然后在打开的【添加效果】对话框中选择【镜头效果】选项，再单击【确定】按钮返回【环境和效果】对话框。

(3) 在【镜头效果全局】栏中单击【拾取灯光】按钮，然后单击视图中的灯光在场景中拾取灯光。在【镜头效果参数】栏中选择【Star】选项后，单击 ▶ 按钮，将 Star 特效添加在右侧的列表框中，如图 10-25 所示。

(4) 完成以上设置后，按 Enter 键确定，然后按 F9 键快速渲染，效果如图 10-26 所示。

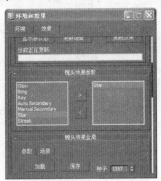

图 10-25　添加 Star 特效

图 10-26　镜头效果

⑩.3.2　亮度与对比度效果

使用亮度与对比效果，用户可以在 3ds Max 中调整图像的亮度与对比度，从而将渲染图像和背景进行进一步匹配。

【练习 10-9】在 3ds Max 中设置亮度与对比度效果。

(1) 打开图 10-23 所示的模型对象后，按下 F8 键打开【环境和效果】对话框，并选中对话框中的【效果】选项卡。

(2) 单击【效果】对话框中的【添加】按钮，在打开的【添加效果】对话框中选择【亮度和对比度】选项，然后单击【确定】按钮返回【环境和效果】对话框。

(3) 在展开的【亮度和对比度】栏中调整【亮度】与【对比度】文本框中的参数后(如图 10-27 所示)，即可为场景添加亮度与对比度，效果如图 10-28 所示。

图 10-27　设置亮度与对比度

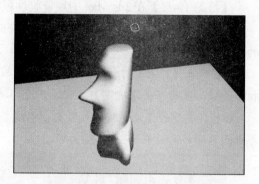

图 10-28　亮度与对比度效果

10.3.3　色彩平衡效果

使用色彩平衡效果，用户可以通过设定 RGB 通道来调整相加/相减颜色参数值，从而实现控制渲染图像颜色的目的。

【练习 10-10】在 3ds Max 中设置色彩平衡效果。

(1) 打开一个场景模型后，按 F8 键打开【环境和效果】对话框，并选中对话框中的【效果】选项卡，如图 10-24 所示。

(2) 单击【效果】对话框中的【添加】按钮，在打开的【添加效果】对话框中选中【色彩平衡】选项后，单击【确定】按钮返回【环境和效果】对话框，如图 10-29 所示。

(3) 在展开的【色彩平衡参数】栏中调整【青】、【洋红】、【黄】等 3 个文本框中的参数数值，即可添加色彩平衡效果，如图 10-30 所示。

图 10-29　调整色彩平衡参数

图 10-30　色彩平衡效果

10.3.4　胶片颗粒效果

胶片颗粒效果可以用于在渲染场景时重新创建胶片颗粒，也可以将作为背景使用的源材质中的胶片颗粒与软件中创建的渲染场景相匹配。

【练习10-11】在 3ds Max 中设置胶片颗粒效果。

(1) 打开如图 10-31 所示的模型后，按F8键打开【环境和效果】对话框，并选中该对话框中的【效果】选项卡。

(2) 单击【效果】对话框中的【添加】按钮，在打开的【添加效果】对话框中选择【胶片颗粒】选项，然后单击【确定】按钮返回【环境和效果】对话框。

(3) 在展开的【胶片颗粒参数】栏中调整【颗粒】右侧文本框中的参数数值后，即可为场景添加胶片颗粒，效果如图 10-32 所示。

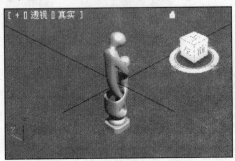

图 10-31　打开模型　　　　　　　　图 10-32　胶片颗粒效果

10.4　使用 Video Post 编辑器

3ds Max 中的 Video Post 编辑器可以合并与渲染输出不同类型的事件，例如当前场景、位图图像以及图像处理等功能。本节将重点介绍 Video Post 编辑器的相关知识与操作方法。

10.4.1　打开 Video Post 编辑器

Video Post 编辑器是一个独立的无模式对话框，它和【轨迹视图】类似，该对话框的编辑窗口可以显示完成视频中每个事件出现的时间(每个事件都与具有范围栏的轨迹相关联)。用户可以在 3ds Max 中选择【渲染】|【Video Post】命令，打开 Video Post 编辑器，如图 10-33 所示。

图 10-33　Video Post 编辑器

10.4.2 添加场景事件

添加场景事件指的是将选定视口中的场景添加至队列，场景事件是当前 3ds Max 场景的视图，用户可以选择显示某个视图，以及选择何种方式同步最终视频与场景。

【练习 10-12】在 Video Post 编辑器中添加场景事件。

(1) 打开图 10-31 所示的模型后，选择【渲染】|【Video Post】命令，打开【Video Post】对话框，然后单击【添加场景事件】按钮打开如图 10-34 所示的【添加场景事件】对话框。

(2) 打开【添加场景事件】对话框后，在【视图】选项区域中默认为【透视】，如图 10-34 所示。然后单击【确定】按钮，即可添加场景事件，如图 10-35 所示。

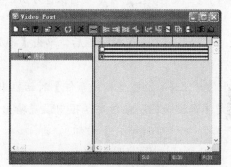

图 10-34 【添加场景事件】对话框　　图 10-35 添加场景事件对话框

10.4.3 添加图像输入事件

添加图像输入事件指的是将静止或移动的图像添加至场景，"图像输入"事件将图像放置到队列中，但不同于场景事件，图像是一个事先保存过的文件或设备生成的图像。

【练习 10-13】在 Video Post 编辑器中添加图像输入事件。

(1) 以【练习 10-12】为基础，单击【Video Post】编辑器中的【添加图像输入事件】按钮，打开如图 10-36 所示的【添加图像输入事件】对话框。

(2) 在打开的【添加图像输入事件】对话框中单击【文件】按钮，打开如图 10-37 所示的【为 Video Post 输入选择图像文件】对话框。

图 10-36 【添加图像输入事件】对话框　　图 10-37 【为 Video Post 输入选择图像文件】对话框

（3）在【为 Video Post 输入选择图像文件】对话框中选择相应的文件，然后单击【打开】按钮返回【添加图像输入事件】对话框。

（4）在【添加图像输入事件】对话框中单击【确定】按钮即可添加图像输入时间。

10.4.4 添加图像输出事件

添加图像输出事件是提供用于编辑输出图像事件的控件。用户在 Video Post 编辑器中添加输出事件时，可以选择所输出图像的格式。

【练习 10-14】在 Video Post 编辑器中添加图像输入事件。

（1）参考【练习 10-12】所介绍的操作方法，单击 Video Post 对话框中的【添加场景事件】按钮，添加场景事件。

（2）返回【Video Post】对话框后，单击【添加图像输出事件】按钮，打开【添加图像输出事件】对话框，如图 10-38 所示。

（3）在打开的【添加图像输出事件】对话框中单击【文件】按钮，打开【为 Video Post 输出选择图像文件】对话框，在该对话框中设置输出文件名(输出图像)和文件保存类型(*.bmp)(如图 10-39 所示)，然后单击【确定】按钮。

图 10-38 【添加图像输出事件】对话框

图 10-39 设置输出文件名和文件保存类型

（4）在打开的【BMP 配置】对话框(如图 10-40 所示)中单击【确定】按钮，即可添加图像输出事件，如图 10-41 所示。

图 10-40 【BMP 配置】对话框

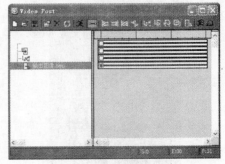

图 10-41 添加图像输出事件

⑩.5　上机练习

本章的上机练习将通过实例详细介绍在 3ds Max 中制作特殊效果的操作方法，帮助用户进一步掌握学到的知识。

下面将通过制作一个爆炸动画，介绍制作简单爆炸效果的操作方法。

(1) 单击【创建】命令面板中的【辅助对象】按钮，然后单击【标准】下拉列表按钮，在弹出的下拉列表中选择【大气装置】选项，如图 10-42 所示。

(2) 单击【对象类型】栏中的【球体 Gizmo】按钮，在场景中创建一个如图10-43 所示的球形控制图标。

图 10-42　选择【大气装置】选项

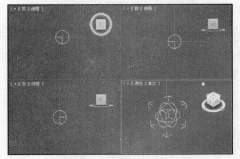

图 10-43　创建球形控制图标

(3) 选择【渲染】|【环境】命令，在打开的【环境和效果】对话框中单击【大气】选项区域中的【添加】按钮，如图 10-44 所示，打开【添加大气效果】对话框。

(4) 在【添加大气效果】对话框中选中【火效果】选项，如图 10-45 所示，然后单击【确定】按钮，返回【环境和效果】对话框。

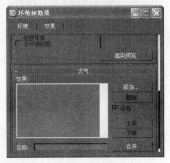

图 10-44　打开模型

图 10-45　创建球形控制图标

(5) 在【环境和效果】对话框中，单击【火效果参数】栏中的【拾取 Gizmo】按钮，如图 10-46 所示，然后移动鼠标光标至视图中单击步骤(2)创建的球形控制图标。这时，Gizmo 栏右侧的列表框中将显示文字 "SphereGizmo001"。

(6) 在【火效果参数】栏中设置火焰的各项参数(颜色、形状、属性等)，然后勾选【爆炸】选项区域中的【爆炸】和【烟雾】复选框，并在【剧烈度】文本框中设置爆炸剧烈度参数，如图 10-47

所示。

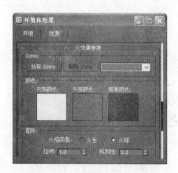

图 10-46　设置拾取 Gizmo

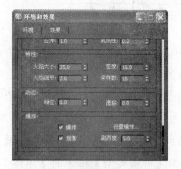

图 10-47　设置【爆炸】选项区域

(7) 单击【爆炸设置】按钮，打开【设置爆炸相位曲线】对话框，然后在该对话框中设置爆炸的开始时间与结束时间，如图 10-48 所示，设置完成后单击【确定】按钮。

(8) 单击动画控制区域中的【时间配置】按钮，打开【时间配置】对话框，然后在该对话框中设置动画的制式、速度以及长度等参数，如图 10-49 所示，设置完成后单击【确定】按钮。

图 10-48　设置拾取 Gizmo

图 10-49　设置【爆炸】选项区域

(9) 完成以上操作后，快速渲染动画文件，即可得到爆炸效果。

10.6　习题

1. 参考【练习 10-5】所介绍的方法，制作一个燃烧的火炬。
2. 创建一个场景并在空间中添加标准雾效果。

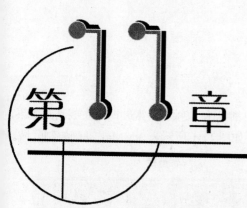

第11章

制作基础动画效果

学习目标

　　动画制作就是通过记录对象的变换、移动路线或指定对象的运动轨迹，使对象产生相应的运动效果。动画是一门综合艺术，它结合了绘画、电影、数字媒体以及摄影灯诸多艺术门类于一体，3ds Max 中为用户提供了一套功能强大的动画系统。本章将主要介绍 3ds Max 动画的基础知识和创建方法。

本章重点

- ◉ 3ds Max 动画的基础知识
- ◉ 设置与控制动画
- ◉ 调节动画的关键帧与动作
- ◉ 利用动画控制器制作动画

11.1　3ds Max 动画的基础知识

　　利用 3ds Max，用户不仅可以制作三维模型，还能够制作出三维动画效果。但在开始制作三维动画之前，需要对动画的基本知识有一定的了解。本节将重点介绍 3ds Max 动画的基础知识。

11.1.1　动画的概念

　　动画建立在人类的视觉原理基础之上，通过在单位时间内快速地播放连续的画面，使人眼感到是在连续的运动。例如，电影以每秒 24 帧的速度播放胶片，由于人的视觉暂留现象，会使观者感觉到画面是连续的，如果以快于或慢于这个速度播放胶片，观看者就会感到画面不太真实。

　　在制作动画时，需要动画设计者对动画的角色或物体的运动进行细致观察和深刻体会，抓住运动的感觉，才能制作出生动逼真的动画效果。

11.1.2 认识关键帧

在 3ds Max 中，用户只需要记录每个动画序列的起始帧、结束帧和关键帧即可生成动画效果，该软件所提供的动画制作工具一般位于动画控制区域，如图 11-1 所示为 3ds Max 动画控制区域。

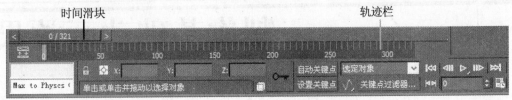

图 11-1　3ds Max 动画控制区域

用户在短时间内观看的一系列相关联的静止画面时，会将画面视为连续的动作，在动画制作的领域中每个单幅的画面被称为帧，而整个动画中发生关键性变化的帧被称为关键帧。当用户启动【设置关键点】按钮时，任何一种形状或参数的改变，都会产生一个关键点活标记，用于定义该对象在特定帧的位置和视觉效果。

提示
通过移动时间滑块可以在任意帧中设置关键点，关键点设置好后，3ds Max 将自动在关键点之间插入对象运动的所有位置及变化。

11.2　设置与控制动画效果

在图 11-1 所示的动画控制区域中，用户可以设置任何对象变化参数的动画、播放顺序以及关键点。下面将重点讲解设置与控制动画效果的相关知识与具体操作方法。

11.2.1 启用动画模式

当用户单击动画控制区域中的【自动关键点】按钮，开启动画模式后(此时当前视图和时间滑块进度条呈红色状态显示)，设置当前时间以及更改场景中对象的位置、角度等，即可设置关键帧动画。

11.2.2 设置帧速率

帧速率用于指定帧播放的速率，我国与欧洲使用的是 PAL 制式(每秒 25 帧)，用户可以在 3ds Max 中自定义动画每秒的帧数，具体操作方法如下。

【练习 11-1】在如图 11-1 所示的动画控制区域中设置动画的帧速率的制式为 PAL，速率为 25。

(1) 单击动画控制区域中的【时间配置】按钮如图 11-2 所示，打开【时间配置】对话框。

(2) 在【时间配置】对话框中的帧速率选项区域中选中【PAL】单选按钮，然后在 FPS 文本框中输入 25，如图 11-3 所示，再单击【确定】按钮即可。

【时间配置】按钮

图 11-2　单击【时间配置】按钮

图 11-3　【时间配置】对话框

11.2.3　设定动画录制时间

在【时间配置】对话框中，3ds Max 提供了帧速率、时间显示、播放和动画等设置选项，用户还可以通过该窗口来更改动画的时间长度。

【练习 11-2】在如图 11-3 所示的【时间配置】对话框中设置动画的录制时间。

(1) 单击动画控制区域中的【时间配置】按钮打开【时间配置】对话框，然后在【动画】选项区域的【长度】文本框中输入 50，如图 11-4 所示。

(2) 在【时间配置】对话框中单击【确定】按钮后即可设置动画录制时间，这时，轨迹栏中的帧数将变为 50，如图 11-5 所示。

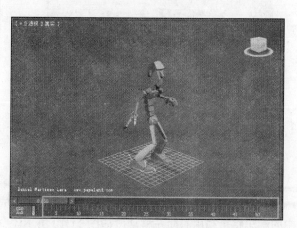

图 11-4　设置【长度】文本框

图 11-5　设置动画录制时间

11.2.4 设置关键点

在 3ds Max 中，用户可以通过设置关键点记录动画的起点与重点，从而生成完成的动画效果，具体操作方法如下。

【练习 11-3】在动画中设置关键点。

(1) 打开如图 11-6 所示的模型后，单击动画控制区中的【自动关键点】按钮，将时间滑块拖曳至第 30 帧处，如图 11-7 所示。

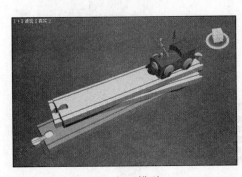

图 11-6 打开模型

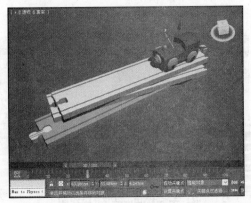

图 11-7 拖曳时间滑块

(2) 在透视图中选中场景中的汽车对象，然后使用【选择并移动】按钮 沿 X 轴将其拖曳至合适的位置，如图 11-8 所示。

(3) 单击动画控制区域中的【设置关键点】按钮，如图 11-9 所示，即可设置关键点。

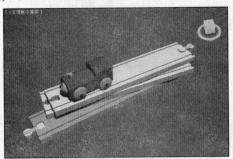

图 11-8 移动汽车位置

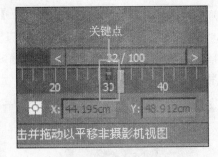

图 11-9 播放动画

11.2.5 播放与停止动画

完成动画的创建后，用户可以实时地观看动画的播放效果。以【练习 11-3】所创建的动画为例，用户单击动画控制区域中的【播放动画】按钮 ，当时间滑块滑动至轨迹栏 0～30 帧时，场景中的汽车将自动由右向左移动，如图 11-10 所示。

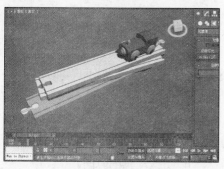 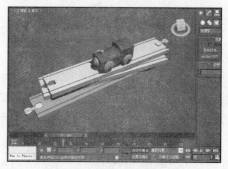

(1) 第 5 帧时动画效果　　　　　　(2) 第 25 帧时动画效果

图 11-10　动画效果

当用户观看完动画效果后，可以通过再次单击动画控制区域中的【播放动画】按钮![]停止动画的播放。这样，即可控制动画播放与停止的效果。

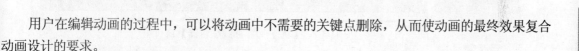

11.2.6　删除关键点

用户在编辑动画的过程中，可以将动画中不需要的关键点删除，从而使动画的最终效果复合动画设计的要求。

【练习 11-4】删除动画中不需要的关键点。

(1) 选中场景中的动画对象，即可在轨迹栏中显示动画关键点，如图 11-11 所示。

(2) 在不需要的动画关键点上单击鼠标右键，在弹出的菜单中选择【删除选定关键点】命令(如图 11-12 所示)，即可将所选关键点删除。

 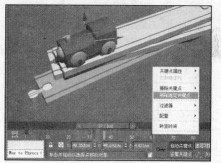

图 11-11　显示动画关键点　　　　　　图 11-12　删除关键点

11.3　调节动画的关键帧与动作

3ds Max 的轨迹视图是三位动画制作的重要工作窗口，通过该视图用户可以非常方便地对关键帧和动作进行调节。本节将重点介绍在轨迹视图中调节动画的关键帧与动作的具体操作方法。

11.3.1 认识轨迹视图

轨迹视图是一个功能强大的动画编辑工具，通过轨迹视图窗口，用户不仅可以对动画中创建的声音共建点进行查看和编辑，还能够制定动画控制器，以便插补或控制场景对象的所有关键点和参数。轨迹视图分为【曲线编辑器】和【摄影表】两种不同的视图编辑模式，在【曲线编辑器】中，以函数曲线方式显示和编辑动画；在【摄影表】中，以动画的关键点和时间范围方式显示和编辑动画，关键帧由不同的颜色分类，并且可以左右移动以更改动画的时间。

- 用户可以通过单击 3ds Max 工具栏中的【曲线编辑器】按钮，打开【轨迹视图-曲线编辑器】窗口，如图 11-13 所示。该窗口中提供了丰富的关键点编辑工具，用户可以对关键点进行移动、滑动、缩放、复制或添加等操作。

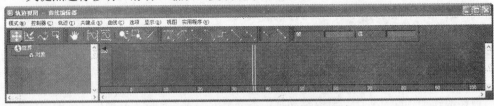

图 11-13 【轨迹视图-曲线编辑器】窗口

- 在如图 11-13 所示的【轨迹视图-曲线编辑器】窗口中选择【模式】|【摄影表】命令，即可切换为【轨迹视图-摄影表】窗口，如图 11-14 所示。

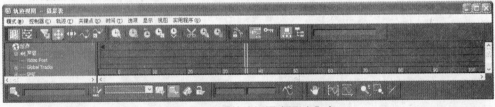

图 11-14 【轨迹视图-摄影表】窗口

11.3.2 设置循环效果

3ds Max 动画循环事件的范围栏以彩色显示子事件播放的原始持续时间，以灰色显示循环事件的范围。用户可以参考以下实例所介绍的方法在动画中添加循环效果。

【练习 11-5】在动画中添加循环事件效果。

(1) 打开【练习 11-2】创建模型对象，然后选择场景中的汽车对象，并单击【打开迷你曲线编辑器】按钮，显示【打开迷你曲线编辑器】窗口，如图 11-15 所示。

(2) 在【打开迷你曲线编辑器】对话框中选择【控制器】|【超出范围类型】命令，打开【参数曲线超出范围类型】对话框，然后单击该对话框中的【循环】选项区域内的按钮，如图 11-1[所示。

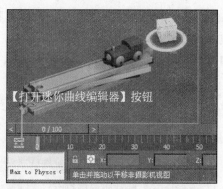

图 11-15　单击【打开迷你曲线编辑器】按钮

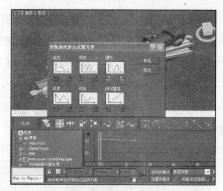

图 11-16　【参数曲线超出范围类型】对话框

(3) 单击【确定】按钮，即可添加循环效果。

11.3.3　添加可见性轨迹

添加可视性轨迹可以方便用户对动画进行编辑。在 3ds Max 中，用户可以参考以下实例所介绍的方法，在动画中添加可见性轨迹。

【练习 11-6】在动画中添加可见性轨迹。

(1) 打开【练习 11-2】创建的汽车模型对象，选中场景中的对象后，选择【图形编辑器】|【轨迹视图-曲线编辑器】命令，打开【轨迹视图-曲线编辑器】窗口。

(2) 选择模型树中【对象】选项下的【组 001】选项，然后选择【轨迹】|【可见性轨迹】|【添加】命令，如图 11-17 所示。完成以上操作后，即可添加如图 11-18 所示的可见性轨迹。

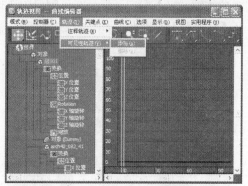

图 11-17　添加可见性轨迹

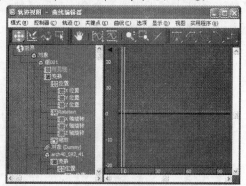

图 11-18　可见性轨迹

11.3.4　调整轨迹切线

用户在制作动画时，可以对轨迹切线进行修改，从而控制动画对象的运动。

【练习 11-7】在动画中调整轨迹切线。

(1) 打开【练习 11-2】创建的汽车模型对象，选中场景中的对象后，选择【图形编辑器】|【轨迹视图-曲线编辑器】命令，打开【轨迹视图-曲线编辑器】窗口。

(2) 选中模型树中【对象】选项下的【组 001】选项，然后勾选【位置】选项下的【X 位置】、【Y 位置】和【Z 位置】选项，如图 11-19 所示。

(3) 单击【移动关键点】按钮，然后单击轨迹线上的关键点，并按住鼠标左键拖曳，调整关键点的位置，如图 11-20 所示。

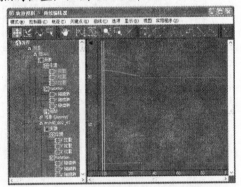
图 11-19 选择【位置】选项

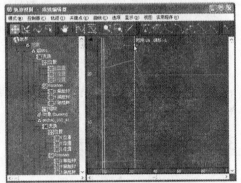
图 11-20 调整关键点的位置

(4) 完成以上操作后，轨迹切线将发生变化，同时动画的运动轨迹也将随之改变。

11.3.5 显示过滤器窗口

过滤器用于设置在层级树中显示与对象相关的属性。用户在 3ds Max 中选择【图形编辑器】|【轨迹视图-曲线编辑器】命令，打开【轨迹视图-曲线编辑器】窗口，然后在该窗口中选择【显示】|【过滤器】命令(如图 11-21 所示)，即可打开【过滤器】对话框，如图 11-22 所示。

图 11-21 显示过滤器

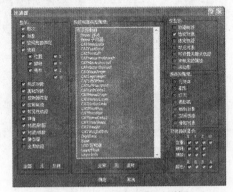
图 11-22 【过滤器】对话框

11.3.6 隐藏过滤器选项

在【过滤器】对话框中的【显示】选项区域中，单击【无】按钮，如图 11-23 所示，则【显

示】选项区域中所有的选项将被取消。这时，单击【确定】按钮，返回【轨迹视图-曲线编辑器】
窗口，则模型树中所有过滤器选项将被隐藏，如图 11-24 所示。

图 11-23　单击【无】按钮

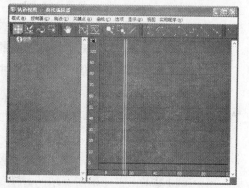

图 11-24　隐藏过滤器选项

11.3.7　插入关键点

在 3ds Max 三维动画中，用户可以使用两种方法插入关键点，一种是在【运动】命令面板中
插入关键点，另一种是在轨迹视图中插入关键点，具体如下。

- 在【运动】命令面板中插入关键：选中场景中需要添加关键点的对象后，单击鼠标并拖
  曳时间滑块，切换至【运动】命令面板，在【PRS 参数】栏的【创建关键点】选项区域
  中单击【位置】按钮，即可插入关键点，如图 11-25 所示。

- 在轨迹视图中插入关键点：选择【图形编辑器】|【轨迹视图-曲线编辑器】命令，打开
  【轨迹视图-曲线编辑器】窗口，然后选择场景中要添加关键点的对象，在窗口的菜单中
  选择【关键点】|【添加关键点】命令，并移动鼠标光标至【轨迹视图-曲线编辑器】窗口
  中合适的位置，单击鼠标，即可插入一个关键点，如图 11-26 所示，插入的关键会显示
  在轨迹栏中。

图 11-25　插入关键点

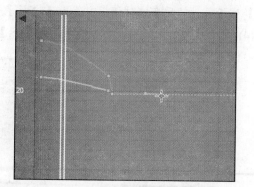

图 11-26　单击鼠标添加关键点

11.4 利用动画控制器制作动画

在 3ds Max 中，用户除了可以运用常用的关键帧制作动画以外，还可以利用动画控制器制作动画。动画控制器实际上是控制对象运动轨迹的规律事件，它决定了动画参数在第 1 帧中形成的规律，决定了动画参数在第 1 帧的值。本节将重点介绍利用动画控制器制作动画的相关知识。

11.4.1 波形控制器

波形控制器是一种浮动的控制器，通过该控制器用户可以在动画中实现具有规则和周期的波形效果。用户可以参考以下实例所介绍的方法使用波形控制器。

【练习 11-8】使用波形控制器创建具有规则和周期的动画效果。

(1) 使用【球体】工具和【平面】工具在场景中创建如图 11-27 所示的模型对象。

(2) 选中场景中的球体对象，单击【运动】命令面板中的【参数】按钮，在【指定控制器】栏中单击【位置】选项左侧的【+】按钮，并在展开的层级树中选择【Z 位置: Bezier 浮点】选项，如图 11-28 所示。

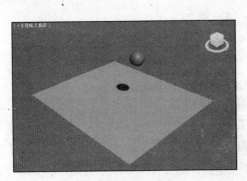

图 11-27　创建模型

图 11-28　【运动】命令面板

(3) 在如图 11-28 所示的【指定控制器】栏中单击【指定控制器】按钮，打开【指定浮点控制器】对话框，然后在该对话框中选择【波形浮点】选项，如图 11-29 所示。

(4) 单击【确定】按钮，打开【波形控制器】对话框，如图 11-30 所示。

图 11-29　选择【波形浮点】选项

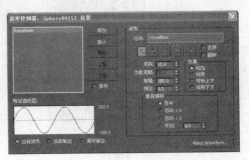

图 11-30　【波形控制器】对话框

(5) 在【波形控制器】对话框中的【波形】选项区域内设置周期、振幅等参数，然后在【效果】选项区域中选中【钳制上方】单选按钮，最后在【垂直偏移】选项区域中选中【自动>0】单选按钮。

(6) 完成以上操作后，关闭【波形控制器】对话框，返回【指定控制器】栏，即可添加波形控制器，如图 11-31 所示。

(7) 单击【播放动画】按钮，随着时间滑块的移动，场景中的球体将上下跳动，效果如图 11-32 所示。

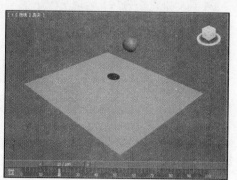

图 11-31　添加波形控制器

图 11-32　球体跳动效果

11.4.2　噪波控制器

噪波控制器用于在路径上增加运动的随机性，并且会在一系列帧上产生随机基于飞行的动画。另外，通过噪波控制器还可以设置丰富的噪波参数，其具体使用方法如下。

【练习 11-9】使用噪波控制器创建飞行动画效果。

(1) 打开如图 11-33 所示的模型对象，选中气球模型，然后单击【运动】命令面板中的【参数】按钮，并在【指定控制器】栏中单击【位置】选项左侧的【+】按钮。

(2) 在展开的层级树中选择【Z 位置：Bezier 浮点】选项，然后单击【指定控制器】按钮，打开【指定浮点控制器】对话框，并在该对话框中选择【噪波浮点】选项，如图 11-34 所示。

图 11-33　打开模型

图 11-34　选择【噪波浮点】选项

(3) 单击【确定】按钮，打开【噪波控制器】对话框，然后在该对话框中勾选【强度】文本框右侧的复选框，并设置种子、频率等参数，如图 11-35 所示。

(4) 单击【关闭】按钮，返回【指定控制器】栏，完成噪波控制器的添加，单击【播放动画】按钮 ，随着时间滑块的移动，气球模型将在场景中上下飞行，效果如图 11-36 所示。

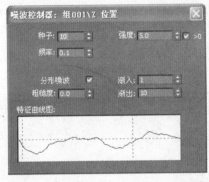

图 11-35 设置【噪波控制器】对话框

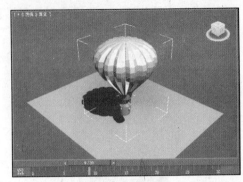

图 11-36 播放动画

11.4.3 使用附着约束

动画的约束可以用于通过与其他对象的绑定关系，控制动画对象的位置、旋转和缩放。附着约束是一种位置约束，它可以将一个对象附着到另一个对象上。

【练习 11-10】使用附着约束控制动画中对象的运动效果。

(1) 使用【圆】和【长方体】工具在场景中创建如图 11-37 所示的模型对象，选中长方体对象，然后选择【动画】|【约束】|【附着约束】命令，并移动鼠标光标至圆对象上并单击鼠标左键，将长方体对象附着约束在圆对象上，效果如图 11-38 所示。

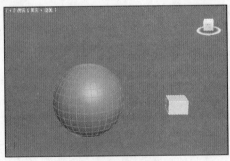

图 11-37 打开模型

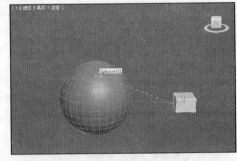

图 11-38 创建附着约束

(2) 切换至【运动】命令面板，展开【附着参数】栏，然后单击【设置位置】按钮，如图 11-3所示。

(3) 在【面】文本框中设置参数，然后按 Enter 键确定，则长方体的位置将随之改变。

(4) 完成以上操作后，单击【播放动画】按钮 ，随着时间滑块的移动，圆上的长方体将渐移动至设定的位置，效果如图 11-40 所示。

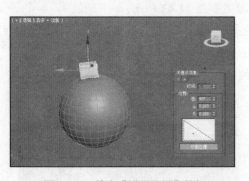

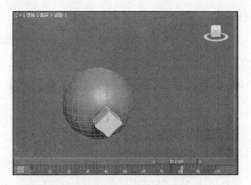

图 11-39 单击【设置位置】按钮 　　　图 11-40 附着约束动画效果

提示

　　附着约束的目标对象不必是网格对象，但必须能转化为网格，通过随着时间设置不同的附着关键点，用户可以在一个对象的不规则曲面上设置另一个对象位置的动画。

11.4.4 使用链接约束

　　使用链接约束，可以创建对象与目标对象之间彼此链接的动画。用户可以参考以下实例所介绍的方法创建链接约束。

　　【练习 11-11】使用链接约束创建对象之间彼此链接的动画效果。

　　(1) 使用【圆柱体】和【长方体】工具在场景中创建一个圆柱体和一个长方体模型对象，然后选中圆柱体对象，并单击动画控制区域中的【自动关键点】按钮。

　　(2) 再单击动画控制区域中的【设置关键点】按钮在第 0 帧位置设置一个关键点，如图 11-41 所示。

　　(3) 将时间滑块移动至第 30 帧的位置，调整圆柱体的位置，使其与长方体接近，然后单击【设置关键点】按钮，设置一个关键点，如图 11-42 所示。

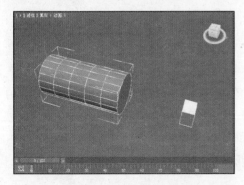

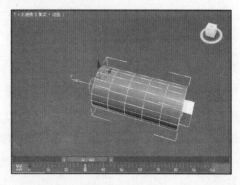

图 11-41 设置一个关键点 　　　图 11-42 在第 30 帧位置设置一个关键点

　　(4) 选中场景中的长方体，然后选择【动画】|【约束】|【链接对象】命令，并移动鼠标光标

至圆柱体对象上，单击鼠标即可创建链接约束，效果如图 11-43 所示。

(5) 选中场景中的圆柱体，将时间滑块移动至第 50 帧的位置，然后旋转圆柱体，使其位置发生变化，效果如图 11-44 所示。

(6) 单击动画控制区域中的【设置关键点】按钮，在第 50 帧设置一个关键点。

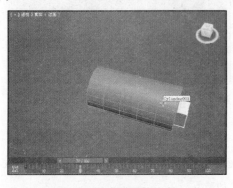

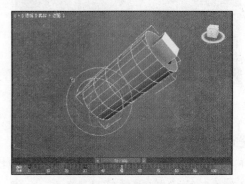

图 11-43　创建链接约束　　　　　　　　　　　　　图 11-44　旋转圆柱体

(7) 完成以上操作后，动画效果如图 11-45 所示，动画在 0～30 帧播放时，场景中的圆柱体接近长方体，在 30～50 帧播放时，圆柱体接触到长方体，并带着长方体一起旋转移动。

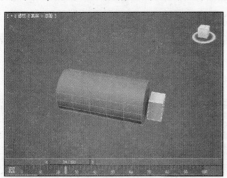

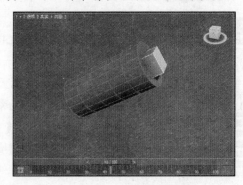

(1) 0～30 帧动画　　　　　　　　　　　　　　　　(2) 30～50 帧动画

图 11-45　动画效果

⑪.4.5　使用位置约束

使用位置约束可以引起对象跟随另一个对象的位置或几个对象的权重平均位置，位置约束的使用方法与链接约束的使用方法相似，用户可以参考以下实例所介绍的方法设置位置约束。

【练习 11-12】使用位置约束创建对象之间的跟随动画效果。

(1) 打开如图 11-46 所示的模型对象后，选中场景中的树对象，选择【动画】|【约束】|【位置约束】命令。

(2) 移动鼠标光标至长方体对象上并单击鼠标，即可创建如图 11-47 所示的位置约束。这时，树对象将无法单独移动位置，用户只能通过调整长方体的位置移动树的位置。

图 11-46　打开模型

图 11-47　位置约束动画效果

11.4.6　使用路径约束

通过使用路径约束，用户可以使对象沿着设置好的样条线进行运动，从而实现动画对象沿一定路径运动的动画效果。

【练习 11-13】使用路径约束创建物体移动的动画效果。

(1) 打开如图 11-48 所示的模型对象后，使用【线】工具在场景中绘制如图 11-49 所示的样条线。

图 11-48　打开模型

图 11-49　绘制样条线

(2) 选中场景中的汽车对象，然后选择【动画】|【约束】|【路径约束】命令，并移动鼠标光标至样条线上单击，即可将汽车对象约束在样条线上，效果如图 11-50 所示。此时，单击【播放动画】按钮，随着时间滑块的移动，汽车将沿着样条线移动，效果如图 11-51 所示。

图 11-50　创建路径约束

图 11-51　动画效果

11.5 上机练习

本章的上机练习将通过实例操作，介绍制作常见的文字动画效果，帮助用户进一步掌握使用 3ds Max 设计三维动画的相关知识。

(1) 新建一个场景，切换至【创建】命令面板，然后单击【图形】按钮，在打开的【对象类型】栏中单击【文本】按钮。

(2) 在【参数】栏的【文本】文本输入区域中输入文字，如图 11-52 所示，将鼠标光标移至视图中合适的位置上单击，即可创建如图 11-53 所示的文字对象。

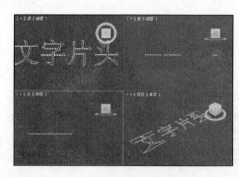

图 11-52　在【文本】文本输入区中输入文字　　图 11-53　创建文字对象

(3) 选中场景中的文字对象，切换至【修改】命令面板，然后在【修改器列表】列表框中选择【挤出】选项，并在展开的【参数】栏中的【数量】文本框中输入参数 10，如图 11-54 所示。此时，场景中的文字效果如图 11-55 所示。

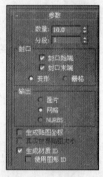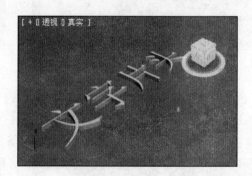

图 11-54　使用【挤出】修改器　　图 11-55　文字效果

(4) 拖动时间滑块至第 0 帧，单击工具栏中的【选择并移动】按钮，然后在顶视图中选中文字对象，并按住鼠标左键沿 Y 轴向上拖曳，直至该视图的上方释放鼠标左键，效果如图 11-56 所示。

(5) 单击时间控制区域中的【自动关键点】按钮，开始自动创建关键点功能，然后单击事件控制区域中的【设置关键点】按钮，即可在第 0 帧创建一个关键点，如图 11-57 所示。

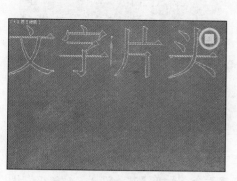

图 11-56　创建路径约束

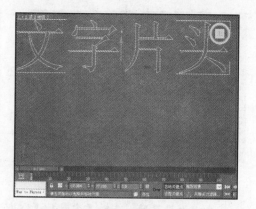

图 11-57　在第 0 帧创建关键点

(6) 将时间滑块拖曳至第 100 帧的位置，然后在顶视图中选中文字对象，再使用工具栏中的【选择并移动】按钮，拖曳该对象，使其移动至视图的下方，效果如图 11-58 所示。

(7) 单击工具栏中的【选择并旋转】按钮，然后在顶视图中选中文字对象，再按住鼠标左键沿 X 轴旋转，使其效果如图 11-59 所示。

图 11-58　调整文字位置

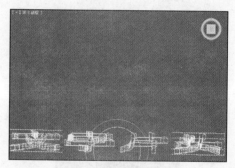

图 11-59　旋转文字对象

(8) 单击动画控制区域中的【设置关键点】按钮，在第 100 帧的位置上创建一个关键点，然后单击时间控制区域中的【自动关键点】按钮，停止自动创建关键点功能。

(9) 单击工具栏中的【材质编辑器】按钮，打开【材质编辑器】窗口，然后选中场景中的文字对象。

(10) 在【材质编辑器】窗口中选中一个材质球，然后在【Blinn 基本参数】栏中设置【环境】的颜色为红色。

(11) 单击【材质编辑器】窗口中的【将材质指定给选定对象】按钮，将设置的材质赋予场景中的文字对象。

(12) 关闭【材质编辑器】窗口，切换至【创建】命令面板，然后单击该面板中的【灯光】按钮，并在【光度学】下拉列表中选择【标准】选项。

(13) 在【对象类型】栏中单击【泛光灯】按钮，然后将鼠标光标移动至场景中合适的位置上单击，创建一个泛光灯图标，效果如图 11-60 所示。

(14) 使用工具栏中的【选择并移动】按钮，调整泛光灯位置，使其效果如图 11-61 所示。

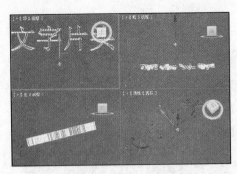

图 11-60　创建泛光灯图标　　　　　　　　图 11-61　调整泛光灯位置

(15) 完成以上设置后，选择【渲染】|【渲染设置】命令打开【渲染设置】对话框，然后在该对话框的【公用】选项卡中的【时间输出】选项区域内选中【范围】单选按钮，再将其后的文本框参照如图 11-62 所示进行设置。

(16) 单击【渲染】按钮，渲染动画，完成后在打开的【渲染结果】对话框中单击【保存图像】按钮，然后在打开的【保存图像】对话框中将动画以.AVI格式保存，如图 11-63 所示。

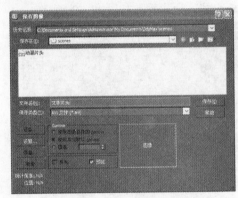

图 11-62　【渲染设置】对话框　　　　　　图 11-63　【保存图像】对话框

11.6　习题

1. 简述如何制作一个关键帧动画。
2. 参照本章上机练习所介绍的方法，制作一个会左右摇摆的挂钟动画。

第12章

粒子系统与空间扭曲

学习目标

粒子系统可以模拟真实世界自然界中的雨、雪以及灰尘等对象，是三维动画中不可缺少的一部分；空间扭曲用于影响其他对象外观的不可渲染对象，它能够在 3ds Max 中创建影响其他对象变形的力场效果，从而实现波浪、涟漪等状态。本章将重点介绍在 3ds Max 中创建粒子系统与空间扭曲的基本知识。

本章重点

- ◉　认识粒子系统
- ◉　创建粒子系统
- ◉　创建空间扭曲
- ◉　导向器空间扭曲

12.1　粒子系统简介

在 3ds Max 中粒子系统是一种非常强大的动画制作工具，用户可以通过设置粒子系统控制密集对象群的运动效果，例如云、雨、风、火、烟雾以及爆炸效果等。

粒子系统是一种粒子的集合，通过制定的发射源在发射粒子流的同时，创建各种动画效果。粒子系统作为单一的实体来管理特定的成组对象，通过将所有粒子对象组合成可控系统，用户可以非常容易地使用一个参数来修改所有的对象，并且它拥有良好的"可控性"与"随机性"。

12.2　创建粒子系统

粒子系统适用于需要大量粒子效果的动画场景，用户可以将任意一个对象作为粒子，并将其用于创建动画效果(部分粒子系统的参数设置大致相同)。本节将重点介绍粒子系统的相关知识与创建方法。

12.2.1 雪粒子

在 3ds Max 中使用雪粒子可以模拟雪花以及纸削等现象。用户选择【创建】|【粒子】|【雪】命令，然后在顶视图中单击并按住鼠标左键拖曳，即可创建一个雪粒子图标，效果如图 12-1 所示。这时，在展开的【参数】栏中完成雪粒子的参数设置，然后拖曳时间滑块即可在视图中实现雪粒子效果，如图 12-2 所示。

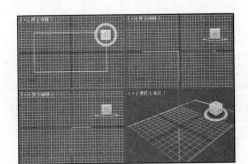

图 12-1　创建雪粒子图标

图 12-2　创建雪粒子

雪粒子【参数】栏中包含【粒子】、【渲染】、【计时】和【发射器】4 各选项区域，其各自的功能如下。

1. 粒子选项区域

【粒子】选项区域中的选项主要用于设定雪粒子的颗粒效果，如图 12-3 所示，其中比较重要的几个选项及其具体功能如下。

- 【视口计数】文本框：用于设置雪粒子在视图中显示的数量。
- 【渲染计数】文本框：用于设置渲染效果在渲染渲染效果图中显示的数量。
- 【雪花大小】文本框：用于设置雪花粒子的大小，其值默认为 2。
- 【速度】文本框：用于设置粒子离开发射器的速度，其参数数值越大，雪粒子速度越快。
- 【翻滚】、【翻滚速率】文本框：用于设置雪花下落的程度，其数值越大，雪花形状样式越多。
- 【雪花】、【圆点】和【十字叉】单选按钮：用于设置渲染时颗粒的显示方式。

2. 渲染选项区域

【渲染】选项区域中包含【六角形】、【三角形】和【面】3 个单选按钮，用于设置渲染时雪粒子的显示方式，如图 12-4 所示。

图 12-3　【粒子】选项区域

图 12-4　【渲染】选项区域

3. 计时选项区域

【计时】选项区域中的选项用于设置雪粒从出现到消失的时间规律，如图 12-5 所示，其中各选项及其功能如下。

- ⦿ 【开始】文本框：用于设置粒子从第几帧开始出现，系统默认为 0。
- ⦿ 【寿命】文本框：用于设置粒子从开始到消失经历多少帧，系统默认为 30。
- ⦿ 【恒定】复选框：用于设置雪粒子是否持续下落，勾选该复选框后，可以使雪粒子寿命结束后持续下落到动画结束。

4. 发射器选项区域

【发射器】选项区域(如图 12-6 所示)中，【长度】和【宽度】文本框用于设置粒子飘落的宽度和长度参数，【隐藏】复选框用于设置是否在场景中显示发射器。

图 12-5　【计时】选项区域

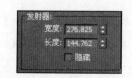

图 12-6　【发射器】选项区域

12.2.2　喷射粒子

在 3ds Max 中，喷射粒子主要用于模拟飘落的雨滴、喷射的水和水珠等效果。其具体创建方法与创建雪粒子的方法类似，用户可以参考以下实例，完成喷射粒子的创建。

【练习 12-1】在 3ds Max 中创建喷射粒子效果。

(1) 选择【创建】|【粒子】|【喷射】命令，在顶视图中单击并按住鼠标左键拖曳，创建一个喷射粒子图标，效果如图 12-7 所示。

(2) 在【参数】栏的【发射器】选项区域中设置【长度】和【宽度】的值均为 1000，在【粒子】选项区域中设置【视口技数】和【渲染计数】均为 500，【水滴大小】为 50，如图 12-8 所示。

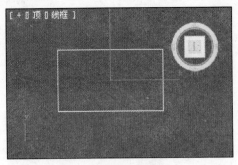

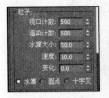

图 12-7　创建喷射图标　　　　　　　　　　　图 12-8　设置【参数】栏

(3) 调整喷射图标的位置，然后拖曳时间滑块至第 60 帧的位置，即可显示喷射粒子，效果如图 12-9 所示。

(4) 为粒子赋予相应的材质并进行渲染处理后的效果如图 12-10 所示。

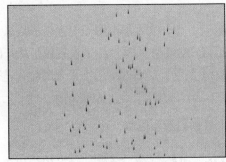

图 12-9　显示喷射粒子　　　　　　　　　　图 12-10　喷射粒子效果

> **提示**
>
> 用户除了可以参考以上实例直线【喷射】命令以外，还可以在【创建】命令面板中单击【扩展基本体】下拉列表按钮，在弹出的下拉列表中选择【粒子系统】选项，然后单击【对象类型】栏中的【喷射】按钮。

12.2.3　粒子云

粒子云可以在一个设置的空间范围内产生粒子，粒子的空间形状可以是一些标准的几何体，也可以是自定义的模型，并且用户还可以使用立方体、球体和圆柱体等几何体限制粒子云的边界。粒子云可以模拟天空中鸟群或夜晚的繁星效果。

【练习 12-2】在 3ds Max 中创建粒子云效果。

(1) 选择【创建】|【粒子】|【粒子云】命令，然后在顶视图中单击并按住鼠标左键拖曳，创建一个粒子云图标，效果如图 12-11 所示。

(2) 在【基本参数】栏的【显示图标】选项区域中，参照图 12-12 所示设置粒子云图标的【半径/长度】、【宽度】、【高度】等参数后，在【粒子类型】栏中设置粒子的类型参数。

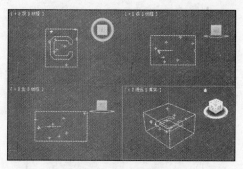

图 12-11　创建粒子云图标　　　　　图 12-12　设置粒子云图标参数

(3) 在【粒子生成】栏中设置粒子总数为 800，大小为 2.0，如图 12-13 所示。

(4) 完成以上操作后即可创建粒子云，效果如图 12-14 所示。

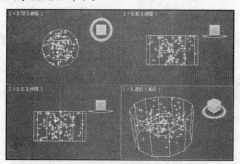

图 12-13　设置粒子大小和数量　　　　　图 12-14　粒子云效果

12.2.4　超级喷射

超级喷射粒子是原先喷射粒子系统的升级功能，其能够发射受控制的粒子喷射，增加了所有新型粒子系统提供的功能。用户在【创建】命令面板中选择【扩展基本体】下拉列表中的【粒子系统】选项，然后在对象类型栏中单击【超级喷射】按钮，并在视图中单击并按住鼠标左键拖曳，即可创建超级喷射粒子，效果如图 12-15 所示。用户可以通过超级喷射【参数】栏中的各项分栏设置超级喷射粒子的具体参数，如图 12-16 所示。

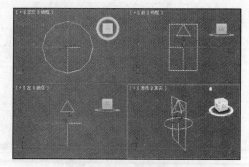

图 12-15　创建超级喷射　　　　　图 12-16　超级喷射【参数】栏

12.3 创建空间扭曲

空间扭曲是 3ds Max 中附加的一种建模工具，它相当于一个"力场"，使对象变形并创建出类似涟漪和波浪等特效。本节将重点介绍空间扭曲的相关知识与创建方法。

12.3.1 重力扭曲

重力扭曲可以在粒子系统生成的粒子上产生自然重力的效果。用户可以参考以下实例所介绍的方法创建重力扭曲效果。

【练习12-3】在 3ds Max 中创建重力扭曲效果。

(1) 在场景中创建一个如图12-17所示的粒子云图标后，在【创建】命令面板中单击【空间扭曲】按钮，然后在【对象类型】栏中单击【重力】按钮，在顶视图中单击并按住鼠标左键拖曳至合适的位置，释放鼠标左键，创建一个重力图标，如图 12-18 所示。

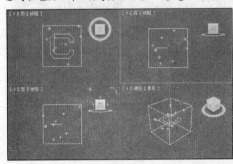
图 12-17　创建粒子云图标

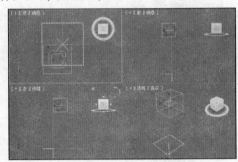
图 12-18　创建重力图标

(2) 选择粒子系统，单击工具栏中的【绑定到空间扭曲】按钮，然后单击场景中的粒子云图标并按住鼠标左键拖曳，将粒子系统绑定到重力图标上。

(3) 选择重力图标，切换至【修改】命令面板，然后在【参数】栏中设置【强度】为 0.5，【图标大小】为 36.0，如图 12-19 所示。

(4) 当时间滑块移动至第 60 帧时，效果如图 12-20 所示。

图 12-19　【参数】栏

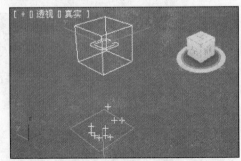
图 12-20　重力效果

12.3.2 风扭曲

使用风扭曲可以模拟风吹动粒子所产生的粒子飘动效果，并且风力具有方向性，可以模拟出雪花飘动、雨水或树叶被风吹动等效果。

【练习12-4】创建风扭曲效果。

(1) 在场景中创建一个如图12-21所示的喷射粒子对象，在【创建】命令面板中单击【空间扭曲】按钮▓，并在【对象类型】栏中单击【风】按钮。

(2) 在顶视图中单击并按住鼠标左键拖曳至合适的位置，释放鼠标左键后即可创建一个风图标，如图12-22所示。

图12-21 创建喷射粒子

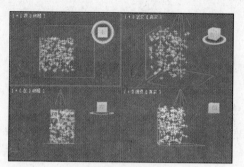

图12-22 创建风图标

(3) 单击工具栏中的【绑定到空间扭曲】按钮▓，将粒子系统绑定到风图标，展开风扭曲【参数】栏，参照图12-23所示设置参数。

(4) 完成以上操作后，得到的风扭曲效果如图12-24所示。

图12-23 【参数】栏

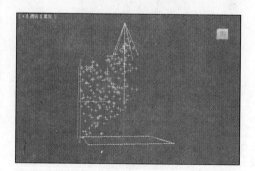

图12-24 风扭曲效果

12.3.3 粒子爆炸扭曲

粒子爆炸扭曲常用于在指定的时间产生爆炸，将周围的粒子炸向四周。用户可以参考以下实例所介绍的方法创建粒子爆炸扭曲效果。

【练习12-5】创建粒子爆炸扭曲效果。

(1) 在场景中创建一个如图12-25所示的喷射粒子对象，然后在【创建】命令面板中单击【空间扭曲】按钮，并在【对象类型】栏中单击【粒子爆炸】按钮。

(2) 将鼠标光标移至顶视图中合适的位置上，单击并按住左键拖曳，释放鼠标左键后即可创建一个如图12-26所示的粒子爆炸图标。

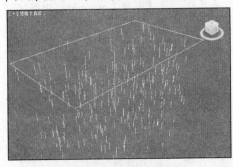
图 12-25 创建喷射粒子

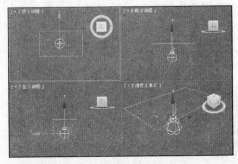
图 12-26 创建粒子爆炸图标

(3) 单击工具栏中的【绑定到空间扭曲】按钮，将粒子系统绑定到粒子爆炸图标，展开粒子爆炸扭曲【基本参数】栏，参照图12-27所示设置参数。

(4) 完成以上操作后，得到的粒子爆炸扭曲效果如图12-28所示。

图 12-27 【基本参数】栏

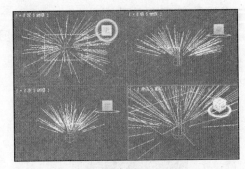
图 12-28 粒子爆炸扭曲效果

12.3.4 路径跟随扭曲

利用路径跟随扭曲，可以强制粒子沿设计者所创建的样条线路径运动。用户可以参考以下实例所介绍的方法创建路径跟随扭曲效果。

【练习12-6】创建路径跟随扭曲效果。

(1) 在场景中创建如图12-29所示的螺旋线。

(2) 在场景中创建如图12-30所示的雪粒子，然后在【创建】命令面板中单击【空间扭曲】

按钮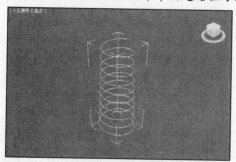，并在【对象类型】栏中单击【路径跟随】按钮。

图 12-29 创建螺旋线

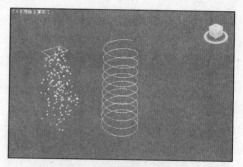

图 12-30 创建雪粒子

(3) 将鼠标光标移至顶视图中合适的位置上，单击并按住鼠标左键拖曳，释放鼠标左键后即可创建一个如图 12-31 所示的路径跟随图标。再单击工具栏中的【绑定到空间扭曲】按钮。

(4) 移动鼠标光标将雪粒子绑定到路径跟随图标，如图 12-32 所示，然后选中创建的路径跟随图标，在【基础参数】栏中单击【拾取图形图像】按钮，如图 12-33 所示。

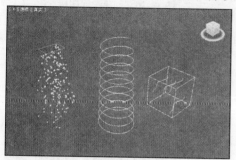

图 12-31 创建路径跟随图标

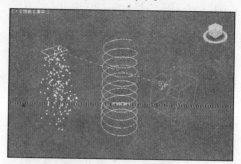

图 12-32 绑定到路径跟随图标

(5) 单击场景中的螺旋线，雪粒子将呈螺旋形向上飘动，效果如图 12-34 所示。

图 12-33 【基本参数】栏

图 12-34 路径跟随扭曲效果

12.3.5 漩涡扭曲

漩涡扭曲可以将力应用于粒子，使粒子在急转的漩涡中进行旋转，粒子向下移动成一个长而窄的喷流或漩涡井，常用于创建黑洞、涡流和龙卷风等效果。

【练习 12-7】创建漩涡扭曲效果。

(1) 在场景中创建如图 12-35 所示的喷射粒子对象，然后在【创建】命令面板中单击【空间扭曲】按钮▓，并在【对象类型】栏中单击【漩涡】按钮。

(2) 将鼠标光标移至顶视图中合适的位置上，单击并按住鼠标左键拖曳，释放鼠标左键后即可创建一个如图 12-36 所示的漩涡图标。

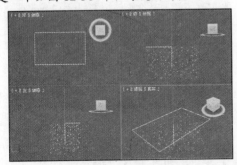
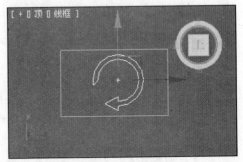

图 12-35　创建喷射粒子　　　　　　　　图 12-36　创建漩涡图标

(3) 单击工具栏中的【绑定到空间扭曲】按钮▓，将粒子系统绑定到漩涡图标，展开漩涡扭曲【参数】栏，参照图 12-37 所示设置参数。

(4) 完成以上操作后，得到的漩涡扭曲效果如图 12-38 所示。

图 12-37　【参数】栏　　　　　　　　图 12-38　漩涡扭曲效果

在如图 12-37 所示的【参数】栏中，比较重要的选项及其含义如下。

◉ 【计时】选项区域：该选项区域中的选项用于设置空间扭曲变为活动以及非活动状态时所处的帧编号。

◉ 【锥化长度】文本框：用于控制漩涡的长度及外形，较低的数值产生较紧的漩涡，而较高的数值产生较松的漩涡，默认值为 100。

◉ 【锥化曲线】文本框：用于控制漩涡的外形，低数值创建的漩涡口宽而大，而高数值创建的漩涡的边几乎呈垂直状，默认值为 1，取值范围为 1～4。

- ◉ 【无限范围】复选框：勾选该复选框，漩涡会在无限范围内施加全部阻尼强度；取消勾选该复选框，【范围】和【衰减】设置将生效。
- ◉ 【轴向下拉】文本框：用于指定粒子沿下拉轴方向移动的速度。
- ◉ 【范围】文本框：以系统单位数表示的距漩涡图标中心的距离，该距离内的轴向阻尼为全效阻尼，仅在取消选中"无限范围"复选框时生效。
- ◉ 【衰减】文本框：用于指定在【轴向范围】外应用轴向阻尼的距离。
- ◉ 【阻尼】文本框：用于控制平行于下落轴的粒子运动每帧受抑制的程度，默认设置为 5，范围为 0 至 100。
- ◉ 【轨道速度】文本框：用于指定粒子旋转的速度。
- ◉ 【径向拉力】文本框：用于指定粒子旋转距下落轴的距离。
- ◉ 【顺时针】和【逆时针】单选按钮：用于决定粒子顺时针旋转还是逆时针旋转。

12.3.6　涟漪扭曲

涟漪扭曲是一种可以使模型产生几种波纹效果的空间扭曲，可以在整个空间中创建同心波纹。它影响几何体和产生作用的方式与涟漪修改器类似，如果用户需要要涟漪影响大量的对象，或相对于在世界空间中的位置影响某个对象时，可以使用涟漪扭曲。

【练习 12-8】创建涟漪扭曲效果。

(1) 使用【平面】工具在场景中创建一个平面对象，然后在【创建】命令面板中单击【空间扭曲】按钮 ，并在【力】下拉列表中选选择【几何/可变形】选项。

(2) 单击【对象类型】栏中的【涟漪】按钮，然后在顶视图中单击并按住鼠标左键拖曳，释放鼠标左键后即可创建一个涟漪图标。

(3) 在展开的涟漪【参数】栏中设置涟漪空间扭曲的各项参数，如图 12-39 所示。

(4) 单击工具栏中的【绑定到空间扭曲】按钮，将平面对象绑定到涟漪图标，完成后的涟漪扭曲效果如图 12-40 所示。

图 12-39　【参数】栏

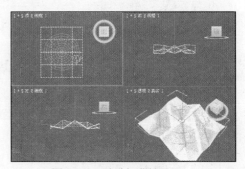

图 12-40　涟漪扭曲效果

如图 12-39 所示的涟漪【参数】栏中主要的选项及其功能如下。

- ◉ 【振幅 1】文本框：用于设置沿涟漪扭曲对象局部 X 轴的涟漪振幅。

- ◉ 【振幅2】文本框：用于设置沿涟漪扭曲对象局部 Y 轴的涟漪振幅。
- ◉ 【波长】文本框：以活动单位数设置每个波的长度。
- ◉ 【相位】文本框：在波浪对象中央的原点开始偏移波浪的相位，整数值无效，仅小数值有效，设置该参数的动画会使涟漪看起来像是在空间中传播。
- ◉ 【衰退】文本框：当该文本框中的参数设置为 0 时，涟漪在整个世界空间中有着相同的一个或多个振幅，增加【衰退】值会导致振幅从涟漪扭曲对象的所在位置开始随距离的增加而减弱，默认设置为 0。
- ◉ 【圈数】文本框：用于设置涟漪图标中的圆圈数目。
- ◉ 【分段】文本框：用于设置涟漪图标中的分段(扇形)数目。
- ◉ 【尺寸】文本框：用于调整涟漪图标的大小，不会像缩放操作那样改变涟漪的效果。

12.3.7 波浪扭曲

使用波浪扭曲，可以在整个模型空间创建线性波浪效果，它影响几何体和产生作用的方式与波浪修改器类似，若用户需要波浪影响大量对象，或在世界空间中的位置影响某个对象，可以使用波浪扭曲。

【练习 12-9】创建波浪扭曲效果。

(1) 使用【平面】工具在场景中创建一个平面对象，然后在【创建】命令面板中单击【空间扭曲】按钮，并在【力】下拉列表中选中【几何/可变形】选项。

(2) 单击【对象类型】栏中的【波浪】按钮，然后在顶视图中单击并按住鼠标左键拖曳，释放鼠标左键后即可创建一个波浪图标。

(3) 在展开的波浪【参数】栏中设置波浪空间扭曲的各项参数，如图 12-41 所示。

(4) 单击工具栏中的【绑定到空间扭曲】按钮，将平面对象绑定到波浪图标，完成后的波浪扭曲效果如图 12-42 所示。

图 12-41 【参数】栏

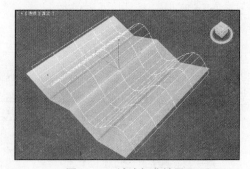

图 12-42 波浪扭曲效果

12.3.8 爆炸扭曲

使用爆炸扭曲可以模拟把对象炸成许多单独面的效果。用户可以参考以下实例所介绍的操作方法创建爆炸扭曲效果。

【练习 12-10】创建爆炸扭曲效果。

(1) 使用【球体】工具在场景中创建一个球体对象，然后在【创建】命令面板中单击【空间扭曲】按钮，并在【力】下拉列表中选择【几何/可变形】选项。

(2) 单击【对象类型】栏中的【爆炸】按钮，然后在顶视图中单击并按住鼠标左键拖曳，释放鼠标左键后即可创建一个爆炸图标。

(3) 在展开的【爆炸参数】栏中设置爆炸空间扭曲的各项参数，如图 12-43 所示。

(4) 单击工具栏中的【绑定到空间扭曲】按钮，将球体对象绑定到爆炸图标，完成后的爆炸扭曲效果如图 12-44 所示。

图 12-43　【爆炸参数】栏

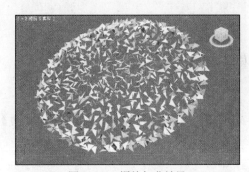

图 12-44　爆炸扭曲效果

如图 12-43 所示的【爆炸参数】栏中比较重要的选项以及含义如下。

◉ 【强度】文本框：用于设置爆炸的力度，其数值越大，粒子对象飞得越远，对象离爆炸点越近面，爆炸的效果越强烈。

◉ 【自旋】文本框：用于设置碎片旋转的速率，以每秒转数表示。

◉ 【衰退】文本框：用于设置爆炸效果距爆炸点的距离。

◉ 【启用衰减】复选框：勾选该复选框，即可设置衰减，衰减范围显示为一个黄色的带有 3 个环箍的球体。

◉ 【最小值】文本框：用于设置由爆炸随机生成的每个随便的最小面数。

◉ 【最大值】文本框：用于设置【爆炸】随机生成的每个碎片的最大面数。

◉ 【混乱】文本框：增加爆炸的随机变化，使爆炸的对象产生不规则、不均匀的效果。

12.4　导向器空间扭曲

在 3ds Max 中，利用导向器扭曲可以使粒子系统或动力学系统受到阻挡，从而产生方向上的攻变。本节将重点讲解导向器空间扭曲的基础知识和创建方法。

12.4.1 导向球扭曲

导向球空间扭曲起着球形粒子导向器的作用，它可以实现喷泉的效果。用户可以参考以下实例所介绍的方法，创建导向球空间扭曲效果。

【练习12-11】创建导向球扭曲效果。

(1) 使用【超级喷射】工具在场景中创建一个如图12-45所示的粒子喷射效果，然后参照图12-46所示设置参数。

图 12-45　创建超级喷射　　　　　　　图 12-46　设置超级喷射参数

(2) 在【创建】命令面板中单击【空间扭曲】按钮，并在【力】下拉列表中选择【导向器】选项。

(3) 单击【对象类型】栏中的【导向球】按钮，然后在顶视图中单击并按住鼠标左键拖曳，释放鼠标左键后即可创建一个导向球图标。

(4) 调整导向球图标的位置后，在如图12-47所示的【基本参数】栏中设置导向球扭曲参数，单击工具栏中的【绑定到空间扭曲】按钮，将超级喷射粒子绑定到导向球图标，完成后的导向球空间扭曲效果如图12-48所示。

图 12-47　【基本参数】栏　　　　　　图 12-48　导向球扭曲效果

如图12-47所示的【基本参数】栏中比较重要的选项及其含义如下。

- 【反弹】文本框：用于设置选项粒子从导向器反弹的速度。当其值为 1 时，粒子以与接近时相同的速度反弹；当其值为 0 时，粒子不会产生偏转。
- 【变化】文本框：用于设置每个粒子所能偏离"反弹"设置的量。

- ◉ 【混乱度】文本框：用于设置粒子偏离完全反射角度的变化量，设置为 100%，则会导致反射角度的最大变化为 90%。
- ◉ 【摩擦】文本框：用于设置粒子沿导向器表面移动时减慢的量。设置为 0 时，则表示粒子不会减慢；设置为 50%时，则表示它们会减慢至原速度的一半；设置为 100%时，则表示它们在撞击表面时会停止。
- ◉ 【继承速度】文本框：当数值大于 0 时，导向器的运动会和其他设置一样对粒子产生影响。
- ◉ 【直径】文本框：用于设置导向球图标的直径。

12.4.2 导向板扭曲

导向板空间扭曲起着平面防护板的作用，它能够排斥由粒子系统产生的粒子，使用导向板可以模拟被雨水敲击的路面效果，用户可以参考以下实例所介绍的方法创建导向板空间扭曲。

【练习 12-12】创建导向板扭曲效果。

(1) 在场景中创建一个如图 12-49 所示的喷射粒子对象，然后在【创建】命令面板中单击【空间扭曲】按钮，并在【力】下拉列表中选择【导向器】选项。

(2) 单击【对象类型】栏中的【导向板】按钮，然后在顶视图中单击并按住鼠标左键拖曳，释放鼠标左键后即可创建一个导向球图标，并调整该图标的位置。

(3) 在展开的【基本参数】栏中设置导向板扭曲参数，单击工具栏中的【绑定到空间扭曲】按钮，将喷射粒子绑定到导向板图标，完成后的导向球空间扭曲效果如图 12-50 所示。

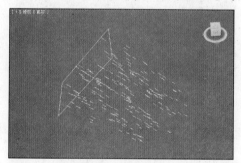
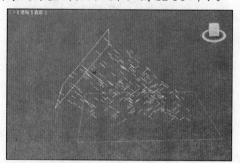

图 12-49　创建喷射粒子　　　　　　图 12-50　导向板扭曲效果

12.5 上机练习

本章的上机练习将通过实例操作，介绍在 3ds Max 中使用粒子系统与空间扭曲制作特殊场景效果，为用户使用该软件创建复杂三维动画，提供参考。

(1) 新建一个场景，切换至【创建】命令并单击【图形】按钮，然后在【对象类型】栏中使用【线】工具，在前视图中创建一个如图 12-51 所示的样条线。

(2) 选中场景中的矩形后切换至【修改】命令面板，在【修改器列表】下拉列表框中选择【编辑样条线】修改器，然后在【选择】栏中单击【顶点】按钮进入顶点编辑模式。

(3) 接下来，在顶点编辑模式下修改样条线的形状，使其效果如图 12-52 所示。

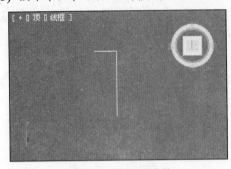 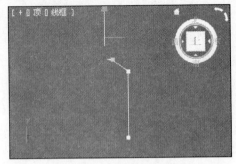

图 12-51　创建样条线　　　　　　　　　图 12-52　调整样条线

(4) 单击【顶点】按钮退出顶点编辑模式，然后在【修改器列表】下拉列表框中选择【车削】修改器，制作如图 12-53 所示的半个胶囊模型。

(5) 选中创建的模型后，选择【工具】|【镜像】命令，然后在打开的【镜像】对话框中设置镜像轴为【Y】轴，镜像方式为【复制】，并设置合适的【偏移】参数。

(6) 在【镜像】对话框中单击【确定】按钮，即可得到如图 12-54 所示的模型。

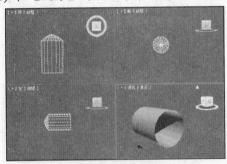 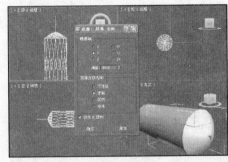

图 12-53　半个胶囊模型　　　　　　　　　图 12-54　复制模型

(7) 在前视图中移动复制的胶囊模型，使其组合为一个完整的胶囊，然后切换至【创建】命令面板，并单击【几何体】按钮。

(8) 单击【标准基本体】下拉列表按钮，在弹出的下拉列表中选择【粒子系统】选项，然后在【对象类型】栏中单击【超级喷射】按钮。

(9) 在前视图中移动粒子发射器至胶囊模型的中间位置，然后选择场景中的所有对象，并使用工具栏中的【选择并旋转】工具使其顺时针旋转约 25 度，效果如图 12-55 所示。

(10) 选中场景中粒子发射器图标，切换至【修改】命令面板，在展开的【基本参数】栏中设置粒子发射器的基本参数，然后展开【粒子声场】栏，将粒子发射器的参数参照图 12-5所示进行设置。

(11) 切换至【创建】命令面板，然后单击【几何体】按钮，并使用【球体】工具，在场景中创建一个球体对象，效果如图 12-57 所示。

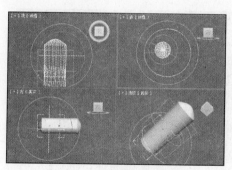

图 12-55　旋转场景中的对象　　　　　　图 12-56　设置粒子发射器

(12) 选中场景中的粒子发射器图标，切换至【修改】命令面板，展开【粒子类型】栏并设置粒子类型为【实例几何体】，然后单击【实例参数】选项区域中的【拾取对象】按钮。

(13) 将鼠标光标移动至场景中的球体对象上后，单击鼠标拾取该对象。这时，单击动画控制区域中的【播放动画】按钮▶，可以看到粒子发射器发射大量球体对象的效果。

(14) 单击动画控制区域中的【自动关键点】按钮后，启动动画制作模式，然后单击【自动关键点】按钮🔑，在第 0 帧创建一个关键点。

(15) 将时间滑块拖动至第 30 帧的位置，然后使用工具栏中的【选择并移动】工具✛，将胶囊从闭合状态调整为分开状态，效果如图 12-58 所示。

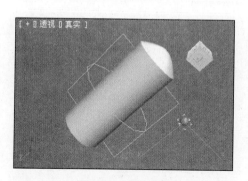
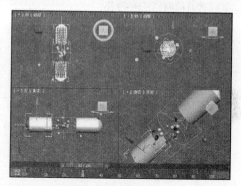

图 12-57　创建球体　　　　　　图 12-58　调整胶囊

(16) 单击【自动关键点】按钮🔑，在第 30 帧的位置上创建一个关键点。这时单击动画控制域中的【播放动画】按钮▶，可以看到胶囊在 0～30 帧中将自动打开，粒子散出的效果。

(17) 切换至【创建】命令面板，单击【空间扭曲】按钮≋，然后在【力】下拉列表中选择导向器】选项。

(18) 在【对象类型】栏中单击【导向球】按钮后，在前视图中创建一个导向球图标，然后使选择并移动】工具✛和【选择并旋转】工具↻调整视图中导向球图标的位置，使其完全封住景中的胶囊，效果如图 12-59 所示。

(19) 单击工具栏中的【绑定到空间扭曲】按钮≋，然后将粒子系统拖动到导向球对象上，放鼠标左键。此时，单击动画控制区域中的【播放动画】按钮▶，可以看到场景中的粒子发射被阻挡在导向球中，效果如图 12-60 所示。

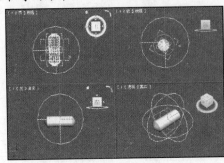

图 12-59　创建导向球

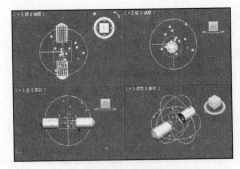

图 12-60　粒子发射效果

(20) 完成以上操作后，选择【渲染】|【渲染设置】命令，打开【渲染设置】对话框，然后在该对话框中的【时间输出】选项区域内选中【范围】单选按钮，并设置动画范围为 0～100 帧。

(21) 单击【渲染设置】对话框中的【渲染】按钮，在打开的【渲染结果】对话框中单击【保存图像】按钮，然后在打开的【保存图像】对话框中将动画以.AVI 格式保存。

12.6　习题

1. 在场景中制作下雨效果。
2. 简述粒子系统的特点。

制作简单角色动画

学习目标

3ds Max 角色动画建立在基础动画之上，是一门复杂、系统的学科，从建模、贴图材质到骨骼连接和动作调节都具有其自身的解决方案。本章将主要介绍利用 3ds Max 2012 制作角色动画的基础知识与操作方法，帮助用户掌握制作角色动画的一系列工具，如正向运动、反向运动、链接工具、骨骼工具以及蒙皮工具等。

本章重点

- ⊙ 使用【层次】命令面板
- ⊙ 创建骨骼系统
- ⊙ 使用 Biped 工具

13.1 使用【层次】命令面板

【层次】命令面板可以用于调整对象的轴点和调整对象之间层次的链接关系。本节将重点介绍【层次】面板的相关知识。

13.1.1 显示调整轴

在 3ds Max 三维动画的任何帧上调整对象的轴将针对这个动画进行修改。用户可以使用【调整轴】栏中的按钮来调整对象轴点的位置和方向，并且调整对象的轴点不会影响链接到对象的任何子对象。

【练习 13-1】在 3ds Max 中显示调整轴。

(1) 打开一个模型后，选择场景中的模型对象，然后单击【命令】面板中的【层次】按钮，展开【调整轴】栏，如图 13-1 所示。

(2) 再在【移动/旋转/缩放】选项区域中单击【仅影响轴】按钮，即可显示调整轴，如图 13-2 所示。

图 13-1　【调整轴】栏　　　　　　　图 13-2　显示调整轴

【调整轴】栏的【移动/旋转/缩放】选项区域中各按钮及其作用如下。

- 【仅影响轴】按钮：仅影响选定对象的轴点。
- 【仅影响对象】按钮：仅影响选定对象，而不影响轴点。
- 【仅影响层次】按钮：仅适用于【旋转】和【缩放】工具，通过旋转或缩放轴点的位置，而不是旋转或缩放轴点本身，可以将旋转或缩放应用于层次。

13.1.2　设置轴居中到对象

设置将轴居中到对象可以使轴位于对象的中心。用户可以在选中场景中的对象后，在【层次】命令面板中展开【调整轴】栏，在【移动/旋转、缩放】选项区域中单击【仅影响轴】按钮，在【对齐】选项区域中单击【居中到对象】按钮，如图 13-3(1)所示，即可将轴居中到对象，效果如图 13-3(2)所示。

(1) 单击【居中到对象】按钮　　　　(2) 轴居中到对象效果

图 13-3　将轴居中到对象

13.1.3　设置轴对齐到对象

设置将轴对齐到对象可以将轴与对象的局部坐标系对齐。用户选择场景中的对象后，在【层次】命令面板中展开【调整轴】栏，然后在【移动/旋转/缩放】选项区域中单击【仅影响轴】按钮，在【对齐】选项区域中单击【对齐到对象】按钮，如图 13-4(1)所示，即可将轴对齐到对象，效果如图 13-4(2)所示。

(1) 单击【对齐到对象】按钮　　　　　(2) 轴居中到对象效果

图 13-4　将轴对齐到对象

13.1.4　设置轴对齐到世界

设置将轴对齐到世界，可以将轴与世界坐标系对齐。用户选中场景中的对象后，在【层次】命令面板中展开【调整轴】栏，在【移动/旋转/缩放】选项区域中单击【仅影响轴】按钮，在【对齐】选项区域中单击【对齐到世界】按钮，如图 13-5(1)所示，接口将轴对齐到世界，效果如图 13-5(2)所示。

(1) 单击【对齐到世界】按钮　　　　　(2) 轴居中到世界效果

图 13-5　将轴对齐到对象

13.2　使用骨骼系统

骨骼系统是骨骼对象具有关节的层次连接，可以拥有设置其他对象或层次的动画。本节将重点介绍骨骼系统的相关知识与创建方法。

13.2.1　创建骨骼

骨骼是可以渲染的对象，并且骨骼具备多个可用于定义骨骼形状的参数，例如锥化、鳍等，从而可以改变用户改变骨骼的形状。

【练习 13-2】在场景中创建骨骼。

(1) 打开如图 13-6 所示的骨骼模型，单击【创建】命令面板中的【系统】按钮，然后在【对象类型】栏中单击【骨骼】按钮，如图 13-7 所示。

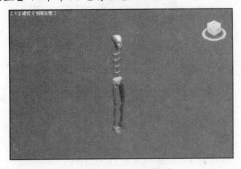

图 13-6　打开模型　　　　　　　　　　　　图 13-7　单击【骨骼】按钮

(2) 移动鼠标光标至前视图中，单击鼠标并沿 Y 轴拖曳，然后再次单击并按住鼠标左键拖曳至合适的位置，创建骨骼，最后单击鼠标右键结束，效果如图 13-8 所示。

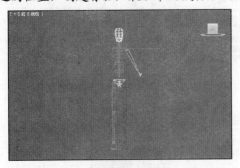

(1) 创建上臂骨骼　　　　　　　　　　　　　(2) 创建下臂骨骼

图 13-8　创建骨骼

(3) 选中创建的上臂骨骼对象，切换至【修改】命令面板，在【骨骼参数】栏中的【骨骼对象】选项区域中设置【宽度】和【高度】参数，如图 13-9 所示。

(4) 再选中创建的下臂骨骼对象，然后参考步骤(3)所介绍的方法设置其参数，如图 13-10 所示。

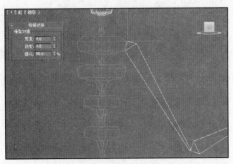

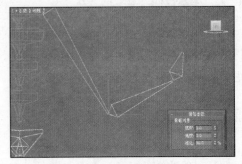

图 13-9　设置上臂骨骼参数　　　　　　　　图 13-10　设置下臂骨骼参数

(5) 选择手掌骨骼对象，在【骨骼参数】栏的【骨骼对象】选项组中设置其【宽度】、【高度】和【锥化】参数，如图 13-11 所示。

(6) 按 Enter 键确定后，将骨骼对象移动对象至合适的位置，然后使用同样的方法创建另一只手臂，完成后效果如图 13-12 所示。

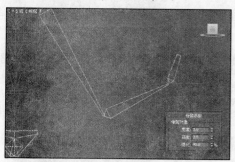
图 13-11 设置手掌骨骼参数

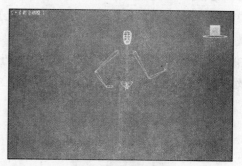
图 13-12 骨骼效果

13.2.2 创建骨骼鳍

骨骼鳍是一种可视化工具，它可以帮助设计者清楚地查看骨骼的方向。骨骼鳍还可以用于近似估计角色的形状，其包括侧鳍、前鳍和后鳍。在默认状态下鳍为禁用状态，用户可以参考以下以下实例所介绍的方法，创建骨骼鳍。

【练习 13-3】在场景中创建骨骼鳍。

(1) 完成【练习 13-1】的操作成功创建骨骼后，选中创建的骨骼，切换至【修改】命令面板，展开【骨骼参数】栏，如图 13-13 所示。

(2) 在【骨骼参数】栏中的【骨骼鳍】选项区域中勾选【侧鳍】、【前鳍】和【后鳍】复选框，并设置参数，即可创建出不同的骨骼鳍效果，如图 13-14 所示。

图 13-13 【骨骼鳍】栏

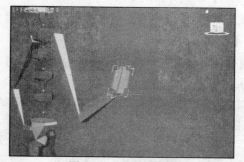
图 13-14 骨骼鳍效果

13.2.3 设置骨骼颜色

完成骨骼与骨骼鳍的创建后，用户还可以根据动画角色的需要，参考以下实例所介绍的方法，

计算机 基础与实训教材系列

设置骨骼的颜色。

【练习 13-4】设置骨骼的颜色。

(1) 完成【练习 13-3】的操作后，选中创建的手掌骨骼，然后选择【动画】|【骨骼工具】命令，打开【骨骼工具】窗口，如图 13-15 所示。

(2) 在【骨骼编辑工具】栏中的【骨骼着色】选项区域中单击【选定骨骼颜色】右侧的色块，打开【颜色选择器】对话框。

(3) 在【颜色选择器】对话框中选择合适的颜色，然后单击【确定】按钮即可修改骨骼的颜色，效果如图 13-16 所示。

图 13-15　【骨骼工具】窗口

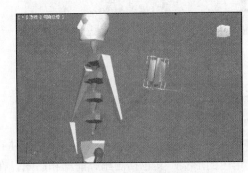

图 13-16　修改骨骼颜色

13.2.4　设置骨骼渐变色

骨骼渐变色可以根据起点颜色和终点颜色的值，将渐变的颜色应用到多个骨骼上，只有在选中两个或多个骨骼时，用户才能应用骨骼渐变色。

【练习 13-5】设置骨骼渐变色。

(1) 完成【练习 13-3】的操作后，选中创建的上臂骨骼和下臂骨骼(如图 13-17 所示)，然后选择【动画】|【骨骼工具】命令，打开【骨骼工具】窗口。

(2) 在【骨骼工具】窗口中分别单击【起点颜色】和【终点颜色】右侧的色块，设置起点和终点颜色，然后单击【应用渐变】按钮，即可设置骨骼渐变色，效果如图 13-18 所示。

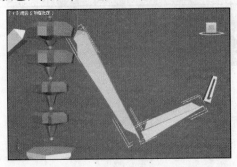

图 13-17　选中上臂和下臂骨骼

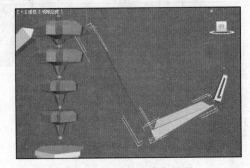

图 13-18　骨骼渐变色效果

13.2.5　渲染骨骼

　　骨骼是可以渲染的对象，但是在默认状态下骨骼是不可用渲染的。用户可以参考以下实例所介绍的方法，渲染骨骼。

　　【练习 13-6】渲染骨骼效果。

　　(1) 完成【练习 13-2】的操作后，选中创建的人体骨骼对象，然后选择【编辑】|【编辑属性】命令，打开【对象属性】对话框。

　　(2) 在【对象属性】对话框中勾选【可渲染】复选框，如图 13-19 所示，在渲染时即可渲染骨骼对象，效果如图 13-20 所示。

图 13-19　【对象属性】对话框

图 13-20　渲染骨骼效果

13.2.6　连接骨骼

　　连接骨骼值得好死在当前选中骨骼和另一个骨骼间创建连接骨骼。用户选中场景中的一个骨骼后，选择【动画】|【骨骼工具】命令，在打开的【骨骼工具】窗口中的【骨骼工具】选项区域中单击【连接骨骼】按钮，然后移动鼠标光标至场景中的连接目标骨骼对象上，如图 13-21 左图所示，单击鼠标左键即可连接骨骼，效果如图 13-21 右图所示。

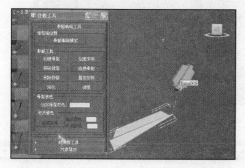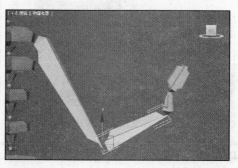

图 13-21　连接骨骼

⑬.3 使用 Biped 工具

3ds Max 中提供了一套非常方便的人体骨骼工具，即 Biped 工具。利用 Biped 工具创造出的骨骼与真实的人体骨骼基本一致，用户使用该工具不仅可以快速制作出人体动画，同时还能够通过修改 Biped 参数来制作出其他生物。本节将重点介绍 Biped 工具的相关知识。

⑬.3.1 创建 Biped

用户可以参考以下实例所介绍的方法创建 Biped。

【练习 13-7】创建 Biped。

(1) 在【创建】面板中单击【系统】按钮，展开【对象类型】栏，然后单击该栏中的【Biped】按钮，如图 13-22 所示。

(2) 在如图 13-23 所示的【创建 Biped】栏的【创建方法】选项区域中选中【拖动位置】单选按钮，然后在视图中单击鼠标创建 Biped。

图 13-22　【对象类型】栏

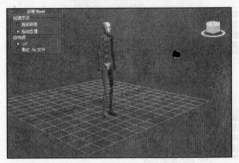

图 13-23　第 50 帧动画效果

(3) 完成 Biped 创建工作后，用户可以在【创建 Biped】栏中设置骨骼的数量和形态，例如调整手指的数量和链接数，如图 13-24 所示。

图 13-24　设置手指骨骼数量和形态

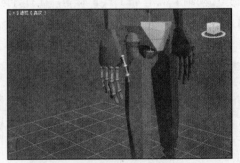

图 13-25　弯曲效果

(4) 用户可以使用【选择并旋转】工具，旋转骨骼的关键部分，产生弯曲效果，如图 13-25 所示。

13.3.2　设置 Biped 类型

成功创建 Biped 后，用户还可以在【创建 Biped】栏中的【躯干类型】下拉列表中设置 Biped 的类型，其类型包括男性、女性、骨骼以及标准 4 种类型，如图 13-26 所示。用户可以根据动画角色的需要，创建出符合男性或女性身材特征的骨骼对象，如图 13-27 所示为各种不同类型的模型效果。

图 13-26　设置 Biped 类型

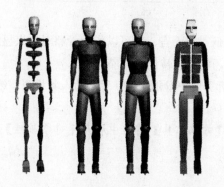

图 13-27　各种类型的 Biped 模型效果

13.3.3　调整 Biped 脊椎链接数量

不同的动画生物具有不同的特征，在 3ds Max 中，用户可以通过修改 Biped 脊椎的链接个数，创建出不同的生物对象效果。

【练习 13-8】修改 Biped 脊椎链接数量。

(1) 在【创建】命令面板中单击【系统】按钮，展开【对象类型】栏，然后单击 Biped 按钮，并在【创建 Biped】栏的【创建方法】选项区域中选中【拖动位置】单选按钮，在视图中单击鼠标创建一个 Biped。

(2) 在【创建 Biped】栏的【脊椎链接】文本框中输入参数，如图 13-28 所示，按 Enter 键确定后，即可修改 Biped 的脊椎数目，效果如图 13-29 所示。

图 13-28　设置"脊椎链接"参数

图 13-29　调整脊椎链接个数

⑬.4 上机练习

本章的上机练习将主要介绍在 3ds Max 2012 中，制作简单角色动画以及编辑并设置动画效果，帮助用户进一步掌握三维角色动画制作的相关知识。

⑬.4.1 将其他对象转化为骨骼

对于任何对象而言，都可以作为骨骼对象来显示。在 3ds Max 中，用户可以参考下面所介绍的操作方法，将对象转化为骨骼。

(1) 打开并选中如图 13-30 所示的人物模型，然后选择【动画】|【骨骼工具】命令，打开【骨骼工具】窗口。

(2) 在【骨骼工具】窗口中展开【对象属性】栏后，勾选【启用骨骼】复选框，如图 13-31 所示。

图 13-30 打开模型   图 13-31 勾选【启用骨骼】复选框

(3) 关闭【骨骼工具】窗口，然后切换至【显示】命令面板，并在展开的【连接显示】栏中勾选【显示链接】和【链接替换对象】复选框，如图 13-32 所示。

(4) 完成以上操作后，场景中的对象以骨骼的形式在视口中显示，如图13-33 所示，这样，在设置动画效果时，可以大幅地提高视口的相应速度。

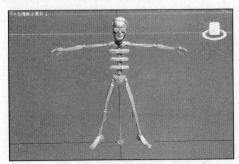

图 13-32 【链接显示】栏   图 13-33 对象转化为骨骼

13.4.2 为骨骼蒙皮并设置动画

在角色动画中，蒙皮是将类似"皮肤"的面片包裹到骨骼上，通过骨骼的变形来改变蒙皮对象。用户在为骨骼蒙皮之前，应先准备蒙皮和骨骼，然后通过蒙皮修改器对骨骼进行蒙皮，并适当调节动画。

(1) 在视图创建一个手臂模型，作为蒙皮对象，如图13-34所示。用户可以采用多边形建模方法，先创建出手臂的基本模型，然后进入顶点子对象对细节处理进行修改；也可以采用 NURBS 建模方法，先绘制出手臂侧面剖线，然后进行 U 向放样，最后进入 NURBS 的 CV 子对象级进行修改。

(2) 单击【创建】命令面板中的【系统】按钮，然后在【对象类型】栏中单击【骨骼】按钮，在手臂模型的基础上，创建一个由两个骨骼组成的骨骼的骨骼链，分别用于模拟上臂和小臂(注意保留骨骼末尾的末端效应器骨骼)，如图 13-35 所示。

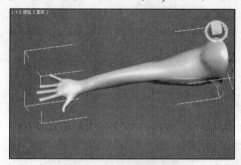
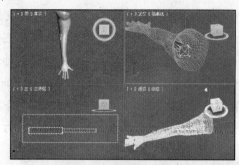

图 13-34 创建手臂蒙皮对象　　　　　图 13-35 创建骨骼

(3) 选中场景中的上臂骨骼后，在【修改】命令面板中展开【骨骼参数】栏，然后在【骨骼对象】选项区域中设置骨骼的【宽度】、【高度】和【锥化】参数，完成后采用同样的方法选中下臂骨骼，然后设置其【宽度】、【高度】和【锥化】参数。

(4) 选中手臂模型，切换至【修改】命令面板，在【修改器】列表中选择【蒙皮】修改器，然后在【参数】栏中单击【添加】按钮，并在打开的【选择骨骼】对话框中选中创建的 3 个骨骼，如图 13-36 所示。单击【选择】按钮，3 个骨骼名称将显示在【骨骼】列表中，如图 13-37 所示。

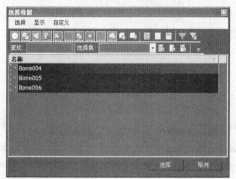

图 13-36 【选择骨骼】对话框　　　　　图 13-37 为蒙皮添加骨骼

(5) 选中上臂骨骼后，选择【动画】|【IK 解算器】|【HI 解算器】命令，在视图中拖曳鼠标至骨骼末尾的小骨骼上，当鼠标光标变形时单击鼠标，如图 13-38 所示。

(6) 移动末端效应器骨骼的十字光标，手臂将随着骨骼运动而发生弯曲变化，但方向不正确，如图 13-39 所示。

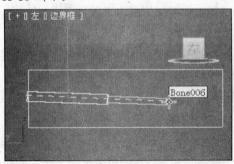

图 13-38　为骨骼应用 HI 解算器

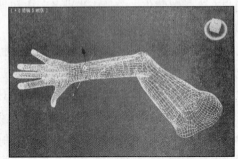

图 13-39　创建骨骼

(7) 再选中蒙皮对象，在【修改】命令面板的【参数】栏中单击【编辑封套】按钮，在视图中单击上臂骨骼，这时视图中会出现一个围绕上臂骨骼的红色框，拖动红色框的坐标，使框的范围覆盖覆盖整个手臂的上部部分，同时包括臂肘的一部分，框内红色部分为完全控制区，棕色部分为控制衰减区，蓝色部分为完全不受力区，如图 13-40 所示。

(8) 采用同样的方法，调整下臂骨骼的封套，并将衰减类型设置为【快速】衰减，在自动关键点模式下，移动骨骼末端效应器来设置手臂弯曲动画，效果如图 13-41 所示。

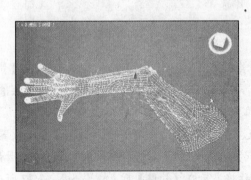

图 13-40　编辑骨骼封套

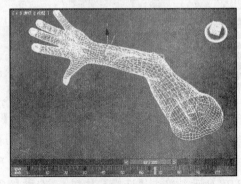

图 13-41　制作手臂弯曲动画

(9) 完成以上操作后，单击【播放动画】按钮即可观看动画效果。

13.4.3　制作人物足迹动画效果

Biped 是 Character Studio 的一部分，也是 3ds Max 的一个系统插件，它拥有内置的 IK 系统，能够自动适应人体或两足动物股价的结构，并且能对这些股价细节进行扩展。用户在利用 Biped 创建两足动物后，可以通过其一系列参数来控制并制作出动画效果。

(1) 创建一个新的场景后，选择【创建】|【系统】|【标准】命令，打开标准系统的【创建

命令面板，然后单击 Biped 按钮，在左视图创建一个人物骨骼模型，如图 13-42 所示。

(2) 在视图中选中人物骨骼模型后，打开【运动】命令面板，单击【参数】按钮，在 Biped 栏单击【足迹模式】按钮 ，如图 13-42 所示。

(3) 这时，【运动】命令面板将同时出现【足迹创建】和【足迹操作】栏，在【足迹创建】栏中单击【创建多个足迹】按钮 ，打开【创建多个足迹：行走】对话框，如图 13-43 所示。

图 13-42 创建人物骨骼

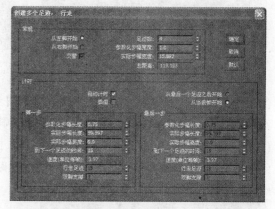

图 13-43 【创建多个足迹：行走】对话框

(4) 在【创建多个足迹：行走】对话框中设置【足迹数】文本框中的参数，然后单击【确定】按钮，视图中将显示人物角色的足迹，但不能控制人物角色运动，如图 13-44 所示。

(5) 在【足迹操作】栏中单击【为非活动足迹创建关键点】按钮 ，在动画控制区单击【播放动画】按钮 ，即可使人物角色沿足迹行走，效果如图 13-45 所示。

图 13-44 人物角色足迹

图 13-45 动画效果

(6) 在 Biped 栏再次单击【足迹模式】按钮，将其禁用。单击【选择并旋转】按钮，然后在视图中旋转人物角色模型，使其效果如图 13-46 所示。

(7) 将时间滑块移动到第 0 帧，确保人物模型躯干部位被选中后，在【轨迹选择】栏中单击【躯干旋转】按钮 ，这时，动画控制区域将显示旋转关键点，如图 13-47 所示。

(8) 在动画控制区域单击【关键点模式切换】按钮 ，启用关键点模式，该按钮将呈蓝色显示。在关键点模式下，在动画控制区单击【上一个关键点】和【下一个关键点】按钮可以在关键点之间进行切换。

计算机 基础与实训教材系列

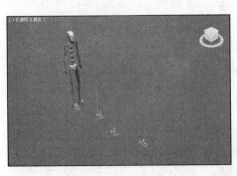

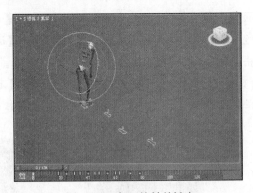

图 13-46　调整模型位置　　　　　　图 13-47　躯干旋转关键点

(9) 单击【下一个关键点】按钮，时间滑块将自动移动到时间滑块上第 2 个关键点的位置上。选中人物模型的骨盆，然后旋转该对象，使其朝着腿部向下移动，效果如图 13-48 所示。

(10) 在【运动】命令面板的【关键点信息】栏中单击【设置关键点】按钮，如图 13-49 所示，然后采用同样的方法分别在脚掌与地面接触的时间点对躯干进行旋转。

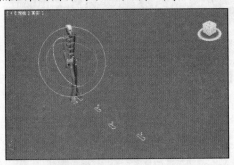

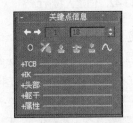

图 13-48　旋转躯干　　　　　　图 13-49　【关键点信息】栏

(11) 为使人物角色在行走时脚与地面接触时更有弹性，将时间滑块移动至下一个关键点，在左视图中将表示骨盆的骨骼沿 Z 轴向下移动一段距离，在【运动】命令面板的【关键点信息】栏单击【设置关键点】按钮。再参考同样的方法，分别设置其余关键点帧的时间点对骨盆进行移动。

(12) 在控制区域单击【自动关键点】按钮启动自动关键点动画设置模式。将时间滑块移动至 30 帧的位置，在前视图中旋转左侧绿色的手臂，沿 Z 轴向上移动一段距离。

(13) 选中人物角色上臂，在左视图中调整上臂绕 Z 轴旋转，然后选择前臂对象并对齐进行旋转，使手靠近胸部，再选择右侧手臂，在左视图中将其沿着 Y 轴向左侧移动一段距离，以形成摆臂的效果。

(14) 将时间滑块移动至 45 帧的位置，在前视图中选择人物模型右侧的手臂，将其沿 Z 轴向上移动一段距离。再选中模型左上臂，将其绕 Z 轴旋转，选中左臂手掌，使其靠近人物胸部。完成后采用同样的方法调整人物左手下臂的位置。

(15) 最后，在第 60、90 帧的位置重复以上操作，即可创建人物角色模型在沿着足迹前进时双臂摆动，双足摇晃移动的动画效果。

13.4.4　制作人物冲浪动画效果

用户可以使用 Biped 的功能把对象指定为一个 IK(反向运动)对象，这样做可以将人物对象的手或脚绑定在某个对象上，并在没有链接的情况下，让对象控制人物的手或脚。

(1) 创建一个人物骨骼模型和冲浪板模型后，移动人物骨骼模型将其放置在冲浪板上，使其效果如图 13-50 所示。

(2) 选中人物模型的一只脚后，在【运动】命令面板上展开【关键点信息】栏，然后单击 IK 选项前的【+】按钮，展开 IK 区域，如图 13-51 所示。

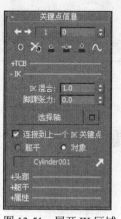

图 13-50　创建人物骨骼与冲浪板模型　　　　图 13-51　展开 IK 区域

(3) 单击 IK 区域中的【选中 IK 对象】按钮，然后移动鼠标光标至场景中单击拾取冲浪板，并单击【关键点信息】栏中的【设置踩踏关键点】按钮。如此，将把选定的脚绑定到冲浪板对象上。

(4) 这时，移动冲浪板，人物骨骼模型的一只脚将会跟随其移动，效果如图 13-52 所示。

(5) 选中人物模型的另一只脚，然后重复上面的操作，将其绑定在冲浪板上，使人物模型的两只脚都会跟随冲浪板的移动而移动，效果如图 13-53 所示。

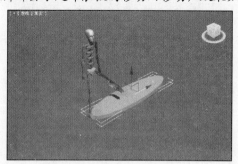

图 13-52　脚跟随冲浪板移动　　　　　图 13-53　展开 IK 区域

(6) 再移动冲浪板移动动画，就会发现虽然人物的双脚会跟随冲浪板移动，但人物的上半身却不会跟随，如图 13-54 所示。为了解决这个问题，用户可以在选中人物的上半身后，使用工具栏中的【选中并连接】工具 ，将人物模型的上半身链接到冲浪板上。

(7) 最后，Biped 将会跟随冲浪板移动，用户可以给 Biped 制作上下移动的动画效果，并结合动画控制区域中的【自动关键点】工具，根据动画需要制作相应的手臂摆动效果，效果如图 13-55 所示。

图 13-54　身体不随冲浪板移动

图 13-55　动画效果

⑬.5　习题

1. 运用本章实例所学到的知识，创建一个跑动的人体骨骼动画。
2. 创建一个人体骨骼模型，并设置其弯腰站立。

第14章

渲染输出图形与动画

学习目标

渲染在 3ds Max 中的作用十分重要,通过渲染,用户可以查看三维场景的真实效果。另外,用户按照制作要求设置场景的渲染效果后,可以通过输出操作,将三维场景转换为图像格式的文件或视频格式的动画文件。本章将重点介绍渲染的基本知识,帮助用户掌握利用渲染创作出完整3D作品的方法。

本章重点

- ◉ 渲染的类型与方式
- ◉ 渲染参数的设置
- ◉ 设置渲染输出

14.1 渲染简介

用户可以在 3ds Max 中利用多种方法对场景进行渲染,并且还可以指定不同类型的渲染器进行渲染。本节将简单介绍渲染的类型与方式。

14.1.1 渲染的类型

渲染(Render)也可以成为"着色",也就是对场景进行着色的过程。渲染通过复杂的运算,将虚拟的三维场景投射到二维平面上,其过程中需要用户对渲染器进行复杂的设置。

在 3ds Max 中,渲染场景的渲染器类型有多种,例如 Vray 渲染器、Renderman 渲染器、mental ray 渲染器以及 Brazil 渲染器等。其中,3ds Max 2012 默认的渲染器有默认扫描线渲染器、iray 渲染器、mental ray 渲染器、Quicksilver 硬件渲染器和 VUE 文件渲染器 5 种。

14.1.2 渲染的方式

3ds Max 2012 提供以下几种渲染方式，每种渲染方式都可以将场景进行快速渲染。

1. 渲染产品

用户在工具栏中单击【渲染产品】按钮后，3ds Max 将对当前视图中进行快速渲染，渲染参数保持上一次的默认设置。渲染完成后，该软件将打开如图 14-1 所示的【渲染帧】对话框，用户在该对话框中，还可以更改渲染参数重新渲染创建。

图 14-1　重新渲染创建

2. ActiveShade 渲染器

3ds Max 是提供了一个交换渲染器，即 ActiveShade 渲染器，来产生快速低质量的渲染效果。当 ActiveShade 被激活后，诸如灯光等调整的效果即可交互显示在视图中。激活 ActiveShade 渲染器的方法有以下两种。

- 用户在工具栏中单击【渲染产品】按钮后，按住鼠标左键不放，即可在弹出的菜单中选择【ActiveShade】按钮，如图 14-2 所示。
- 选择【渲染】|【渲染设置】命令，在打开的【渲染设置】对话框中选中 ActiveShade 单选按钮，并单击【ActiveShade】按钮，如图 14-3 所示。

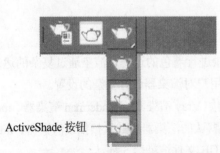

ActiveShade 按钮

图 14-2　选择【ActiveShade】按钮

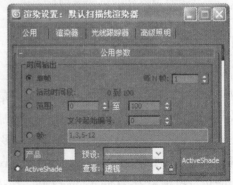

图 14-3　【渲染设置】对话框

14.1.3　渲染的区域

　　用户在对视图进行渲染之前，应确定渲染的区域，即渲染整个场景还是部分场景，或仅渲染某个对象。用户在 3ds Max 中选择【渲染】|【渲染设置】命令，然后在打开的【渲染设置】对话框中选择【公用】选项卡，并单击【公用参数】栏中【要渲染区域】选项区域中的【视图】下拉列表按钮，在弹出的下拉列表中，包含以下 5 种渲染的区域类型，如图 14-4 所示。

- ◉ 【视图】选项：用于渲染当前活动视图。
- ◉ 【选定对象】选项：仅渲染当前选定的对象，渲染帧窗口的其他部分不进行渲染处理。
- ◉ 【区域】选项：用于渲染活动视图中的一个区域，并且保持渲染帧窗口的其他部分完好，当需要测试渲染场景的一部分时，用户可使用该类型。
- ◉ 【裁剪】选项：可以将输出图像的大小锁定在裁剪区域中。
- ◉ 【放大】选项：可以渲染活动视图中的区域并将此区域放大以填充输出显示。当使用【区域】或【放大】选项进行渲染时，视图中将出现选择区域提示，用户可以通过拖曳控制柄更改区域的大小，如图 14-5 所示。

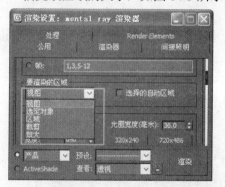

图 14-4　选择要渲染的区域

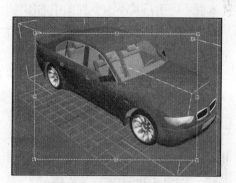

图 14-5　设定区域大小

14.2　设定渲染参数

　　3ds Max 场景的大部分渲染参数都要通过【渲染设置】对话框进行设置，该对话框中的选项允许用户设置渲染范围、渲染尺寸以及输出路径等一系列渲染参数。本节将重点讲解渲染参数的相关知识。

14.2.1　【公用】选项卡

　　【渲染设置】对话框中的【公用】选项卡用于设置所有渲染器的公用参数，包括图像的大小、输出的时间等。用户在 3ds Max 中选择【渲染】|【渲染设置】命令，即可打开【渲染设置】对话

框并选择【公用】选项卡，其中包含了以下几个重要的选项区域。

1．【时间输出】选项区域

在【公用】选项卡的【时间输出】选项区域(如图 14-6 所示)中，用户可以设置渲染的时间，其中最重要的几个选项及其功能如下。

⊙ 【单帧】单选按钮：选中该单选按钮后，可渲染当前帧。

⊙ 【活动时间段】单选按钮：选中该单选按钮后，可渲染轨迹栏中指定的帧范围。

⊙ 【范围】单选按钮：选中该选选按钮，可指定渲染的起始帧和结束帧。

⊙ 【帧】单选按钮：选中该单选按钮后，可指定渲染一些不连续的帧。

2．【输出大小】选项区域

【输出大小】选项区域中的选项用于设置渲染图像的大小与比例(如图 14-7 所示)，用户可以直接指定图像的宽度和高度，也可以在选项区域中提供的下拉列表框中直接选取预先设置的标准，其中比较重要的几个选项及其功能如下。

⊙ 【光圈宽度】文本框：用户只有在选项区域的下拉列表框中选择【自定义】选项时该文本框才可用，其不改变视图中的图像。

⊙ 【高度】与【宽度】文本框：【高度】与【宽度】文本框用于设置渲染图像的高度和宽度，其单位是像素。

⊙ 【预设的分辨率】按钮：【输出大小】选项区域中包含了 4 种分辨率，单击其中任何一种分辨率，将会把渲染图像的尺寸改变成为按钮指定的大小。

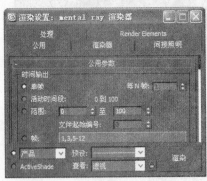　　　　　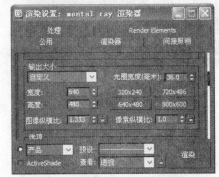

图 14-6 【时间输出】选项区域　　　　图 14-7 【输出大小】选项区域

3．【选项】选项区域

【选项】选项区域中包含了 9 个复选框，如图 14-8 所示，分别用于激活不同的渲染选项。用户勾选其中的某个复选框后，将可用渲染该复选框的场景。

4．【高级照明】选项区域

【高级照明】选项区域中包含有两个复选框，如图 14-9 所示，分别用于设置是否渲染高级光照效果，以及何时计算高级光照效果。

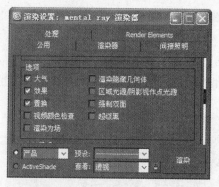

图 14-8 【选项】选项区域

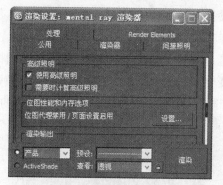

图 14-9 【高级照明】选项区域

5. 【渲染输出】选项区域

【渲染输出】选项区域中的选项主要用于设置渲染输出文件的位置，如图 14-10 所示，其中比较重要的几个选项及其功能如下。

- ◉ 【保存文件】复选框：勾选该复选框，渲染的图像将被保存在计算机硬盘上。用户可用通过单击该复选框后的【文件】按钮，打开如图 14-11 所示的【渲染输出文件】对话框，设置定输出文件的保存路径。

- ◉ 【跳过现有文件】复选框：勾选该复选框，则不渲染保存文件的文件夹中已经存在的帧。

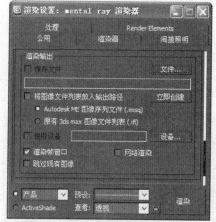

图 14-10 【渲染输出】选项区域

图 14-11 【渲染输出文件】对话框

计算机 基础与实训教材系列

(14).2.2 【渲染器】选项卡

【渲染设置】对话框中的【渲染器】选项卡，如图 14-12 所示，只包含一个【默认扫描线渲染器】栏，该栏中包含了【抗锯齿】、【选项】、【全局超级采样】、【运动对象模糊】、【图像运动模糊】、【自动反射/折射贴图】、【颜色范围限制】以及【内存管理】8 个选项区域，其中比较重要的几个选项区域的选项及其功能如下。

◉ 【抗锯齿】复选框：勾选该复选框后，渲染图像则使用抗锯齿，抗锯齿可以使渲染对象的边界变得光滑。

◉ 【过滤贴图】复选框：用于打开或关闭材质贴图中的过滤器选项。

◉ 【全局超级采样】选项区域：用于设置贴图和材质的超级采样，如果取消选项区域中复选框的选中状态，则将加速测试渲染的速度。

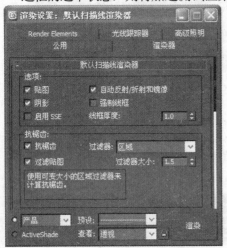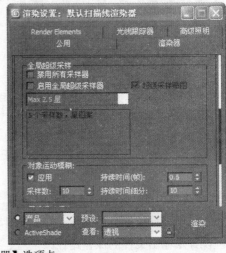

图 14-12 【渲染器】选项卡

14.2.3 【光线跟踪器】选项卡

【光线跟踪器】选项卡可以为明亮场景提供柔和边缘的阴影和对象间的相互颜色，一般与天光结合使用，如图 14-13 所示。

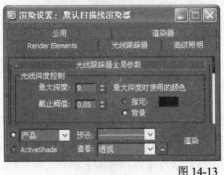

图 14-13 【渲染器】选项卡

- 【光线深度控制】选项区域：用于控制渲染器允许光线在其被视为丢失或捕获之前反弹的次数。
- 【全局光线抗锯齿器】选项区域：用于设置光线跟踪贴图和材质的全局抗锯齿。
- 【全局光线跟踪引擎选项】选项区域：该选项区域中的设置可以影响场景中所有的光线跟踪材质和光线跟踪贴图。

14.3　使用 mental ray 渲染器

3ds Max 除了在默认情况下使用内建的扫描线渲染器渲染场景以外，还提供一种更加高级的渲染器，即 mental ray 渲染器。本节将重点介绍使用 mental ray 渲染器的相关知识与操作方法。

14.3.1　mental ray 渲染器简介

mental ray 渲染器是早期出现的两个重要的渲染器之一(另一个为 Renderman 渲染器)，是德国 mental Images 公司开发的产品，在刚推出时，该渲染器集成在 3D 动画软件 Softiamge3D 中作为内置的渲染引擎，凭借 mental ray 高效的速度和质量 Softiamge3D 软件在电影制作领域中被作为首选制作软件。

利用 mental ray，可以生成灯光效果的物理矫正模拟，包括光线跟踪反射、折射以及焦散等，与 3ds Max 默认的扫描线渲染器的区别是，mental ray 渲染器无需手动操作，而是通过生成光能传递解决方案来模拟复杂的照明效果。

14.3.2　设定 mental ray 渲染器

在 3ds Max 中，用户可以按下【F10】键，打开【渲染设置：默认扫描线渲染器】对话框，并在该对话框的【公用】选项卡的【指定渲染器】栏中单击【产品级】按钮，如图 14-14 左图所示，打开【选择渲染器】对话框选择 iray 渲染器，如图 14-14 右图所示。

图 14-14　设置使用 mebrak ray

⑭.3.3 设定 mental ray 反射与折射

mental ray 折射可以通过光线追踪使模型或场景产生接近现实的折射效果，而 mental ray 反射则可以使物体产生真实的反射效果。下面将通过一个简单的实例介绍设置 mental ray 反射与折射的具体操作方法。

【练习 14-1】在【渲染设置】对话框中设置 mental ray 反射与折射。

(1) 在场景中制作一个玻璃材质的茶壶模型后，按下 F10 键打开【渲染设置】对话框，并选中该对话框中的【公用】选项卡。

(2) 展开【指定渲染器】栏后，单击【产品级】选项后的 ■按钮，并在打开的【选择渲染器】对话框中选择【mental ray 渲染器】选项。

(3) 单击【确定】按钮返回【渲染设置】对话框后，勾选【渲染器】选项卡中【渲染算法】栏内的【启用反射】与【启用折射】复选框，并在其后的【最大反射】与【最大折射】文本框中输入相应的参数，如图 14-15 所示。

(4) 完成以上设置后，单击【渲染设置】对话框中的【渲染】按钮即可渲染 mental ray 反射与折射，效果如图 14-16 所示。

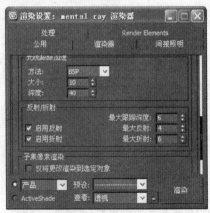

图 14-15　设置 mental ray 反射与折射　　　　　图 14-16　渲染效果

⑭.3.4 调整渲染采样精度

采样是一种抗锯齿技术，该技术可以为每种渲染像素提供最接近的颜色，采样率越高，渲染的质量就越好。

【练习 14-2】在【渲染设置】对话框中调整渲染采样精度。

(1) 打开一个模型对象后，按下 F10 键打开【渲染设置】对话框，并选中该对话框中的【公用】选项卡。

(2) 展开如图 14-14 左图所示的【指定渲染器】栏后，单击【产品级】选项后的 ■按钮，并在打开的【选择渲染器】对话框中选择【mental ray 渲染器】选项。

(3) 单击【确定】按钮返回【渲染设置】对话框后，选中【渲染器】选项卡，然后在【采样质量】栏中的设置【每像素采样数】选项区域中的【最小值】和【最大值】参数，如图 14-17 所示。

(4) 完成以上设置后，单击【渲染设置】对话框中的【渲染】按钮，渲染后的效果如图 14-18 所示。

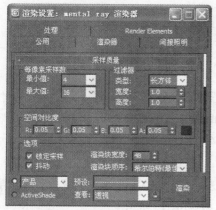
图 14-17　设置采样质量

图 14-18　采样精度效果

14.4　输出渲染效果

在 3ds Max 中，渲染输出的图像可以为静态图像，也可以为动态图像。本节将通过实例详细介绍输出渲染效果的具体操作方法。

【练习 14-3】输出【练习 14-2】所渲染的实例模型。

(1) 完成【练习 14-2】的操作成功渲染场景中的模型后，在打开的对话框中单击【保存图像】按钮，如图 14-19 所示，打开【保存图像】对话框。

(2) 在【保存图像】对话框中的【文件名】文本框中输入保存图像的文件名后，单击【保存类型】下拉列表按钮，在弹出的下拉列表中选中输出渲染效果的文件格式，如图 14-20 所示。

(3) 完成以上操作后，单击【保存】按钮，并在打开的对话框中单击【确定】按钮即可。

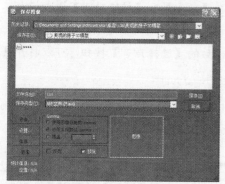
图 14-19　【保存图像】对话框

图 14-20　渲染完成

14.5 上机练习

本章的上机练习，将通过几个简单的实例操作，详细介绍设置渲染与渲染不同动画场景的相关知识，帮助用户最终掌握对三维动画的渲染操作。

14.5.1 设置渲染完成提示

通常简单场景的渲染时间较短，因此不需要设置渲染完成提示。但是，当场景较大且渲染时间较长时，就需要用户设置渲染完成提示，以便及时检查渲染结果。

(1) 在 3ds Max 中，选择【自定义】|【首选项】命令，打开【首选项设置】对话框，如图 14-21 所示。

(2) 在【首选项设置】对话框中选择【渲染】选项，然后在该选项卡的【渲染终止警报】选项区域中，用户可以设置渲染完成后的提示声音，如图 14-22 所示。

图 14-21 【首选项设置】对话框　　　　图 14-22 【渲染终止警报】选项区域

(3) 勾选【发出嘟嘟声】复选框后，用户可以在【频率】和【持续时间】文本框内设置渲染结束时提示音的发出频率和持续时间长短。

(4) 勾选【播放声音】复选框后，单击该复选框后的【选择声音】按钮，可以打开【打开声音】对话框设置渲染结束时播放的声音文件。

14.5.2 渲染不同类型场景

在 3ds Max 中，用户可以分别使用【视图】类型、【选定对象】类型、【区域】类型、【草裁】类型、【放大】类型、【选定对象边界框】类型、【选定对象区域】类型和【裁剪选定对象】类型渲染不同的场景。

(1) 在 3ds Max 2012 中单击【应用程序】按钮，在弹出的菜单中选择【打开】命令，打开【打开文件】对话框，然后在该对话框中选中一个场景模型文件，然后单击【打开】按钮打开模型文件，如图 14-23 所示。

(2) 单击工具栏中的【渲染产品】按钮，可以以默认的【视图】类型渲染场景，其渲染效果如图 14-24 所示。

图 14-23　打开模型文件

图 14-24　【视图】渲染效果

(3) 在图 14-24 所示的【视图】窗口的【要渲染的区域】下拉列表框中，选择【选定】选项，如图 14-25 所示，然后在透视视图中选择完整的苹果对象后，再单击工具栏中【渲染产品】按钮，即可以【选定对象】类型渲染场景，效果如图 14-26 所示。

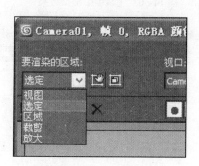

图 14-25　选定渲染

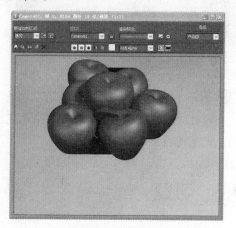

图 14-26　渲染效果

(4) 在图 14-24 所示的【视图】窗口的【要渲染的区域】下拉列表框中，选择【区域】选项，使用鼠标光标调整渲染范围的大小，如图 14-27 所示。

(5) 单击【清除】按钮，然后单击工具栏中的【渲染产品】按钮，即可以【区域】类型渲染场景，效果如图 14-28 所示。

(6) 在图 14-24 所示的【视图】窗口的【要渲染的区域】下拉列表框中，选择【区域】选项后，在当前激活的视口中调整裁剪渲染的范围，如图 14-29 所示。调整完毕后，单击【渲染产品】按钮，即可设置的裁剪范围渲染场景，效果如图 14-30 所示。

图 14-27　设置渲染范围

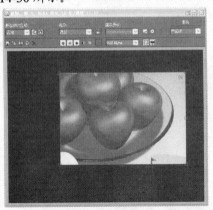

图 14-28　【区域】渲染效果

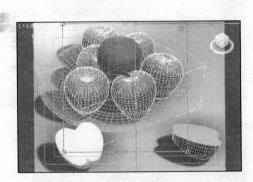

图 14-29　设置裁剪范围

图 14-30　【裁剪】渲染效果

　　(7)在如图 14-24 所示的【视图】窗口中的【要渲染的区域】下拉列表框中，选择【放大】选项后，在当前激活的视口中调整放大渲染的范围。调整完毕后，单击【渲染产品】按钮，即可设置的裁剪范围渲染场景。

14.6　习题

1. 简述 3ds Max 中渲染器的类型。
2. 以"选定对象"类型方式渲染场景。